电力安全典型工作票范例

配电专业

国网江苏省电力有限公司 组编

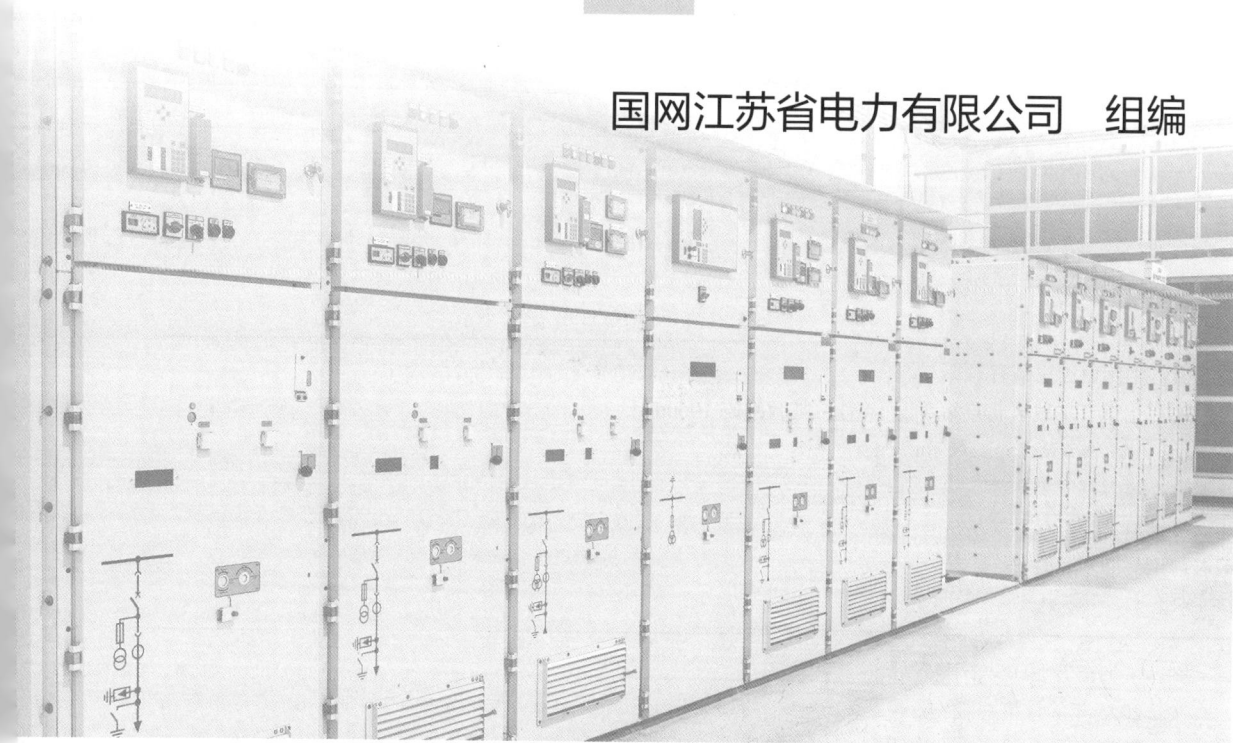

中国电力出版社
CHINA ELECTRIC POWER PRESS

图书在版编目（CIP）数据

电力安全典型工作票范例. 配电专业 / 国网江苏省
电力有限公司组编. -- 北京：中国电力出版社，2025.
6. -- ISBN 978-7-5198-9942-4

Ⅰ. TM08

中国国家版本馆 CIP 数据核字第 20257X6V24 号

出版发行：中国电力出版社
地　　址：北京市东城区北京站西街 19 号（邮政编码 100005）
网　　址：http://www.cepp.sgcc.com.cn
责任编辑：薛　红　吴　冰
责任校对：黄　蓓　马　宁
装帧设计：赵丽媛
责任印制：石　雷

印　　刷：三河市万龙印装有限公司
版　　次：2025 年 6 月第一版
印　　次：2025 年 6 月北京第一次印刷
开　　本：880 毫米 ×1230 毫米　16 开本
印　　张：11.25
字　　数：348 千字
定　　价：72.00 元

编　委　会

前 言

工作票制度是确保在电气设备上工作安全的组织措施之一，正确填用工作票是贯彻执行工作票制度的基本条件。为满足服务基层一线工作票填用需求，加强作业现场安全管理，提升《国家电网公司电力安全工作规程》执行针对性，确保作业现场安全，实现"三杜绝、三防范"安全目标，国网江苏省电力有限公司组织编制了《电力安全典型工作票范例》（简称《范例》），《范例》共分 5 个分册，分别为输电专业、变电专业、配电专业、配电带电作业专业、营销专业。

本册为配电专业，编写严格遵循《国家电网有限公司电力安全工作规程》要求，内容包括交叉作业、电缆及线路作业、设备更换安装、迁改及其他工程等四个部分，共计 27 个具有广泛性和代表性的典型作业场景，其他相关工作可参考借鉴。典型工作票中所列的安全措施为"保证安全的技术措施"的基本要求，各单位在执行过程中可根据实际情况，在典型工作票的基础上对安全措施进行补充完善。

配电专业每个场景的典型工作票分为"作业场景情况"和"工作票样例"两个部分。"作业场景情况"部分主要用于说明工作场景、工作任务、票种选择、人员分工及安排、场景接线图等内容，通过具体化的场景，指导工作票填写。"工作票样例"部分包含具体化场景下的工作票样票和针对票面每一栏的填用说明及注意事项。

本书在编制过程中得到国网江苏省电力有限公司各相关单位的大力支持和各级领导的悉心指导，凝聚了各位参与编著人员的心血，希望本书对读者有所帮助，给予借鉴和启示。

因本书涉及内容广，加之编写时间有限，难免存在不妥或疏漏之处，恳请各位读者批评指正，以便进一步完善。

编 者

2024 年 11 月

目 录

前言

第1章 交叉作业 ………………………………………………………………… 1

1.1 变电站内新出一回 10kV 电缆至站外环网柜 ………………………………… 1

1.2 变电站至站外环网柜之间电缆敷设 …………………………………………… 13

第2章 电缆及线路作业 ………………………………………………………… 19

2.1 10kV 架空导线更换 …………………………………………………………… 19

2.2 10kV 架空线路新建 …………………………………………………………… 26

2.3 架空导线与电缆搭接 …………………………………………………………… 33

2.4 10kV 环网柜新建及电缆搭接 ………………………………………………… 40

第3章 设备更换安装 …………………………………………………………… 48

3.1 电缆中间接头更换 ……………………………………………………………… 48

3.2 跌落式熔断器更换为柱上开关 ………………………………………………… 56

3.3 10kV 杆上变压器更换 ………………………………………………………… 62

3.4 10kV 环网柜更换 ……………………………………………………………… 68

3.5 箱式变电站更换 ………………………………………………………………… 76

3.6 干式变压器更换 ………………………………………………………………… 83

3.7 环网柜二次设备调试 …………………………………………………………… 89

3.8 10kV 环网柜加装 DTU ………………………………………………………… 96

3.9 低压配电箱及低压电缆更换 …………………………………………………… 103

3.10 箱式变电站低压开关更换 …………………………………………………… 110

3.11 低压配电柜更换 ……………………………………………………………… 117

3.12 低压线及进户线更换 ………………………………………………………… 121

3.13 低压电缆分支箱更换 ………………………………………………………… 126

3.14 杆上变压器低压开关更换 …………………………………………………… 131

3.15 高压开关柜更换 ……………………………………………………………… 135

3.16 配电变压器更换低压母线槽 ………………………………………………… 142

3.17 10kV 洲岛和园 2 号开关站无线设备安装 ………………………………… 146

3.18 10kV 191 人民Ⅱ河西支 3-1 号杆塔上无线设备安装 …………………… 149

第4章 迁改及其他工程 ………………………………………………………… 153

4.1 一回 10kV 联络电缆线迁改 ………………………………………………… 153

4.2 一回 10kV 线路迁改 ………………………………………………………… 160

4.3 10kV 洲岛和园 2 号开关站共享 CRAN 机房建设 ………………………… 168

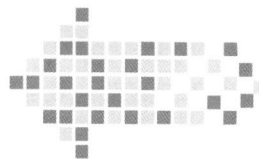

第1章 交叉作业

1.1 变电站内新出一回 10kV 电缆至站外环网柜

一、作业场景情况

（一）工作场景

220kV 尚家变电站（以下简称尚家变）10kV 162 间隔新出一回电缆至站外环网柜。

（二）工作任务

电缆敷设：尚家变电缆层及 1 号环网柜电缆沟处，新放电缆敷设、上穿及固定。

终端制作：尚家变 162 开关柜后柜门及 1 号环网柜 101 间隔处，电缆终端制作。

电缆试验：尚家变 162 开关柜后柜门处，新放电缆试验。

电缆搭接：新放电缆与尚家变 162 开关柜搭接，新放电缆与 1 号环网柜 101 间隔搭接。

（三）票种选择建议

配电第一种工作票和配电工作任务单。

（四）人员分工及安排

本次工作有 2 个作业地点，可以采取工作任务单或设置专责监护人。本张工作票设两个工作小组，使用两张工作任务单。参与本次工作的共 11 人（含工作负责人），具体分工为：

李××（工作负责人）：负责工作的整体协调组织及作业现场安全监护。

作业点 1：尚家变 162 开关柜后柜门处以及对应电缆层作业处。

赵××（小组负责人）：负责本小组工作整体协调组织及监护。

杨××（工作班成员）：制作电缆终端、新放电缆试验及搭接。

王××、张××（工作班成员）：将电缆进行上穿、固定等工作。

甲××（专责监护人）：负责对王××、张××进行监护。

作业点 2：1 号环网柜 101 间隔。

钱××（小组负责人）：负责环网柜处工作整体协调组织。

乙××（专责监护人）：负责对周××、郑××、孙××进行监护，并在电缆试验时看守现场。

周××、郑××（工作班成员）：将电缆进行上穿、固定等工作。

孙××（工作班成员）：制作电缆终端及搭接。

（五）场景接线图

变电站内新出一回 10kV 电缆至站外环网柜场景接线图见图 1-1。

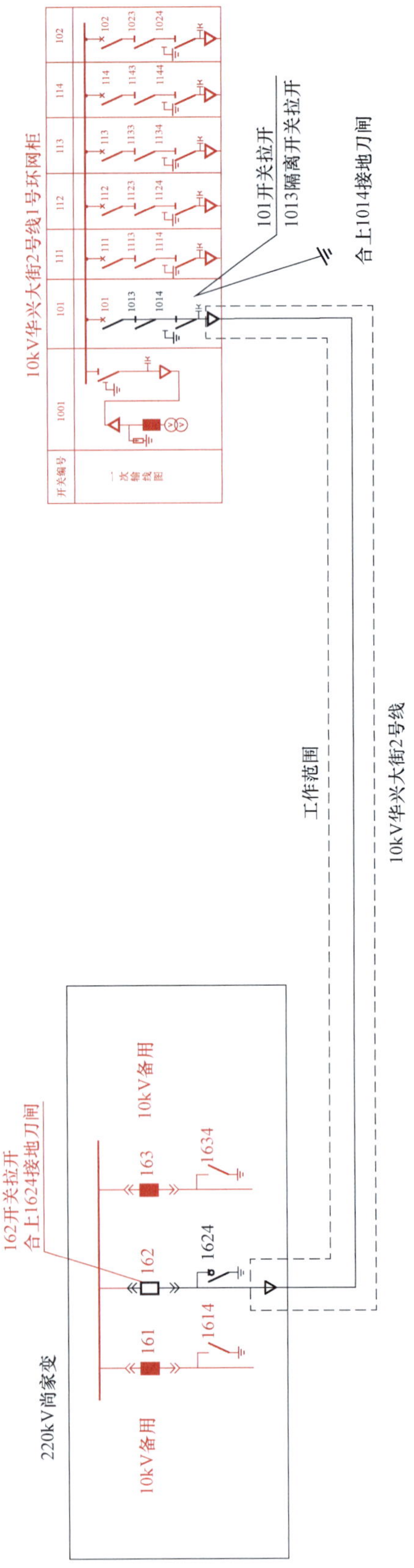

图 1－1　变电站内新出一回 10kV 电缆至站外环网柜场景接线图

二、工作票样例

配电第一种工作票

单　位：××××工程有限公司　　编　号：配Ⅰ202402001

1. 工作负责人：李××　　　　班　组：综合班组

2. 工作班人员（不包括工作负责人）

××××工程有限公司：赵××、杨××、王××、张××、甲××

××××工程有限公司：钱××、乙××、周××、郑××、孙××

5 人

共 _10_ 人

3. 停电线路或设备名称（多回线路应注明双重称号）

220kV 尚家变 10kV 华兴大街 2 号线 162 开关至 10kV 华兴大街 2 号线 1 号环网柜 101 间隔。

4. 工作任务

工作地点（地段）或设备 [注明变（配）电站、线路名称、设备双重名称及起止杆号等]	工作内容
220kV 尚家变电缆层：10kV 华兴大街 2 号线 162 开关出线电缆	新放电缆上穿至开关柜、固定、孔洞封堵
220kV 尚家变 10kV 开关室：10kV 华兴大街 2 号线 162 开关柜后柜门	新放电缆制作终端、电缆试验、搭接、孔洞封堵
10kV 华兴大街 2 号线 1 号环网柜 101 间隔	新放电缆制作终端、搭接、孔洞封堵

5. 计划工作时间

自 2024 年 02 月 05 日 08 时 00 分至 2024 年 02 月 05 日 14 时 00 分。

6. 安全措施［应改为检修状态的线路、设备名称、应断开的断路器（开关）、隔离开关（刀闸）、熔断器，应合上的接地刀闸，应装设的接地线、绝缘隔板、遮栏（围栏）和标示牌等，装设的接地线应明确具体位置，必要时可附页绘图说明］

6.1　调控或运维人员［变（配）电站、发电厂等］应采取的安全措施	**已执行**
（1）220kV 尚家变	
1）应拉开 162 开关；将 162 开关手车摇至"试验"位置	√
2）应合上 10kV 华兴大街 2 号线 1624 接地刀闸	√
3）应将 162 开关"远方/就地"切换开关切至"就地"位置；分开 162 开关及手车控制、电机电源二次空气开关	√
4）应在 162 开关及手车操作处设"禁止合闸、线路有人工作！"标示牌	√
5）应在 162 开关柜后柜门工作地点周围设临时围栏，并面向工作地点设"止步、高压危险！"标示牌，临时围栏出入口处设"从此进出！""在此工作！"标示牌。在 162 开关柜后柜门工作地点处设"在此工作！"标示牌	√
6）应在电缆层 162 间隔下方电缆层工作地点处设"在此工作！"标示牌	√
（2）10kV 华兴大街 2 号 1 号环网柜	
1）应拉开 101 开关	√
2）应在 101 开关操作处悬挂"禁止合闸，线路有人工作！"标示牌	√
3）应拉开 1013 隔离开关并加锁	√
4）应在 1013 隔离开关操作处悬挂"禁止合闸，线路有人工作！"标示牌	√
5）应合上 10kV 华兴大街 2 号线 1 号环网柜 1014 接地刀闸并加锁	√
6）应将 101 开关自动化装置由"远方"切至"就地"位置，将开关的电动操作机构电源空气开关拉开	√

6.【安全措施】6.1 调控或运维人员［变（配）电站、发电厂等］应采取的安全措施

（1）填写涉及的变（配）电站或线路名称以及由调控或运维人员操作的各侧（包括变电站、配电站、用户站、各分支线路）断路器（开关）、隔离开关（刀闸）、熔断器，自动化设备控制电源、操作电源。

（2）填写变（配）电站内、线路上应合接地刀闸或应装接地线、应装绝缘挡板的编号和确切位置。

（3）填写变（配）电站内应装设遮栏以及应挂标示牌的名称和地点以及防止二次回路误碰等措施。

（4）变（配）电站内和线路上均需取安全措施时，为便于区分，应将变（配）电站内采取的安全措施排在前面，线路上采取的安全措施排在后面。

（5）涉及多个站所、多条线路和设备时，为避免混乱，各站所、线路和设备应逐一填写。例如：

1）变电站 A（如 110kV×变电站）：应断开×开关；应断开×刀闸……

2）变电站 B（如 35kV×变电站）：应断开×开关；应断开×刀闸……

3）10kV×线：应断开×开关；应在×装设接地线一组……

（6）变电站出线线路（电缆）工作涉及进站工作或借用变电站接地刀闸（接地线）作为工作班接地线的，则必须将变电站站内开关、刀闸、接地等安全措施列入工作票中，不涉及以上工作的只填写"确认 10kV××线路转为检修状态"。

（7）配电设备上熔断器在保持断开状态时，可采用熔断器拉开摘下熔管或熔断器拉开不摘下熔管的方式，在操作处悬挂"禁止合闸，线路有人工作！"标示牌即可。

（8）美式箱式变电站高压开关拉开后不需要加锁，欧式箱式变电站高压开关拉开后可以加锁。

（9）环网柜开关拉开后不需要再加锁，隔离开关（刀闸）及接地刀闸操作把手处应加锁。

（10）在低压用电设备上停电工作前，配电箱工作断开断路器，是否需要取下断路器熔丝应按现场实际情况确定，如配电箱断路器无熔丝的必须在配电箱门上加锁和悬挂标示牌。

已执行

以上安全措施完成后，工作负责人在接受许可时，应与工作许可人逐项核对确认并打"√"。

6.2　工作班完成的安全措施	已执行
（1）在 10kV 华兴大街 2 号线 1 号环网柜 101 间隔周围设临时围栏，面向工作地点设"止步、高压危险！"标示牌，并在临时围栏出入口悬挂"在此工作！""从此进出！"标示牌。在 10kV 华兴大街 2 号线 1 号环网柜 101 间隔工作地点处设"在此工作！"标示牌	√
（2）在 10kV 华兴大街 2 号线 1 号环网柜 101 间隔相邻的 1001、111 间隔悬挂"止步、高压危险！"标示牌	√

6.3　工作班装设（或拆除）的接地线

线路名称、设备双重名称、装设位置	接地线编号	装拆情况		
无		装设人	监护人	装设时间
		拆除人	监护人	拆除时间
		装设人	监护人	装设时间
		拆除人	监护人	拆除时间

6.4　配合停电线路应采取的安全措施	已执行
无	

6.5　保留或邻近的带电线路、设备

220kV 尚家变 10kV 华兴大街 2 号线 162 间隔相邻的 10kV 备用 161 间隔、10kV 备用 163 间隔带电运行，162 间隔母线侧带电运行。10kV 华兴大街 2 号线 1 号环网柜 101 间隔母线侧及相邻的 1001、111 间隔带电运行。

6.6　其他安全措施和注意事项

（1）【安全距离】工作人员与带电设备保持 10kV 安全距离不小于 0.7m。

（2）【有限空间作业】未经通风和检测合格，任何人员不得进入有限空

间作业。检测的时间不得早于作业开始前 30min。设置警示牌，配置安全防护装备、应急救援装备，经气体检测合格后施工人员方可进入工作并设专人监护，作业过程中应保持持续通风。

（3）【电缆试验】电缆试验前应确保被试电缆上无其他工作，所有人员应撤出并在被试电缆另一端设置围栏、向外悬挂"止步，高压危险！"标示牌、派专人看守，电缆试验前后应对被试电缆充分放电。

工作票签发人签名：赵×× 　　　　　2024 年 02 月 03 日 14 时 10 分

工作票会签人签名：钱××（配电运检一班）

　　　　　　　　　　　　　　　　2024 年 02 月 03 日 14 时 40 分

工作票会签人签名：周××（变电运维一班）

　　　　　　　　　　　　　　　　2024 年 02 月 03 日 15 时 15 分

工作负责人签名：李×× 　　　　　2024 年 02 月 03 日 16 时 08 分

6.7　其他安全措施和注意事项补充（由工作负责人或工作许可人填写）

无。

7. 工作许可

许可的线路或设备	许可方式	工作许可人	工作负责人签名	工作许可时间
220kV 尚家变 10kV 华兴大街 2 号线 162 间隔	当面许可	吴××	李××	2024 年 02 月 05 日 08 时 39 分
10kV 华兴大街 2 号线 1 号环网柜 101 间隔	当面许可	郑××	李××	2024 年 02 月 05 日 08 时 32 分

8. 现场交底，工作班成员确认工作负责人布置的工作任务、人员分工、安全措施和注意事项并签名

赵××、钱××、冯××

9. 2024 年 02 月 05 日 08 时 45 分工作负责人确认工作票所列当前工作所需的安全措施全部执行完毕，下令开始工作。

（1）邻近或交叉跨越的带电线路、设备名称（双重称号）。

（2）发电厂、变电站出口停电线路两侧的邻近带电线路。

（3）与工作地段邻近、平行或交叉且有可能误登误触的带电线路及设备。

（4）拉开后一侧有电、一侧无电的配电设备，如柱上开关、闸刀、跌落式熔断器等。

（5）变（配）电站、开关站内的配电设备工作，应填写工作地点及周围所保留的带电部位、带电设备名称。工作地点的低压交直流电源也应注明和交代清楚。

（6）没有则填写"无"。

6.6 其他安全措施和注意事项

根据工作现场的具体情况而采取的一些安全措施或有关安全注意事项。

如：装设个人保安接地线；在杆下装设临时围栏；防止倒杆设设时拉线；线路交叉跨越处、邻近带电设备的安全距离提示；起重作业、高处作业、有限空间作业、电气试验作业、放线撒线作业等现场的安全注意事项；在道路上放置提醒来往车辆和行人注意安全的交通警示牌等。

工作票签发人签名、工作负责人签名

确认工作票 1～6.6 项无误后，工作票签发人和工作负责人在签名栏内签名，并在时间栏内填入相应时间。"双签发"时应履行同样手续。

6.7 其他安全措施和注意事项补充（由工作负责人或工作许可人填写）

工作负责人或工作许可人根据现场的实际情况，补充安全措施和注意事项。无补充内容时填写"无"。

7.【工作许可】

（1）工作许可人和工作负责人分别在各自收执的工作票上填写许可的线路或设备名称、许可方式、工作许可人、工作负责人、许可工作时间。

（2）同一时间、相同停电范围，有多家单位或同一单位的不同班组分别持票进行施工作业时，设备运维管理单位指派的工作许可人应为同一人。

（3）各工作许可人应在完成工作票所列由其负责的停电和装设接地线等安全措施后，方可发出许可工作的命令。

许可方式

（1）配网停电作业应采取现场当面许可。许可过程均应做好录音。

（2）填用配电第二种工作票的配电线路地面工作，可不履行工作许可手续。持配电第二种工作票进入配电站内工作，应办理工作许可手续。

工作许可时间

工作许可时间不得早于计划工作开始时间。

8.【现场交底签名】

（1）工作班成员在明确了工作负责人和小组负责人交代的工作内容、人员分工、带电部位、现场布置的安全措施和工作的危险点及防范措施后，每个工作班成员在工作负责人所持工作票的本栏签名，不得代签。

（2）一张工作票多小组工作，使用工作任务单时，由各小组负责人在工作票上签名，其他小组成员分别在对应的工作任务单上签名。

9.【下令开始工作】

工作负责人确认工作票所列当前工作所需的安全措施一栏的时间，应为调度运维以及工作班所做的安全措施全部执行完毕之后，下令开始工作的时间。

10. 工作任务单登记

工作任务单编号	工作任务	小组负责人	工作许可时间	工作结束报告时间
配Ⅰ 202402001-1	220kV 尚家变： （1）电缆层新放电缆上穿至开关柜、固定； （2）10kV 开关室新放电缆制作终端、电缆试验、搭接孔洞封堵	赵××	2024 年 02 月 05 日 08 时 50 分	2024 年 02 月 05 日 13 时 05 分
配Ⅰ 202402001-2	10kV 华兴大街 2 号线 1 号环网柜 101 间隔新放电缆制作终端、搭接、孔洞封堵	钱××	2024 年 02 月 05 日 08 时 52 分	2024 年 02 月 05 日 13 时 00 分

11. 人员变更

11.1 工作负责人变动情况

原工作负责人_____离去，变更为工作负责人_____。

工作票签发人：_____ ____年__月__日__时__分

原工作负责人签名确认：_____

新工作负责人签名确认：_____ ____年__月__日__时__分

11.2 工作人员变动情况

2024 年 02 月 05 日 10 时 14 分 冯××加入第一小组（工作负责人签名：李××）

2024 年 02 月 05 日 12 时 12 分 王××离开（工作负责人签名：李××）

工作负责人签名：李××

12. 工作票延期

有效期延长到____年__月__日__时___分。

工作负责人签名：_____ ____年__月__日__时__分

工作许可人签名：_____ ____年__月__日__时__分

10.【工作任务单登记】

若一张工作票下设多个小组工作，应将所有工作任务单编号、工作任务、小组负责人、工作许可时间、工作结束报告时间。没有则填"无"。

小组负责人

小组负责人应具备工作负责人资格。

工作许可时间

工作许可时间不应在下令开始工作时间之前。

工作结束报告时间

工作结束报告时间应在工作票终结时间之前。

11.【人员变更】工作负责人变动情况：

（1）工作票签发人同意，在工作票上填写离去和变更的工作负责人姓名及变动时间，同时通知全体作业人员及工作许可人。

（2）工作票签发人无法当面办理，应通过电话通知工作许可人，由工作许可人和原工作负责人在各自所持工作票上填写工作负责人变更情况，并代工作票签发人签名。

（3）工作负责人的变动必须是在该工作票许可之后，如在工作票许可之前需变更工作负责人，则应由工作票签发人重新签发工作票。

工作人员变动情况：

（1）班组人员每次发生变动，工作负责人要在工作票上即时注明变动情况（变更人员姓名、变更时间）并签名，不得最后一并签名。

（2）新增人员在明确了工作内容、人员分工、带电部位、现场安全措施和工作的危险点及防范措施，在工作负责人所持工作票第 8 栏签名确认后方可参加工作。

12.【工作票延期】

工作需延期，应在工作计划结束时间前由工作负责人向工作许可人提出申请，办理延期手续。对于需经调度许可的工作，工作许可人还应得到调度许可后，方可与工作负责人办理工作票延期手续。工作票只能延期一次。

13. 每日开工和收工时间（使用一天的工作票不必填写）

收工时间	工作负责人	工作许可人	开工时间	工作许可人	工作负责人

14. 工作终结

14.1 工作班现场所装设接地线（接地刀闸）共 0 组、个人保安线共 0 组已全部拆除，工作班布置的其他安全措施已恢复，工作班人员已全部撤离现场，材料工具已清理完毕，杆塔、设备上已无遗留物。

14.2 终结内容

终结的线路或设备	报告方式	工作负责人	工作许可人	终结报告时间
220kV 尚家变 10kV 华兴大街 2 号线 162 间隔	当面报告	李××	吴××	2024 年 02 月 05 日 13 时 10 分
10kV 华兴大街 2 号线 1 号环网柜 101 间隔	当面报告	李××	郑××	2024 年 02 月 05 日 13 时 16 分

15. 工作票终结

【配电专业许可人填写】已拆除工作许可人现场所挂 无 （编号）接地线共 0 组；已拉开 10kV 华兴大街 2 号 1 号环网柜 1014 接地刀闸（编号）接地刀闸共 1 副。

【变电专业许可人填写】已拆除工作许可人现场所挂 无 （编号）接地线共 0 组；已拉开 220kV 尚家变 10kV 华兴大街 2 号线 1624 接地刀闸（编号）接地刀闸共 1 副。

工作票于 2024 年 02 月 05 日 14 时 00 分结束。

工作许可人：吴××（郑××）

13.【每日开工和收工时间（使用一天的工作票不必填写）】

（1）填写每日收工时间及次日开工时间，工作负责人、工作许可人分别签名确认。

（2）每日收工，工作负责人应得到小组负责人或全部工作班成员当日工作结束的报告，开好收工会并全部撤离工作现场后，向许可人汇报；次日复工时，工作负责人应经许可人同意并重新复核安全措施无误后方可工作。

（3）涉及多名工作许可人的工作，各工作许可人均应与工作负责人分别填写。

14.【工作终结】

（1）填写拆除的所有工作接地线和个人保安线数量。

1）工作结束后，工作负责人（包括小组负责人）应检查工作地段的状况，确认没有遗留个人保安线和其他工器具、材料，全部工作人员确已撤离，并经验收合格后方可命令拆除工作接地线等安全措施。

2）接地线拆除后，任何人不得再登杆工作或在设备上工作。

（2）工作终结报告。

1）工作终结后，工作负责人应及时报告工作许可人，若有其他单位的设备配合停电，还应及时通知配合停电设备运行管理单位的停电联系人。工作终结报告应当面进行。

2）报告结束后，工作许可人和工作负责人分别在各自执收的工作票上填写终结的线路或设备的名称、报告方式、工作负责人、工作许可人和终结报告时间，办理工作终结手续。工作一旦终结，任何工作人员不得进入工作现场。

15.【工作票终结】

（1）填写拆除由工作许可人负责装设的接地线和接地刀闸编号、数量，以及工作票的终结时间。确认接地线和接地刀闸都已经拆除后，工作许可人签名。

（2）若不涉及接地线或接地刀闸，应在编号栏填"无"，在数量栏填"0"组（副），不要空白。

（3）拉开的接地刀闸编号栏应填写双重名称。

（4）工作票终结前，工作许可人在接到所有工作负责人的完工报告，实地检查确认停电范围内所有工作已结束，所有人员已撤离，所有接地线已拆除，与记录簿核对无误并做好记录后，方可下令拆除各侧安全措施。

（5）该项内容只需工作许可人所持票面填写。涉及多名工作许可人的工作票，各工作许可人负责各自所装设的接地线（接地刀闸）的拆除情况。

16. 负责监护

指定专责监护人	被监护人	负责监护（地点及具体工作）
甲××	王××、张××	在 220kV 尚家变电缆层 10kV 华兴大街 2 号线 162 间隔出线电缆上穿开关柜、孔洞封堵及固定
乙××	周××、郑××	在 10kV 华兴大街 2 号线 1 号环网柜电缆沟上穿、固定电缆
乙××	孙××	在 10kV 华兴大街 2 号线 1 号环网柜 101 间隔制作电缆终端、电缆搭接、孔洞封堵

16.【负责监护】

（1）注明指定专责监护人、被监护人、负责监护地点及具体工作。如"指定专责监护人张三负责监护李四在 10kV×线×杆进行×工作"。

（2）对有触电危险、检修（施工）复杂容易发生事故的工作，如：在邻近带电线路和设备区域使用吊车、斗臂车等特种车辆的作业；有限空间作业等，应增设专责监护人，并确定其监护的人员和工作范围。

（3）该部分内容仅需在工作负责人所持工作票上填写。

17. 其他事项

无。

17.【其他事项】

其他需要交代或需要记录的事项。例如：

（1）暂未拆除、继续使用的接地线由各工作许可人在各自所持工作票中备注。

（2）使用吊车的作业应在该栏注明吊车指挥人员。若在工作班成员栏目中已注明，则不需要在此填写。

配电工作任务单

单　位：××××工程有限公司　　工作票编号：配 I202402001　　编　号：配 I202402001-1

1. 工作负责人姓名：李××

2. 小组负责人姓名：赵××　　**小组名称**：电缆一班

　小组人员（不含小组负责人）王××、张××、甲××、杨××

共 4 人

3. 工作任务

工作地点或地段（注明线路名称或设备双重名称、起止杆号）	工作内容	专责监护人
220kV 尚家变电缆层：10kV 华兴大街 2 号线 162 间隔出线电缆	新放电缆上穿至开关柜、固定、孔洞封堵	甲××

续表

工作地点或地段（注明线路名称或设备双重名称、起止杆号）	工作内容	专责监护人
220kV 尚家变 10kV 开关室：10kV 华兴大街 2 号线 162 开关后柜门	新放电缆制作终端、电缆试验、搭接、孔洞封堵	无

4. 计划工作时间

自 2024 年 02 月 05 日 08 时 00 分至 2024 年 02 月 05 日 14 时 00 分。

5. 工作地段采取的安全措施

5.1　应装设的接地线

线路名称、设备双重名称、装设位置	接地线编号	装拆情况		
220kV 尚家变 10kV 华兴大街 2 号线 162 间隔	1624 接地刀闸（借用）	装设人	监护人	装设时间
		吴××		2024 年 02 月 05 日 08 时 39 分
		拆除人	监护人	拆除时间
		吴××		2024 年 02 月 05 日 13 时 10 分
10kV 华兴大街 2 号线 1 号环网柜 101 间隔	1014 接地刀闸（借用）	装设人	监护人	装设时间
		郑××		2024 年 02 月 05 日 08 时 32 分
		拆除人	监护人	拆除时间
		郑××		2024 年 02 月 05 日 13 时 16 分

5.2　应装设的标示牌、遮栏（围栏）等

应在 162 开关柜后柜门工作地点周围设围栏，并面向工作地点设"止步、高压危险！"标示牌，围栏出入口处设"从此进出！""在此工作！"标示牌。在 162 开关柜后柜门工作地点处设"在此工作！"标示牌。应在电缆层 162 间隔下方电缆层工作地点处设"在此工作！"标示牌。

6. 其他危险点预控措施和注意事项（必要时可附页绘图说明）

220kV 尚家变 10kV 华兴大街 2 号线 162 间隔相邻的 10kV 备用 161 间隔、10kV 备用 163 间隔带电运行，162 间隔母线侧带电运行。

工作任务单签发人签名： 李×× 　　　　　　　　　　　　　2024 年 02 月 03 日 13 时 30 分

小组负责人签名： 赵×× 　　　　　　　　　　　　　　　2024 年 02 月 03 日 13 时 50 分

7. 工作许可时间

2024 年 02 月 05 日 08 时 50 分 　　　　　　　　　　　　工作负责人签名：李××

　　　　　　　　　　　　　　　　　　　　　　　　　　　　小组负责人签名：赵××

8. 工作小组成员确认工作负责人布置的工作任务、人员分工、安全措施和注意事项并签名：

张××、甲××、王××、杨××、冯××

9. 工作任务单结束

9.1 小组工作于 2024 年 02 月 05 日 13 时 05 分结束，现场临时安全措施已拆除，材料、工具已清理完毕，小组人员已全部撤离。

9.2 小组工作结束报告

线路或设备	报告方式	工作负责人	小组负责人签名	工作结束报告时间
220kV 尚家变 10kV 开关室 10kV 华兴大街 2 号线 162 开关后柜门及电缆层 162 间隔出线电缆	当面	李××	赵××	2024 年 02 月 05 日 13 时 05 分

10. 备注

2024 年 02 月 05 日 10 时 14 分 冯××加入。（小组负责人签名：赵××）

配电工作任务单

单　位：××××工程有限公司　　工作票编号：配 I 202402001　　编　号：配 I 202402001-2

1. 工作负责人姓名：李××

2. 小组负责人姓名：钱××　　**小组名称：**电缆二班

小组人员（不含小组负责人）孙××、乙××、周××、郑××

共 4 人

3. 工作任务

工作地点或地段（注明线路名称或设备双重名称、起止杆号）	工作内容及人员分工	专责监护人
10kV 华兴大街 2 号线 1 号环网柜 101 间隔	新放电缆制作终端、搭接、孔洞封堵	乙××

4. 计划工作时间

　自 2024 年 02 月 05 日 08 时 00 分至 2024 年 02 月 05 日 14 时 00 分。

5. 工作地段采取的安全措施

5.1　应装设的接地线

线路名称、设备双重名称、装设位置	接地线编号	装拆情况		
220kV 尚家变 10kV 华兴大街 2 号线 162 间隔	1624 接地刀闸（借用）	装设人	监护人	装设时间
		吴××		2024 年 02 月 05 日 08 时 39 分
		拆除人	监护人	拆除时间
		吴××		2024 年 02 月 05 日 13 时 10 分
10kV 华兴大街 2 号线 1 号环网柜 101 间隔	1014 接地刀闸（借用）	装设人	监护人	装设时间
		郑××		2024 年 02 月 05 日 08 时 32 分
		拆除人	监护人	拆除时间
		郑××		2024 年 02 月 05 日 13 时 16 分

5.2　应装设的标示牌、遮栏（围栏）等

　（1）在 10kV 华兴大街 2 号线 1 号环网柜 101 间隔周围设临时围栏，面向工作地点设"止步、高压危险！"标示牌，并在临时围栏出入口处设"在此工作""从此进出"标示牌。在 10kV 华兴大街 2 号线 1 号环网柜 101 间隔工作地点处设"在此工作！"标示牌。

　（2）在 10kV 华兴大街 2 号线 1 号环网柜 101 间隔相邻的 1001、111 间隔悬挂"止步、高压危险！"标示牌。

6. 其他危险点预控措施和注意事项（必要时可附页绘图说明）

　10kV 华兴大街 2 号线 1 号环网柜 101 间隔相邻的 1001、111 间隔带电运行，101 间隔母线侧带电运行。

　工作任务单签发人签名： 李××　　　　　　　　　　　　　　2024 年 02 月 03 日 13 时 30 分

小组负责人签名：钱××　　　　　　　　　　　　2024 年 02 月 03 日 13 时 50 分

7. 工作许可时间

2024 年 02 月 05 日 08 时 52 分　　　　　　　　　工作负责人签名：李××

　　　　　　　　　　　　　　　　　　　　　　　小组负责人签名：钱××

8. 工作小组成员确认工作负责人布置的工作任务、人员分工、安全措施和注意事项并签名：

孙××、乙××、周××、郑××

9. 工作任务单结束

9.1　小组工作于 2024 年 02 月 05 日 13 时 00 分结束，现场临时安全措施已拆除，材料、工具已清理完毕，小组人员已全部撤离。

9.2　小组工作结束报告

线路或设备	报告方式	工作负责人	小组负责人签名	工作结束报告时间
10kV 华兴大街 2 号线 1 号环网柜 101 间隔	当面	李××	钱××	2024 年 02 月 05 日 13 时 00 分

10. 备注

无。

1.2　变电站至站外环网柜之间电缆敷设

一、作业场景情况

（一）工作场景

220kV 尚家变 10kV 电缆层至站外环网柜。

（二）工作任务

220kV 尚家变 10kV 华兴大街 2 号 162 线间隔下方 10kV 电缆层至 10kV 华兴大街 2 号 1 号环网柜 101 间隔柜前电缆沟电缆敷设。

（三）票种选择建议

配电第二种工作票。

（四）人员分工及安排

本次工作有 1 个作业地点：站外环网柜。可以采取工作任务单或设置专责监护人，本张工作票选择设置专责监护人。参与本次工作的共 11 人（含工作负责人），具体分工为：

高××（工作负责人）：负责工作的整体协调组织及作业现场安全监护。

姚××（吊车司机）：负责操作吊车。

张××（工作班成员）：负责指挥起重作业。

任××（工作班成员）：负责电缆盘。

其余人员负责敷设电缆。

（五）场景接线图

220kV 尚家变 10kV 电缆层至站外网柜之间电缆敷设场景接线图见图 1-2。

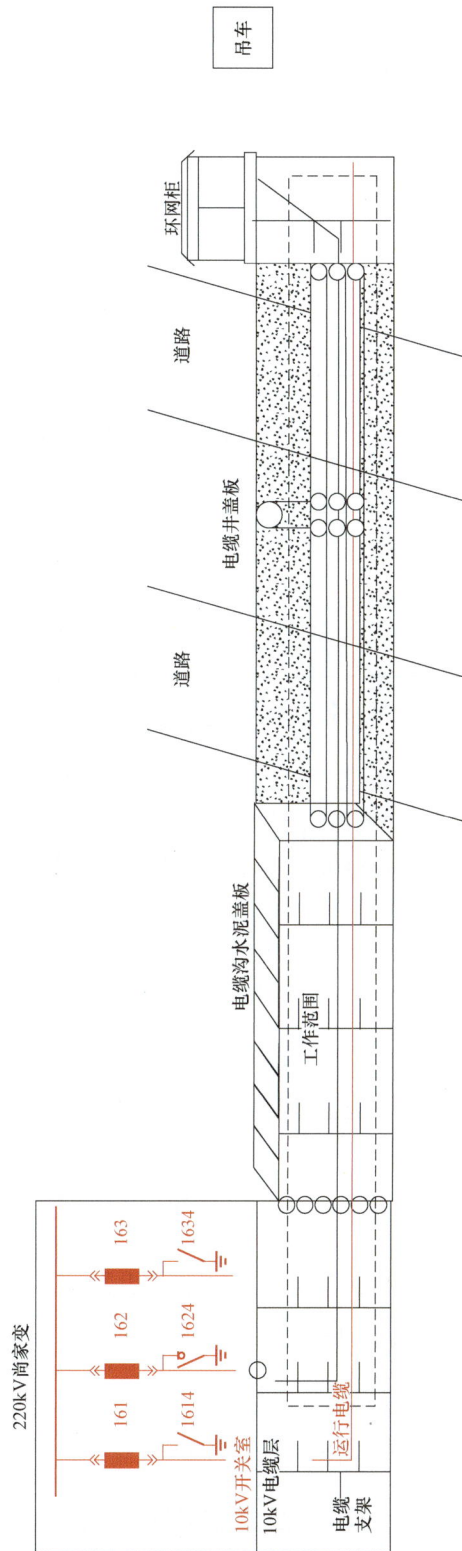

图 1-2　220kV 尚家变 10kV 电缆层至站外网柜之间电缆敷设场景接线图

二、工作票样例

配电第二种工作票

单　位：<u>配电运检室</u>　　　　编　号：<u>PD202405003</u>

1. 工作负责人：<u>高××</u>　　　班　组：<u>配电运检二班</u>

2. 工作班人员（不包括工作负责人）

<u>苏×、吴×、冯×、席×、黄×、李×、王××、任××、张××、姚</u>
<u>××（吊车）</u>

共 <u>10</u> 人

3. 工作任务

工作地点（地段）或设备［注明变（配）电站、线路名称、设备双重名称、线路的起止杆号等］	工作内容
220kV 尚家变 10kV 华兴大街 2 号 162 间隔下方 10kV 电缆层至 10kV 华兴大街 2 号 1 号环网柜 101 间隔柜前电缆沟	电缆敷设

4. 计划工作时间

自 <u>2024</u> 年 <u>05</u> 月 <u>10</u> 日 <u>09</u> 时 <u>00</u> 分至 <u>2024</u> 年 <u>05</u> 月 <u>10</u> 日 <u>18</u> 时 <u>00</u> 分。

5. 工作条件和安全措施（必要时可附页绘图说明）

（1）【安全距离】工作人员与带电设备保持安全距离 10kV 不小于 0.7m。

（2）【有限空间作业】进入有限空间工作，应提前通风半小时，对有限空间进行有害气体检测，设置警示牌，配置安全防护装备、应急救援装备，经气体检测合格后施工人员方可进入工作并设专人监护。

（3）【起重作业】起重作业应由专人指挥，起吊过程中，在吊臂和起吊物下方禁止有人行走或停留，在起重工作区域内禁止工作无关人员行走或停留。

（4）【防外破】电缆沟内有运行电缆，作业时做好防护措施，防止外力

【票种选择】
本次作业为配电不停电工作，使用配电第二种工作票，无需增持其他票种。

1.【班组】
对于包含工作负责人在内有两个及以上的班组人员共同进行的工作，应填写"综合班组"。

2.【工作班人员】
人员应取得准入资质，安排的人员应进行承载力分析，确保人数适当、充足；如有特种作业应安排具备相应资质的特种作业人员。不同单位需分行填写。

3.【工作任务】
（1）配电线路工作：填写工作线路（包括有工作的分支线路等）电压等级、双重名称（同杆双回或多回线路应注明线路位置称号）、工作地段起止杆号。
（2）配电设备工作：填写工作的环网柜、配电站、开关站等名称，检修工作地点及检修设备的双重名称，填写的设备名称应与现场相符（包括电压等级）。
（3）填写应清晰准确，术语规范。工作地点与工作内容应一一对应。

4.【计划工作时间】
填写已批准的检修时间段。

5.【工作条件和安全措施】
根据工作任务和作业方式填写相应的工作条件和安全措施，注明邻近及保留带电设备名称。
工作票签发人签名、工作负责人签名
确认工作票 1～5 项无误后，工作票签发人和工作负责人在签名栏内签名，并在时间栏内填入相应时间。"双签发"时应履行同样手续。

破坏。

工作票签发人签名：靳×　　　　　　2024 年 05 月 08 日 14 时 30 分

工作票会签人签名：＿＿＿＿＿　　　＿＿年＿＿月＿＿日＿＿时＿＿分

工作负责人签名：高××　　　　　　2024 年 05 月 08 日 15 时 10 分

6. 现场补充的安全措施

　　无。

6.【现场补充的安全措施】
工作负责人或工作许可人根据工作任务和现场条件，补充、完善安全措施或注意事项内容。无补充内容时填"无"。

7. 工作许可

许可内容	许可方式	工作许可人	工作负责人签名	许可工作时间
220kV 尚家变 10kV 电缆层	当面	张×	高××	2024 年 05 月 10 日 09 时 10 分
10kV 华兴大街 2 号 1 号环网柜前电缆沟	当面	杨×	高××	2024 年 05 月 10 日 09 时 12 分

7.【工作许可】
（1）填用配电第二种工作票的配电线路地面工作，可不履行工作许可手续。配电站、开闭所等站所内的配电设备工作可采取当面许可或电话许可。
（2）当面许可：工作许可人完成现场安全措施后，会同工作负责人确认本工作票 1～6 项内容无误，并对现场检查核对所列安全措施完备，向工作负责人指明带电设备的位置和注意事项。双方共同签名并记录时间，履行工作票许可手续。
（3）电话许可：电话许可应做好录音，并各自做好记录，双方分别在许可人、负责人处签名并注明电话许可，工作票所需的安全措施由工作人员自行布置。

8. 现场交底，工作班成员确认工作负责人布置的工作任务、人员分工、安全措施和注意事项并签名：

　　苏×、吴×、冯×、席×、黄×、李×、王××、任××、张××、姚××

8.【现场交底签名】
工作班成员在明确了工作负责人交代的工作内容、人员分工、带电部位、现场布置的安全措施和工作的危险点及防范措施后，每个工作班成员在工作负责人所持工作票的本栏签名，不得代签。

9. 2024 年 05 月 10 日 09 时 20 分工作负责人确认工作票所列安全措施全部执行完毕，下令开始工作。

9.【下令开始工作】
工作负责人确认工作票所列当前工作所需的安全措施全部执行完毕之后，下令开始工作的时间。

10. 工作票延期

　　有效期延长到 无 年＿＿月＿＿日＿＿时＿＿分。

工作负责人签名：＿＿＿＿＿　　　＿＿年＿＿月＿＿日＿＿时＿＿分

工作许可人签名：＿＿＿＿＿　　　＿＿年＿＿月＿＿日＿＿时＿＿分

10.【工作票延期】
由工作负责人向工作许可人提出申请，同意后记入并双方签名。此处工作许可人签名可代签。

11. 工作终结

11.1　工作班布置的安全措施已恢复，工作班人员已全部撤离现场，材料

11.【工作终结报告】
工作结束后，工作负责人应及时报告工作许可人。工作负责人和工作许可人分别在各自收执的工作票上办理工作终结手续，签字并记录工作结

工具已清理完毕，杆塔、设备上已无遗留物。

11.2 工作终结报告。

终结内容	报告方式	工作负责人签名	工作许可人	终结报告时间
220kV 尚家变 10kV 电缆层	当面	高××	张×	2024 年 05 月 10 日 17 时 20 分
10kV 华兴大街 2 号 1 号环网柜前电缆沟	当面	高××	杨×	2024 年 05 月 10 日 17 时 25 分

12. 备注

12.1 指定专责监护人席×负责监护：黄×、李×、王××在 10kV 华兴大街 2 号 1 号环网柜前电缆沟内有限空间的作业（地点及具体工作）。

12.2 其他事项：

张××负责指挥姚××进行起重吊装作业。

束时间。工作一旦终结，任何工作人员不得进入工作现场。

12.【备注】

如有指定专责监护人的，在 12.1 栏填写指定专责监护人姓名和监护的地点和具体工作，有其他事项的，在 12.2 一栏填写其他事项。

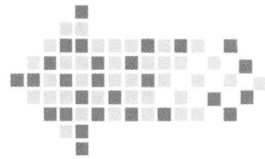

第2章 电缆及线路作业

2.1 10kV架空导线更换

一、作业场景情况

（一）工作场景

10kV横西线16号塔至16-2号杆架空导线更换。

（二）工作任务

架空导线更换：10kV横西线16号塔至16-2号杆将原裸导线更换为绝缘导线。

（三）票种选择建议

配电第一种工作票。

（四）人员分工及安排

本次工作有1个作业地点：10kV横西线16号塔至16-2号杆。参与本次工作的共7人（含工作负责人），具体分工为：

吕××（工作负责人）：负责工作的整体协调组织及作业现场安全监护。

厉××（工作班成员）：负责地面辅助工作。

叶××（专责监护人）：负责监护何××、陈××、缪××杆上作业。

何××、陈××、缪××（工作班成员）：登杆更换导线工作。

张××（工作班成员）：负责牵引过程中跟踪新旧导线连接点。

备注：10kV横西线16号塔至16-2号杆高、低压线路及王子路变电站设备运维管理单位均为城区配电运检班。

（五）场景接线图

10kV横西线16号塔至16-2号杆架空导线更换场景接线图见图2-1。

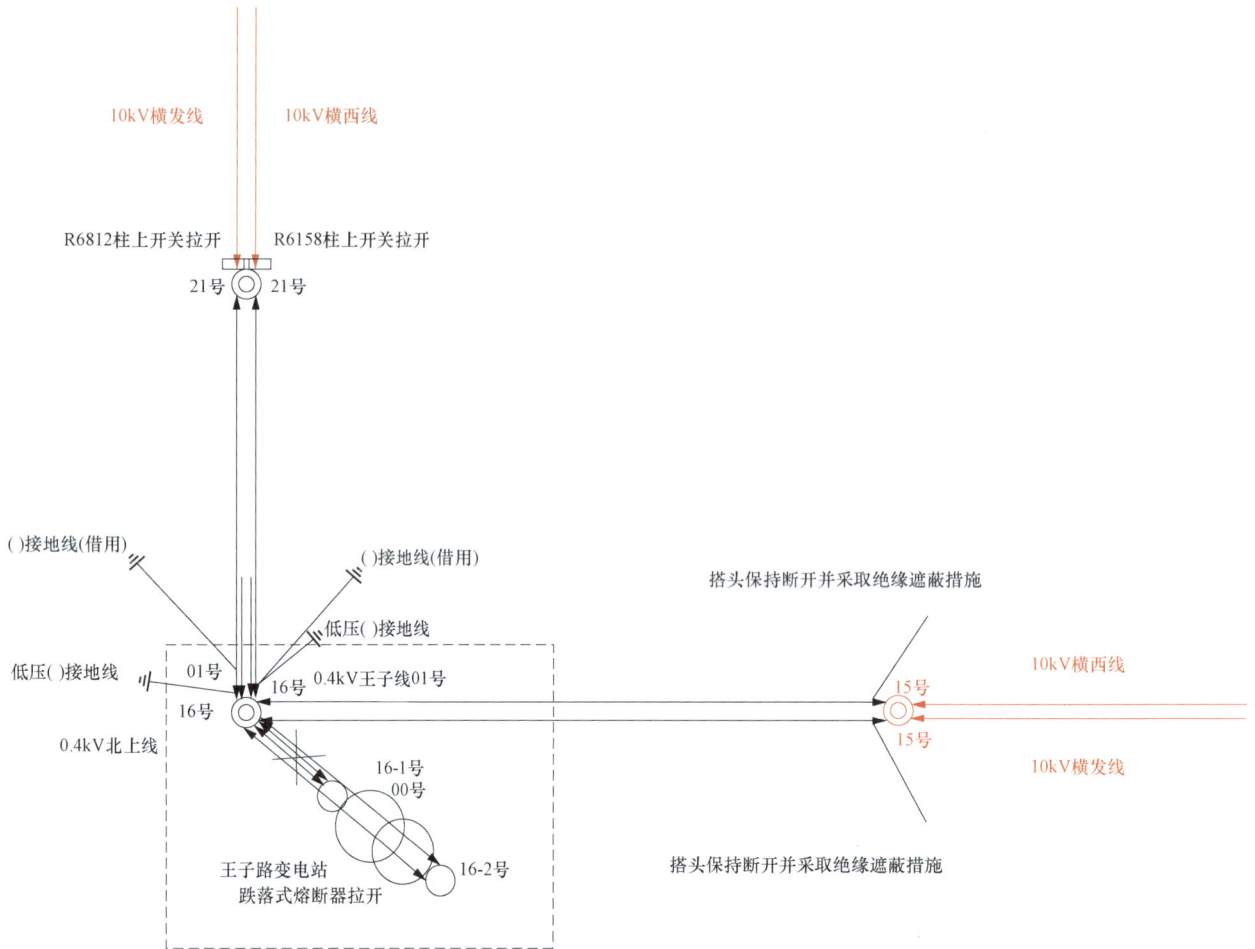

图 2-1　10kV 横西线 16 号塔至 16-2 号杆架空导线更换场景接线图

二、工作票样例

配电第一种工作票

单　位：××××工程有限公司　　　编　号：配 I 202404003

1. 工作负责人：吕××　　　班　组：线路一班

2. 工作班人员（不包括工作负责人）

××××工程有限公司：张××、何××、厉××、叶××、缪××、陈××

共　6　人

3. 停电线路或设备名称（多回线路应注明双重称号）

10kV 横西线 15 号至 21 号杆、10kV 横发线 15 号至 21 号杆。

4. 工作任务

工作地点（地段）或设备［注明变（配）电站、线路名称、设备双重名称及起止杆号等］	工作内容
10kV 横西线 16 号塔至 16-2 号杆（右线）	架空导线更换

5. 计划工作时间

自 2024 年 04 月 25 日 08 时 00 分至 2024 年 04 月 25 日 15 时 00 分。

6. 安全措施［应该为检修状态的线路、设备名称、应断开的断路器（开关）、隔离开关（刀闸）、熔断器，应合上的接地刀闸，应装设的接地线、绝缘隔板、遮栏（围栏）和标示牌等，装设的接地线应明确具体位置，必要时可附页绘图说明］

6.1　调控或运维人员［变（配）电站、发电厂等］应采取的安全措施	已执行
（1）10kV 横西线	
1）检查确认 15 号塔大号侧保持断开并已做好绝缘遮蔽措施（带电配合）	√
2）应拉开 21 号塔 R6158 柱上开关	√
3）应在 21 号塔 R6158 柱上开关操作处悬挂"禁止合闸，线路有人工作！"标示牌	√
4）应在 16 号塔大号侧挂设高压接地线一组，接地线编号：#1（10kV）	√
（2）10kV 横发线	
1）应拉开 10kV 横发线 16-1 号杆王子路变电站跌落式熔断器拉开并在跌落式熔断器下桩头悬挂"禁止合闸、线路有人工作"标示牌	√
2）检查确认 15 号塔大号侧保持断开并已做好绝缘遮蔽措施（带电配合）	√
3）应拉开 21 号塔 R6812 柱上开关	√

4.【工作任务】工作地点（地段）或设备［注明变（配）电站、线路名称、设备双重名称及起止杆号等］

（1）配电线路工作：填写工作线路（包括有工作的分支线路等）电压等级、名称（同杆双回或多回线路应注明线路位置称号）、工作地段起止杆号。

（2）配电设备工作：填写工作的变电站、环网柜、配电站、开关站等设备的电压等级、名称及检修工作区域和检修设备的双重名称，填写的设备名称应与现场相符（包括电压等级）。

工作内容

（1）工作内容应填写明确，术语规范，且不得超出相应停电申请单中的工作内容。

（2）应写明工作性质、内容［如：迁移、立杆、放线、更换架空地线、更换变压器、拆除（恢复）线路搭头等］。

（3）工作内容应填写完整，不得省略。消缺工作应写明消缺具体内容（例如处理×耐张搭头，更换×避雷器等），不得以维修、消缺等模糊词语涵盖工作内容。

（4）变（配）电站内和线路上均有工作时，为便于区分，应将变（配）电站的工作地点、工作内容排在前面，线路工作地点及内容排在站所工作的后面。

（5）不同工作地点的工作，应分行填写；工作地点与工作内容应一一对应。

5.【计划工作时间】

填写计划检修起始时间和结束时间，该时间应在调度批准的检修时间段内。

6.【安全措施】6.1 调控或运维人员［变（配）电站、发电厂等］应采取的安全措施

（1）填写涉及的变（配）电站或线路名称以及由调控或运维人员操作的各侧（包括变电站、配电站、用户站、各分支线路）断路器（开关）、隔离开关（刀闸）、熔断器，自动化设备控制电源、操作电源。

（2）填写变（配）电站内、线路上应合接地刀闸或应装接地线、应绝缘挡板的编号和确切位置。

（3）填写变（配）电站内应装设遮栏以及应挂标示牌的名称和地点以及防止二次回路误碰等措施。

（4）变（配）电站内和线路上均需采取安全措施时，为便于区分，应将变（配）电站内应采取的安全措施排在前面，线路上应采取的安全措施排在后面。

（5）涉及多个站所、多条线路和设备时，为避免混乱，各站所、线路和设备应逐一填写。例如：

1）变电站 A（如 110kV×变电站）：应断开×开关；应断开×刀闸……

2）变电站 B（如 35kV×变电站）：应断开×开关；应断开×刀闸……

3）10kV×线：应断开×开关；应在×装设接地线一组……

（6）变电站出线线路（电缆）工作涉及进线工作或借用变电站接地刀闸（接地线）作为工作班接地线的，则必须将变电站站内开关、刀闸、接地等安全措施列入工作票中，不涉及以上工作的只填写"确认 10kV××线路转为检修状态"。

（7）配电设备上熔断器在保持断开状态时，可采用熔断器拉开摘下熔管或熔断器拉开不摘下熔管的方式，在操作处悬挂"禁止合闸，线路有人工作！"标示牌即可。

（8）美式箱式变电站高压开关拉开后不需要加锁，欧式箱式变电站高压开关拉开后可以加锁。

续表

6.1 调控或运维人员［变（配）电站、发电厂等］应采取的安全措施	已执行
4）应在 21 号塔 R6812 柱上开关操作处悬挂"禁止合闸，线路有人工作！"标示牌	√
5）应在 16 号塔大号侧挂设高压接地线一组，接地线编号：#2（10kV）	√
（3）10kV 王子路变电站低压侧线路	
1）应拉开 10kV 横发线 16-1 号杆王子路变电站 0.4kV 411 王子线、0.4kV 412 北上线低压负荷开关，并在开关操作把手处悬挂"禁止合闸、线路有人工作"标示牌	√
2）应在 10kV 横发线王子路变电站 0.4kV 411 王子线 01 号杆导线搭头处装设低压接地线一组，接地线编号：#03（0.4kV）	√
3）10kV 横发线王子路变电站 0.4kV 412 北上线 01 号杆导线搭头处装设低压接地线一组，接地线编号：#05（0.4kV）	√

6.2 工作班完成的安全措施	
（1）在 10kV 横西线（同杆 10kV 横发线）16 号塔至 16-2 号杆工作地点周围设立安全围栏悬挂"止步，高压危险！"标示牌，并在出入口悬挂"在此工作！""从此进出！"标示牌	√
（2）10kV 横西线（同杆 10kV 横发线）16 号塔至 16-2 号杆邻近人行道，工作地点周围放置警示路锥指定专人看护，维持行人与车辆安全通行、禁止行人靠近	√

6.3 工作班装设（或拆除）的接地线

线路名称、设备双重名称、装设位置	接地线编号	装拆情况		
无		装设人	监护人	装设时间
		拆除人	监护人	拆除时间

（9）环网柜开关拉开后不需要再加锁，隔离开关（刀闸）及接地刀闸操作把手处应加锁。

（10）在低压用电设备上停电工作前，配电箱工作断开断路器，是否需要取下断路器熔丝应按现场实际情况确定，如配电箱断路器无熔丝的必须在配电箱门上加锁和悬挂标示牌。

已执行

以上安全措施完成后，工作负责人在接受许可时，应与工作许可人逐项核对确认并打"√"。

6.2 工作班完成的安全措施

（1）填写需要工作班操作停电的配电变压器及用户名称、应装设的遮栏（围栏）、交通警示牌等。

如：应拉开 10kV×线×配电变压器低压侧开关；在综合配电箱柜门把手上悬挂"禁止合闸，线路有人工作！"标示牌；在×处装设围栏……没有则填写"无"。

（2）由工作班装设的工作接地线可仅在"6.3"栏填写。

已执行

安全措施完成后，工作负责人逐项核对确认并打"√"。

6.3 工作班装设（或拆除）的接地线

线路名称、设备双重名称、装设位置

（1）填写应装设工作接地线（包括 0.4kV）的确切位置、地点；如 10kV×线×号杆支线侧。

（2）各工作班工作地段两端和有可能送电到停电线路的分支线（包括用户）都要装接地线。

（3）配合停电的交叉跨越或邻近线路，在线路的交叉跨越或邻近处附近应装设一组接地线；配合停电的同杆（塔）架设线路装设接地线要求与检修线路相同。

（4）工作地段无法装设工作接地线的，且与运维人员装设的接地线（接地刀闸）之间未连有断路器（开关）或熔断器，则运维人员装设的接地线（接地刀闸）可借用为工作接地线使用，不需要在本栏内再填写。

（5）若工作范围内均借用运维人员装设的接地线（接地刀闸）作为工作接地线使用，则本栏填写"无"。

接地线编号

（1）填写应装设的工作接地线（包括 0.4kV）的编号及电压等级。例：#01（10kV）。

（2）同一编号接地线不得重复。分段工作，同一编号的接地线可分段重复使用。

（3）接地线编号在装设好接地线后由工作负责人在现场填写。

装设人、拆除人、监护人

装设、拆除接地线应有人监护，工作负责人将装设人、拆除人和监护人由工作负责人现场填写在工作票上，监护人利用手机拍摄的照片或者打印工作票6.3栏目页作为书面依据，装设（拆除）接地线结束时，监护人及时向工作负责人汇报，由工作负责人在工作票上记下装设（拆除）时间。

装设时间、拆除时间

（1）工作负责人依据现场工作班成员装设或拆除接地线完毕的时间填写。装设时间应在工作许可并完成安全交底之后，下达开始工作命令之前；拆除时间工作终结时间之前。

（2）分段装设的接地线应根据工作区段转移情况逐段填写。

（3）接地线装、拆时间填写应采用 24 小时制，填写年、月、日、时、分，如：2024 年 07 月 31 日 14 时 06 分。

6.4　配合停电应采取的安全措施	已执行
无	

6.5　保留或邻近的带电线路、设备

无。

6.6　其他安全措施和注意事项

（1）【安全距离】工作人员与带电设备保持安全距离 10kV 不小于 0.7m。

（2）【高处作业】作业人员登杆前认真核对杆（塔）号，应检查登杆工具、电杆横向裂纹和金具锈蚀等情况。登杆、转移过程中不得失去保护。杆上作业正确使用安全带。上杆后应检查横担和其他构件牢固情况，上下传递物件应用绳索拴牢传递，禁止上下抛物。

（3）【交通道口】在通行道路上设置警告标示牌，派人看管。

（4）【撤放导线】拆除杆上导线前应检查杆根做好防止倒杆措施。紧线与撤线时，作业人员不应站在或跨在已受力的牵引绳、导线的内角侧，架空线的垂直下方，禁止采用突然剪断导线的做法松线。应设专人指挥放撤线工作，及全程跟踪新线旧线连接点。

工作票签发人签名：张×× 　　　　　2024 年 04 月 24 日 16 时 30 分

工作票会签人签名：徐××（配电班）　2024 年 04 月 24 日 17 时 00 分

工作票会签人签名：＿＿＿＿＿＿　　　＿＿年＿＿月＿＿日＿＿时＿＿分

工作负责人签名：吕×× 　　　　　　2024 年 04 月 24 日 17 时 30 分

6.7　其他安全措施和注意事项补充（由工作负责人或工作许可人填写）

无。

7. 工作许可

许可的线路或设备	许可方式	工作许可人	工作负责人签名	工作许可时间
10kV 横西线 16 号塔至 16-2 号杆	当面	林××	吕××	2024 年 04 月 25 日 08 时 40 分

6.4 配合停电线路应采取的安全措施
填写由非调控或运维人员负责的配合停电的线路名称及应断开的断路器（开关）、隔离开关（刀闸）、熔断器，应合上的接地刀闸或应装设的操作接地线。没有则填写"无"。

6.5 保留或邻近的带电线路、设备
应注明工作地点或地段保留或邻近的带电线路、设备的电压等级、双重名称及杆（塔）号，主要填写以下内容：
（1）邻近或交叉跨越的带电线路、设备名称（双重称号）。
（2）发电厂、变电站出口停电线路两侧的邻近带电线路。
（3）与工作地段邻近、平行或交叉且有可能误登误触的带电线路及设备。
（4）拉开后一侧有电、一侧无电的配电设备。如柱上开关、闸刀、跌落式熔断器等。
（5）变（配）电站、开关站内的配电设备工作，应填写工作地点及周围所保留的带电部位、带电设备名称。工作地点的低压交直流电源也应注明和交代清楚。
（6）没有则填写"无"。

6.6 其他安全措施和注意事项
根据工作现场的具体情况而采取的一些安全措施或有关安全注意事项。
如：装设个人保安接地线；在杆下装设临时围栏；防止倒杆应设置时拉线；线路交叉处、邻近带电设备的安全距离提示；起重作业、高处作业、有限空间作业、电气试验作业、放线撤线作业等现场的安全注意事项；在道路上放置提醒来往车辆和行人注意安全的交通警示牌等。
工作票签发人签名、工作负责人签名
确认工作票 1～6.6 项无误后，工作票签发人和工作负责人在签名栏内签名，并在时间栏内填入相应时间。"双签发"时应履行同样手续。

6.7 其他安全措施和注意事项补充（由工作负责人或工作许可人填写）
工作负责人或工作许可人根据现场的实际情况，补充安全措施和注意事项。无补充内容时填写"无"。

7.【工作许可】
（1）工作许可人和工作负责人分别在各自收执的工作票上填写许可的线路或设备名称、许可方式、工作许可人、工作负责人、许可工作时间。
（2）同一时间、相同停电范围，有多家单位或同一单位的不同班组分别持票进行施工作业时，设备运维管理单位指派的工作许可人应为同一人。
（3）各工作许可人应在完成工作票所列由其负责的停电和装设接地线等安全措施后，方可发出许可工作的命令。
许可方式
（1）配网停电作业采取现场当面许可。许可过程均应做好录音。
（2）填用配电第二种工作票的配电线路地面工作，可不履行工作许可手续。持配电第二种工作票进入配电站所工作，应办理工作许可手续。
工作许可时间
工作许可时间不得早于计划工作开始时间。

8. 现场交底，工作班成员确认工作负责人布置的工作任务、人员分工、安全措施和注意事项并签名：

 陈××、叶××、张××、厉××、缪××、何××

9. <u>2024</u> 年<u>04</u>月<u>25</u>日<u>08</u>时<u>59</u>分工作负责人确认工作票所列当前工作所需的安全措施全部执行完毕，下令开始工作。

10. 工作任务单登记

工作任务单编号	工作任务	小组负责人	工作许可时间	工作结束报告时间
无			____年__月__日 __时__分	____年__月__日 __时__分

11. 人员变更

11.1　工作负责人变动情况

原工作负责人_____离去，变更为工作负责人_____。

工作票签发人：_____   ____年__月__日__时__分

原工作负责人签名确认：_____

新工作负责人签名确认：_____ ____年__月__日__时__分

11.2　工作人员变动情况

 <u>2024 年 02 月 05 日 10 时 12 分何××离开（工作负责人签名：李××）</u>

        工作负责人签名：<u>李××</u>

12. 工作票延期

 有效期延长到____年__月__日__时__分。

工作负责人签名：_____   ____年__月__日__时__分

工作许可人签名：_____   ____年__月__日__时__分

8.【现场交底签名】
（1）工作班成员在明确了工作负责人和小组负责人交代的工作内容、人员分工、带电部位、现场布置的安全措施和工作的危险点及防范措施后，每个工作班成员在工作负责人所持工作票的本栏签名，不得代签。
（2）一张工作票多小组工作，使用工作任务单时，由各小组负责人在工作票上签名，其他小组成员分别在对应的工作任务单上签名。

9.【下令开始工作】
工作负责人确认工作票所列当前工作所需的安全措施一栏的时间，应为调度运维以及工作班所做的安全措施全部执行完毕之后，下令开始工作的时间。

10.【工作任务单登记】
若一张工作票下设多个小组工作，应将所有工作任务单编号、工作任务、小组负责人、工作许可时间、工作结束报告时间。没有则填"无"。
小组负责人
小组负责人应具备工作负责人资格。
工作许可时间
工作许可时间不应在下令开始工作时间之前。
工作结束报告时间
工作结束报告时间应在工作票终结时间之前。

11.【人员变更】工作负责人变动情况
（1）工作票签发人同意，在工作票上填写离去和变更的工作负责人姓名及变动时间，同时通知全体作业人员及工作许可人。
（2）工作票签发人无法当面办理，应通过电话通知工作许可人，由工作许可人和原工作负责人在各自所持工作票上填写工作负责人变更情况，并代工作票签发人签名。
（3）工作负责人的变动必须是在该工作票许可之后，如在工作票许可之前需变更工作负责人，则应由工作票签发人重新签发工作票。
工作人员变动情况
（1）班组人员每次发生变动，工作负责人要在工作票上即时注明变动情况（变更人员姓名、变更时间）并签名，不得最后一并签名。
（2）新增人员在明确了工作内容、人员分工、带电部位、现场安全措施和工作的危险点及防范措施，在工作负责人所持工作票第8栏签名确认后方可参加工作。

12.【工作票延期】
工作需延期，应在工作计划结束时间前由工作负责人向工作许可人提出申请，办理延期手续。对于需经调度许可的工作，工作许可人还应得到调度许可后，方可与工作负责人办理工作票延期手续。工作票只能延期一次。

13. 每日开工和收工时间（使用一天的工作票不必填写）

收工时间	工作负责人	工作许可人	开工时间	工作许可人	工作负责人

14. 工作终结

14.1　工作班现场所装设接地线（接地刀闸）共 0 组、个人保安线共 0 组已全部拆除，工作班布置的其他安全措施已恢复，工作班人员已全部撤离现场，材料工具已清理完毕，杆塔、设备上已无遗留物。

14.2　工作终结报告

终结的线路或设备	报告方式	工作负责人	工作许可人	终结报告时间
10kV 横西线 16 号塔至 16-2 号杆	当面	吕××	林××	2024 年 04 月 25 日 11 时 15 分

15. 工作票终结

已拆除工作许可人现场所挂#1（10kV）、#2（10kV）、#3（0.4kV）、#5（0.4kV）、（编号）接地线共 4 组；已拆 无 （编号）接地刀闸共 0 副。

工作票于 2024 年 04 月 25 日 11 时 20 分结束。

工作许可人：林××

16. 负责监护

指定专责监护人	被监护人	负责监护（地点及具体工作）
叶××	何××、陈××、缪××	在 10kV 横西线 16 号塔至 16-2 号杆上更换架空导线

13.【每日开工和收工时间】
（1）填写每日收工时间及次日开工时间，工作负责人、工作许可人分别签名确认。
（2）每日收工，工作负责人应得到小组负责人或全部工作班成员当日工作结束的报告，开好收工会并全部撤离工作现场后，向许可人汇报；次日复工时，工作负责人应经许可人同意并重新复核安全措施无误后方可工作。
（3）涉及多名工作许可人的工作，各工作许可人均应与工作负责人分别填写。

14.【工作终结】
（1）填写拆除的所有工作接地线和个人保安线数量。
1）工作结束后，工作负责人（包括小组负责人）应检查工作地段的状况，确认没有遗留个人保安线和其他工具、材料，全部工作人员确已撤离，并经验收合格后方可命令拆除工作接地线等安全措施。
2）接地线拆除后，任何人不得再登杆工作或在设备上工作。
（2）工作终结报告。
1）工作终结后，工作负责人应及时报告工作许可人，若有其他单位的设备配合停电，还应及时通知配合停电设备运行管理单位的停电联系人。工作终结报告应当面进行。
2）报告结束后，工作许可人和工作负责人分别在各自执行的工作票上填写终结的线路或设备的名称、报告方式、工作负责人、工作许可人和终结报告时间，办理工作终结手续。工作一旦终结，任何工作人员不得进入工作现场。

15.【工作票终结】
（1）填写拆除由工作许可人负责装设的接地线和接地刀闸编号、数量，以及工作票的终结时间。确认接地线和接地刀闸都已经拆除后，工作许可人签名。
（2）若不涉及接地线或接地刀闸，应在编号栏填"无"，在数量栏填"0"组（副），不要空白。
（3）拉开的接地刀闸编号栏应填写双重名称。
（4）工作终结前，工作许可人在接到所有工作负责人的完工报告，实地检查确认停电范围内所有工作已结束，所有人员已撤离，所有接地线已拆除，与记录簿核对无误并做好记录后，方可下令拆除各侧安全措施。
（5）该项内容只需工作许可人所持票面填写。涉及多名工作许可人的工作票，各工作许可人负责各自所装设的接地线（接地刀闸）的拆除情况。

16.【负责监护】
（1）注明指定专责监护人、被监护人、负责监护地点及具体工作。如"指定专责监护人张三负责监护李四在 10kV×线×杆进行×工作"。
（2）对有触电危险、检修（施工）复杂容易发生事故的工作，如：在邻近带电线路和设备区域使用吊车、斗臂车等特种车辆的作业；有限空间作业等，应增设专责监护人，并确定其监护的人员和工作范围。
（3）该部分内容仅需在工作负责人所持工作票上填写。

17. 其他事项

无。

2.2　10kV 架空线路新建

一、工作场景情况

（一）工作场景

10kV 大史 2 号线大周支线 03 号杆新建分支线路，新立电杆、安装拉线、架设导线、安装配电变压器（以下简称配变）台架 1 套、安装配变（兴业塑料厂厂用变压器）1 台，安装避雷器、熔断器各 1 组。

（二）工作任务

电杆组立：吊机组立新立 10kV 大史 2 号线大周支线 04～06 号杆。

金具、铁附件安装：10kV 大史 2 号线大周支线 03 号杆、新立 10kV 大史 2 号线大周支线 04～06 号杆安装金具、铁附件。

拉线安装：新立 10kV 大史 2 号线大周支线 06 号杆安装拉线 1 组。

架设导线：10kV 大史 2 号线大周支线 03 号杆至新立 10kV 大史 2 号线大周支线 06 号杆人工架设绝缘导线。

配变台架安装：新立 10kV 大史 2 号线大周支线 05 号杆、06 号杆安装配变台架 1 套，安装避雷器、熔断器各 1 组。

配变安装：新立 10kV 大史 2 号线大周支线 05 号杆、06 号杆吊机吊装配变（兴业塑料厂厂用变压器）1 台。

（三）票种选择建议

配电第一种工作票。

（四）人员分工及安排

本次工作有 1 个作业地点，使用配电第一种工作票并设置专责监护人。参与本次工作的共 13 人（含工作负责人），具体分工为：

李××（工作负责人）：负责工作的整体协调组织及作业现场安全监护。

陈××（专责监护人）：负责吊机组立电杆及吊装配变时对吊车司机钱××进行监护，与相邻带电线路保持安全距离。

钱××（吊车司机）：负责现场操作吊车组立电杆及吊装配变工作。

王××（司索工）：负责对钱××进行起吊作业时进行指挥。

张××、孙××、赵××、杨××（工作班成员）：负责现场登高作业，安装金具、铁附件，架设导线工作。

甲××、乙××、丙××、丁××（工作班成员）：负责现场地面配合。

朱××（工作班成员）：负责在道路口和通行道路上维持车辆和行人安全通行，禁止行人靠近。

（五）场景接线图

10kV架空线路断新建场景接线图见图2-2。

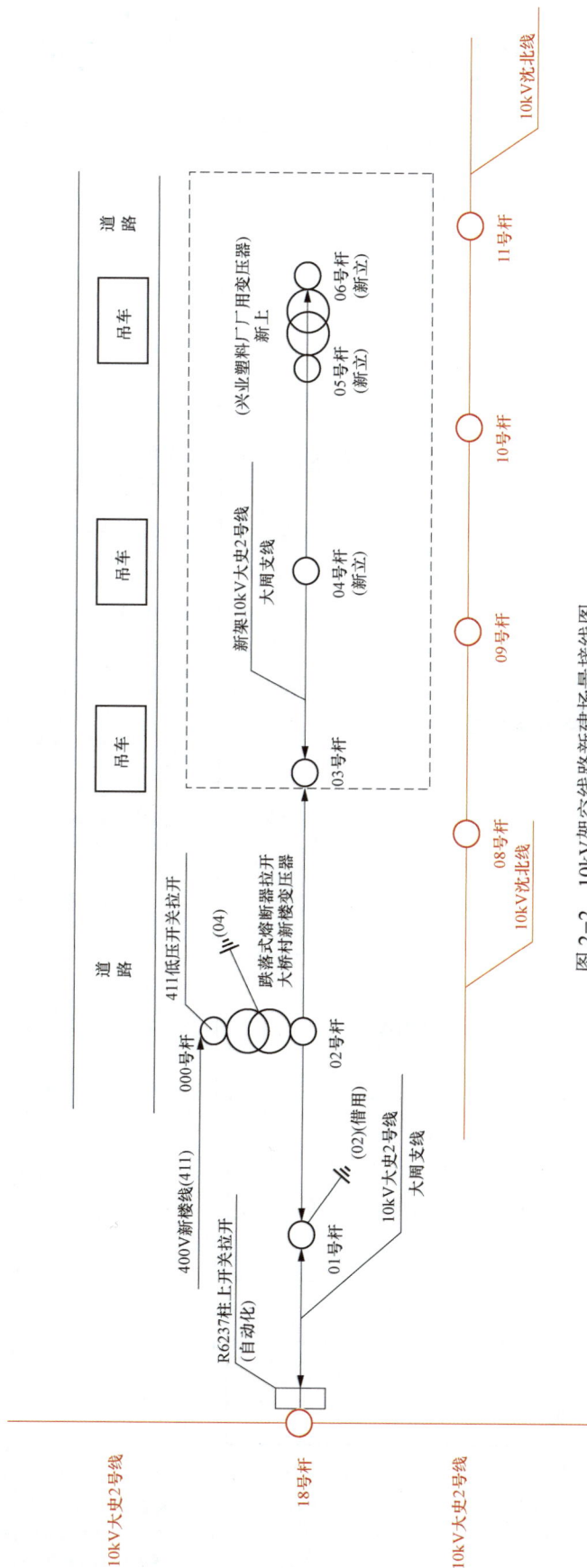

图 2-2　10kV架空线路断新建场景接线图

二、工作票样例

配电第一种工作票

【票种选择】
本次作业为配电停电工作，使用配电第一种工作票，无需增持其他票种。

单　位：××××工程有限公司　　编　号：配Ⅰ202402002

1. 工作负责人：李××　　　班　组：综合班组

1.【班组】
对于包含工作负责人在内有两个及以上的班组人员共同进行的工作，应填写"综合班组"。

2. 工作班人员（不包括工作负责人）

××××工程有限公司：陈××

××××电力工程有限公司：王××、张××、孙××、赵××、杨××、甲××、乙××、丙××、丁××、朱××

××××设备租赁有限公司：钱××

共 12 人

2.【工作班人员】
人员应取得准入资质，安排的人员应进行承载力分析，确保人数适当、充足；如有特种作业应安排具备相应资质的特种作业人员。不同单位需分行填写。

3. 停电线路或设备名称（多回线路应注明双重称号）

10kV 大史 2 号线大周支线。

3.【停电线路或设备名称（多回线路应注明双重称号）】
（1）填写停电的配电线路电压等级、名称（多回线路应注明双重称号）、设备双重名称、起止杆号。
（2）填写停电的环网柜、开关站、箱式变电站等配电设备的电压等级、双重名称或停电范围。
（3）若全线（包括支线）停电，填写主线和支线。
（4）填写的配电线路名称、设备双重名称应与现场相符（包括电压等级）。

4. 工作任务

工作地点（地段）或设备［注明变（配）电站、线路名称、设备双重名称及起止杆号等］	工作内容
10kV 大史 2 号线大周支线 05 号杆、06 号杆	新立电杆，安装拉线、金具、附件，架设导线，安装配变台架 1 套，安装配变（兴业塑料厂厂用变压器）1 台，安装避雷器、熔断器各 1 组
10kV 大史 2 号线大周支线 03 号杆	安装金具、附件，架设导线
10kV 大史 2 号线大周支线 04 号杆	新立电杆，安装金具、附件，架设导线

4.【工作任务】工作地点（地段）或设备［注明变（配）电站、线路名称、设备双重名称及起止杆号等］
（1）配电线路工作：填写工作线路（包括有工作的分支线路等）电压等级、名称（同杆双回或多回线路应注明线路位置称号）、工作地段起止杆号。
（2）配电设备工作：填写工作的变电站、环网柜、配电站、开关站等设备的电压等级、名称及检修工作区域和检修设备的双重名称，填写的设备名称应与现场相符（包括电压等级）。
工作内容
（1）工作内容应填写明确，术语规范，且不得超出相应停电申请单中的工作内容。
（2）应写明工作性质、内容［如：迁移、立杆、放线、更换架空地线、更换变压器、拆除（恢复）线路搭头等］。
（3）工作内容应填写完整，不得省略。消缺工作应写明消缺具体内容（例如处理×耐张搭头，更换×避雷器等），不得以维修、消缺等模糊词语涵盖工作内容。
（4）变（配）电站内和线路上均有工作时，为便于区分，应将变（配）电站的工作地点、工作内容排在前面，线路工作地点及内容排在站所工作的后面。
（5）不同工作地点的工作，应分行填写；工作地点与工作内容应一一对应。

5. 计划工作时间

自 2024 年 02 月 05 日 08 时 00 分 至 2024 年 02 月 05 日 16 时 00 分。

5.【计划工作时间】
填写计划检修起始时间和结束时间，该时间应在调度批准的检修时间段内。

6. 安全措施［应该为检修状态的线路、设备名称、应断开的断路器（开关）、隔离开关（刀闸）、熔断器，应合上的接地刀闸，应装设的接地线、绝缘隔板、遮栏（围栏）和标示牌等，装设的接地线应明确具体位置，必要时可附页绘图说明］

6.1　调控或运维人员［变（配）电站、发电厂等］应采取的安全措施	已执行
（1）10kV 大史 2 号线	
1）应拉开 18 号杆 R6237 柱上开关	√
2）应在 18 号杆 R6237 柱上开关操作处悬挂"禁止合闸，线路有人工作！"指示牌	√
3）应将 18 号杆 R6237 柱上开关自动化装置操作方式由"远方"切至"就地"位置，将开关的电动操作机构电源空气开关拉开	√
（2）10kV 大史 2 号线大周支线	
应在 01 号杆的大号侧装设高压接地线一组#02（10kV）	√
（3）10kV 大史 2 号线大周支线 02 号杆大桥村新楼变配变	
1）应拉开大桥村新楼变配变跌落式熔断器、并在跌落式熔断器操作处悬挂"禁止合闸，线路有人工作！"	√
2）应在大桥村新楼变配变高压进线桩头处装设高压接地线一组#04（10kV）	√

6.2　工作班完成的安全措施	已执行
在 10kV 大史 2 号线大周支线 03 号杆至 10kV 大史 2 号线大周支线 06 号杆工作地点四周装设临时安全围栏、在围栏进出口处悬挂"在此工作""从此进出"标示牌，围栏向外悬挂"止步，高压危险！"标示牌	√

6.3　工作班装设（或拆除）的接地线

线路名称、设备双重名称、装设位置	接地线编号	装拆情况		
		装设人	监护人	装设时间
无				
		拆除人	监护人	拆除时间

6.【安全措施】6.1 调控或运维人员［变（配）电站、发电厂等］应采取的安全措施

（1）填写涉及的变（配）电站或线路名称以及由调控或运维人员操作的各侧（包括变电站、配电站、用户站、各分支线路）断路器（开关）、隔离开关（刀闸）、熔断器，自动化设备控制电源、操作电源。

（2）填写变（配）电站内、线路上应合接地刀闸或应装接地线、应装绝缘挡板的编号和确切位置。

（3）填写变（配）电站内应装设遮栏以及应挂标示牌的名称和地点以及防止二次回路误碰等措施。

（4）变（配）电站内和线路上均需采取安全措施时，为便于区分，应将变（配）电站内应采取的安全措施排在前面，线路上应采取的安全措施排在后面。

（5）涉及多个站所、多条线路和设备时，为避免混乱，各站所、线路和设备逐一填写。例如：

1）变电站 A（如 110kV×变电站）：应断开×开关；应断开×刀闸……

2）变电站 B（如 35kV×变电站）：应断开×开关；应断开×刀闸……

3）10kV×线：应断开×开关；应在×装设接地线一组……

（6）变电站出线线路（电缆）工作涉及进站工作或借用变电站接地刀闸（接地线）作为工作班接地线的，则必须将变电站站内开关、刀闸、接地等安全措施列入工作票中，不涉及以上工作的只填写"确认 10kV××线路转为检修状态"。

（7）配电设备上熔断器在保持断开状态时，可采用熔断器拉开摘下熔管或熔断器拉开不摘下熔管的方式，在操作处悬挂"禁止合闸，线路有人工作！"标示牌即可。

（8）美式箱式变电站高压开关拉开后不需要加锁，欧式箱式变电站高压开关拉开后可以加锁。

（9）环网柜开关拉开后不需要再加锁，隔离开关（刀闸）及接地刀闸操作把手处应加锁。

（10）在低压用电设备上停电工作前，配电工作断开断路器，是否需要取下断路器熔丝应按现场实际情况确定，如配电断路器无熔丝的必须在配电箱门上加锁和悬挂标示牌。

已执行

以上安全措施完成后，工作负责人在接受许可时，应与工作许可人逐项核对确认并打"√"。

6.2 工作班完成的安全措施

（1）填写需要工作班操作停电的配电变压器及用户名称、应装设的遮栏（围栏）、交通警示牌等。

如：应拉开 10kV×线×配电变压器低压侧开关；在综合配电箱柜门把手上悬挂"禁止合闸，线路有人工作！"标示牌；在×处装设围栏……没有则填写"无"。

（2）由工作班装设的工作接地线可仅在"6.3"栏填写。

已执行

安全措施完成后，工作负责人逐项核对确认并打"√"。

6.3 工作班装设（或拆除）的接地线

线路名称、设备双重名称、装设位置

（1）填写应装设工作接地线（包括 0.4kV）的确切位置、地点；如 10kV×线×号杆支线侧。

（2）各工作班工作地段两端和有可能送电到停电线路的分支线（包括用户）都要接接地线。

（3）配合停电的交叉跨越或邻近线路，在线路的交叉跨越或邻近处附近处应装设一组接地线；配合

续表

6.3　工作班装设（或拆除）的接地线

线路名称、设备双重名称、装设位置	接地线编号	装拆情况		
		装设人	监护人	装设时间
		拆除人	监护人	拆除时间

6.4　配合停电线路应采取的安全措施	已执行
无	

6.5　保留或邻近的带电线路、设备：

10kV 沈北线带电运行、10kV 大史 2 号线带电运行。

6.6　其他安全措施和注意事项：

（1）【高处作业】作业人员登杆前认真核对杆（塔）号，应检查登杆工具、电杆横向裂纹和金具锈蚀等情况。登杆、转移过程中不得失去保护。杆上作业正确使用安全带。上杆后应检查横担和其他构件牢固情况，上下传递物件应用绳索拴牢传递，禁止上下抛物。

（2）【起重作业】起重作业应由专人指挥，起吊过程中，在吊臂和起吊物下方禁止有人行走或停留，在起重工作区域内禁止工作无关人员行走或停留。吊车起吊作业时应保持 10kV 安全距离不小于 2.0m，人员与带电设备保持不少于 0.7m 安全距离，应设专人监护。

（3）【撤放导线】拆除杆上导线前应检查杆根做好防止倒杆措施。撤线时，作业人员不应站在或跨在已受力的牵引绳、导线的内角侧，架空线的垂直下方，禁止采用突然剪断导线的做法松线。应设专人指挥放撤线工作，及全程跟踪新线旧线连接点。

（4）【安全距离】工作人员与带电设备保持安全距离 10kV 不小于 0.7m。

（5）【交通道口】在通行道路上设置警告标示牌，派人看管。

工作票签发人签名：郑×× 　　　　2024 年 02 月 03 日 14 时 10 分

停电的同杆（塔）架设线路装设接地线要求与检修线路相同。

（4）工作地段无法装设工作接地线的，且与运维人员装设的接地线（接地刀闸）之间未连有断路器（开关）或熔断器，则运维人员装设的接地线（接地刀闸）可借用为工作接地线使用，不需要在本栏内再填写。

（5）若工作范围内均借用运维人员装设的接地线（接地刀闸）作为工作接地线使用，则本栏填写"无"。

接地线编号

（1）填写应装设的工作接地线（包括 0.4kV）的编号及电压等级。例：#01（10kV）。

（2）同一编号接地线不得重复。分段工作，同一编号的接地线可分段重复使用。

（3）接地线编号在装设好接地线后由工作负责人在现场填写。

装设人、拆除人、监护人

装设、拆除接地线应有人监护，工作负责人将装设人、拆除人和监护人由工作负责人现场填写在工作票上，监护人利用手机拍摄的照片或者打印工作票 6.3 栏目页作为书面依据，装设（拆除）接地线结束时，监护人及时向工作负责人汇报，由工作负责人在工作票上记下装设（拆除）时间。

装设时间、拆除时间

（1）工作负责人依据现场工作班成员装设或拆除接地线完毕的时间填写。装设时间应在工作许可并完成安全交底之后，下达开始工作命令之前；拆除时间工作终结时间之前。

（2）分段装设的接地线应根据工作区段转移情况逐段填写。

（3）接地线装、拆时间填写应采用 24 小时制，填写年、月、日、时、分，如：2024 年 07 月 31 日 14 时 06 分。

6.4 配合停电线路应采取的安全措施

填写由非调控或运维人员负责的配合停电的线路名称及应断开的断路器（开关）、隔离开关（刀闸）、熔断器，应合上的接地刀闸或应装设的操作接地线。没有则填写"无"。

6.5 保留或邻近的带电线路、设备

应注明工作地点或地段保留或邻近的带电线路、设备的电压等级、双重名称及杆（塔）号，主要填写以下内容：

（1）邻近或交叉跨越的带电线路、设备名称（双重名称）。

（2）发电厂、变电站出口停电线路两侧的邻近带电线路。

（3）与工作地段邻近、平行或交叉且有可能误登误触的带电线路及设备。

（4）拉开后一侧有电、一侧无电的配电设备。如柱上开关、闸刀、跌落式熔断器等。

（5）变（配）电站、开关站内的配电设备工作，应填写工作地点及周围所保留的带电部位、带电设备名称。工作地点的低压交直流电源也应注明和交代清楚。

（6）没有则填写"无"。

6.6 其他安全措施和注意事项

根据工作现场的具体情况而采取的一些安全措施或有关安全注意事项。

如：装设个人保安接地线；在杆下装设临时围栏；防止倒杆应临时拉线；线路交叉处、邻近带电设备的安全距离提示；起重作业、高处作业、有限空间作业、电气试验作业、放线撤线作

工作票会签人签名：周×× 　　　2024 年 02 月 03 日 14 时 40 分

工作负责人签名：李×× 　　　2024 年 02 月 03 日 16 时 08 分

6.7　其他安全措施和注意事项补充（由工作负责人或工作许可人填写）：

　　无。

7. 工作许可

许可的线路或设备	许可方式	工作许可人	工作负责人签名	工作许可时间
10kV 大史 2 号线大周支线 03 号杆至 06 号杆	当面	薛××	李××	2024 年 02 月 05 日 08 时 33 分

8. 现场交底，工作班成员确认工作负责人布置的工作任务、人员分工、安全措施和注意事项并签名：

　　陈××、王××、张××、孙××、赵××、杨××、甲××、乙××、丙××、丁××、朱××、钱××、李四

9. __2024__ 年 __02__ 月 __05__ 日 __08__ 时 __45__ 分工作负责人确认工作票所列当前工作所需的安全措施全部执行完毕，下令开始工作。

10. 工作任务单登记

工作任务单编号	工作任务	小组负责人	工作许可时间	工作结束报告时间
无			___年___月___日___时___分	___年___月___日___时___分

11. 人员变更

11.1　工作负责人变动情况

原工作负责人_____离去，变更为工作负责人_____。

工作票签发人：_____　　　_____年___月___日___时___分

原工作负责人签名确认：_____

业等现场的安全注意事项；在道路上放置提醒来往车辆和行人注意安全的交通警示牌等。

工作票签发人签名、工作负责人签名

确认工作票 1～6.6 项无误后，工作票签发人和工作负责人在签名栏内签名，并在时间栏内填入相应时间。"双签发"时应履行同样手续。

6.7　其他安全措施和注意事项补充（由工作负责人或工作许可人填写）

工作负责人或工作许可人根据现场的实际情况，补充安全措施和注意事项。无补充内容时填写"无"。

7.【工作许可】

（1）工作许可人和工作负责人分别在各自收执的工作票上填写许可的线路或设备名称、许可方式、工作许可人、工作负责人、许可工作时间。

（2）同一时间、相同停电范围，有多家单位或同一单位的不同班组分别持票进行施工作业时，设备运维管理单位指派的工作许可人应为同一人。

（3）各工作许可人应在完成工作票所列由其负责的停电和装设接地线等安全措施后，方可发出许可工作的命令。

许可方式

（1）配网停电作业采取现场当面许可，许可过程均应做好录音。

（2）填用配电第二种工作票的配电线路地面工作，可不履行工作许可手续。持配电第二种工作票进入配电站所工作，应办理工作许可手续。

工作许可时间

工作许可时间不得早于计划工作开始时间。

8.【现场交底签名】

（1）工作班成员在明确了工作负责人和小组负责人交代的工作内容、人员分工、带电部位、现场布置的安全措施和工作的危险点及防范措施后，每个工作班成员在工作负责人所持工作票的本栏签名，不得代签。

（2）一张工作票多小组工作，使用工作任务单时，由各小组负责人在工作票上签名，其他小组成员分别在对应的工作任务单上签名。

9.【下令开始工作】

工作负责人确认工作票所列当前工作所需的安全措施一栏的时间，应为调度运维以及工作班所做的安全措施全部执行完毕之后，下令开始工作的时间。

10.【工作任务单登记】

若一张工作票下设多个小组工作，应将所有工作任务单编号、工作任务、小组负责人、工作许可时间、工作结束报告时间。没有则填"无"。

小组负责人

小组负责人应具备工作负责人资格。

工作许可时间

工作许可时间不应在下令开始工作时间之前。

工作结束报告时间

工作结束报告时间应在工作票终结时间之前。

11.【人员变更】工作负责人变动情况

（1）工作票签发人同意，在工作票上填写离去和变更的工作负责人姓名及变动时间，同时通知全体作业人员及工作许可人。

（2）工作票签发人无法当面办理，应通过电话通知工作许可人，由工作许可人和原工作负责人在各自所持工作票上填写工作负责人变更情况，并代工作票签发人签名。

（3）工作负责人的变动必须是在该工作票许可之后，如在工作票许可之前需变更工作负责人，则应由工作票签发人重新签发工作票。

工作人员变动情况

新工作负责人签名确认：_____　　　____年__月__日__时__分

11.2　工作人员变动情况

<u>2024 年 02 月 05 日 09 时 20 分　李四加入。（工作负责人签名：李××）</u>

<u>工作负责人签名：李××</u>

12. 工作票延期

有效期延长到_____年__月__日__时__分。

工作负责人签名：_____　　　____年__月__日__时__分

工作许可人签名：_____　　　____年__月__日__时__分

13. 每日开工和收工时间（使用一天的工作票不必填写）

收工时间	工作负责人	工作许可人	开工时间	工作许可人	工作负责人

14. 工作终结

14.1　工作班现场所装设接地线（接地刀闸）共 <u>0</u> 组、个人保安线共 <u>0</u> 组已全部拆除，工作班布置的其他安全措施已恢复，工作班人员已全部撤离现场，材料工具已清理完毕，杆塔、设备上已无遗留物。

14.2　工作终结报告

终结的线路或设备	报告方式	工作负责人	工作许可人	终结报告时间
10kV 大史 2 号线大周支线 03 号杆至 06 号杆	当面	李××	薛××	2024 年 02 月 05 日 15 时 25 分

15. 工作票终结

已拆除工作许可人现场所挂#02（10kV）、#04（10kV）（编号）接地线共 <u>2</u> 组；已拆除 <u>无</u> （编号）接地刀闸共 <u>0</u> 副。

（1）班组人员每次发生变动，工作负责人要在工作票上即时注明变动情况（变更人员姓名、变更时间）并签名，不得最后一并签名。

（2）新增人员在明确了工作内容、人员分工、带电部位、现场安全措施和工作的危险点及防范措施，在工作负责人所持工作票第8栏签名确认后方可参加工作。

12.【工作票延期】

工作需延期，应在工作计划结束时间前由工作负责人向工作许可人提出申请，办理延期手续。对于需经调度许可的工作，工作许可人还应得到调度许可后，方可与工作负责人办理工作票延期手续。工作票只能延期一次。

13.【每日开工和收工时间（使用一天的工作票不必填写）】

（1）填写每日收工时间及次日开工时间，工作负责人、工作许可人分别签名确认。

（2）每日收工，工作负责人应得到小组负责人或全部工作班成员当日工作结束的报告，开好收工会并全部撤离工作现场后，向许可人汇报；次日复工时，工作负责人应经许可人同意并重新复核安全措施无误后方可工作。

（3）涉及多名工作许可人的工作，各工作许可人均应与工作负责人分别填写。

14.【工作终结】

（1）填写拆除的所有工作接地线和个人保安线数量。

1）工作结束后，工作负责人（包括小组负责人）应检查工作地段的状况，确认没有遗留个人保安线和其他工具、材料，全部工作人员已撤离，并经验收合格后方可命令拆除工作接地线等安全措施。

2）接地线拆除后，任何人不得再登杆工作或在设备上工作。

（2）工作终结报告。

1）工作终结后，工作负责人应及时报告工作许可人，若有其他单位的设备配合停电，还应及时通知配合停电设备运行管理单位的停电联系人。工作终结报告应当面进行。

2）报告结束后，工作许可人和工作负责人分别在各自收执的工作票上填写终结的线路或设备的名称、报告方式、工作负责人、工作许可人和终结报告时间，办理工作终结手续。工作一旦终结，任何工作人员不得进入工作现场。

15.【工作票终结】

（1）填写拆除由工作许可人负责设的接地线和接地刀闸编号、数量，以及工作票的终结时间。确认接地线和接地刀闸都已经拆除后，工作许可人签名。

（2）若不涉及接地线或接地闸刀，应在编号栏填"无"，在数量栏填"0"组（副），不得空白。

（3）拉开的接地刀闸编号栏应填写双重名称。

（4）工作票终结前，工作许可人在接到所有工作负责人的完工报告，实地检查确认停电范围内所有工作已结束，所有人员已撤离，所有接地线已拆除，与记录簿核对无误并做好记录后，方可下令拆除各侧安全措施。

（5）该项内容只需工作许可人所持票面填写。涉及多名工作许可人的工作票，各工作许可人负责各自所装设的接地线（接地刀闸）的拆除情况。

工作票于 <u>2024</u> 年 <u>02</u> 月 <u>05</u> 日 <u>16</u> 时 <u>00</u> 分结束。

工作许可人：<u>薛××</u>

16. 负责监护

指定专责 监护人	被监护人	负责监护（地点及具体工作）
陈××	钱××	在 10kV 大史 2 号线大周支线 03 号杆至 06 号杆使用吊车新立电杆、吊装配变工作

17. 其他事项

<u>王××指挥钱××进行吊装工作。</u>

16.【负责监护】

（1）注明指定专责监护人、被监护人、负责监护地点及具体工作。如"指定专责监护人张三负责监护李四在 10kV×线×杆进行×工作"。

（2）对有触电危险、检修（施工）复杂容易发生事故的工作，如：在邻近带电线路和设备区域使用吊车、斗臂车等特种车辆的作业；有限空间作业等，应增设专责监护人，并确定其监护的人员和工作范围。

（3）该部分内容仅需在工作负责人所持工作票上填写。

17.【其他事项】

其他需要交代或需要记录的事项。例如：

（1）暂未拆除、继续使用的接地线由各工作许可人在各自所持工作票中备注。

（2）使用吊车的作业应在此栏注明吊车指挥人员。若在工作班成员栏目中已注明，则不需要在此填写。

2.3　架空导线与电缆搭接

一、工作场景情况

（一）工作场景

10kV 郭圩线集镇支 01 号杆至 03 号塔线路下地、电缆搭接。

（二）工作任务

导线拆除：10kV 郭圩线集镇支 01 号杆至 03 号塔导线拆除。

终端制作：10kV 郭圩线集镇支 01 号杆、03 号塔电缆终端制作、电缆试验。

电缆搭接：10kV 郭圩线集镇支 01 号杆、03 号塔电缆与线路搭接。

（三）票种选择建议

配电第一种工作票。

（四）人员分工及安排

本次工作有 3 个作业地点，作业点：① 10kV 郭圩线集镇支 01 号杆；② 10kV 郭圩线集镇支 03 号塔；③ 10kV 郭圩线集镇支 02 号杆。采取杆上作业，下方有人监护。参与本次工作的共 10 人（含工作负责人），具体分工为：

孙××（工作负责人）：负责工作的整体协调组织及作业现场安全监护。

阮××、皇××（工作班成员）负责电缆终端制作。

陈××（工作班成员）：负责杆下辅助作业。

张××（专责监护人）：负责监护赵××、钱××、孙××杆上作业。

赵××、钱××、孙××（工作班成员）：负责杆上作业（导线拆除、电缆搭接）。

王××、姚××（电缆试验人员）：负责电缆试验。

（五）场景接线图

10kV郭圩线集镇支01号杆至03号塔线路下地、电缆搭接场景接线图见图2-3。

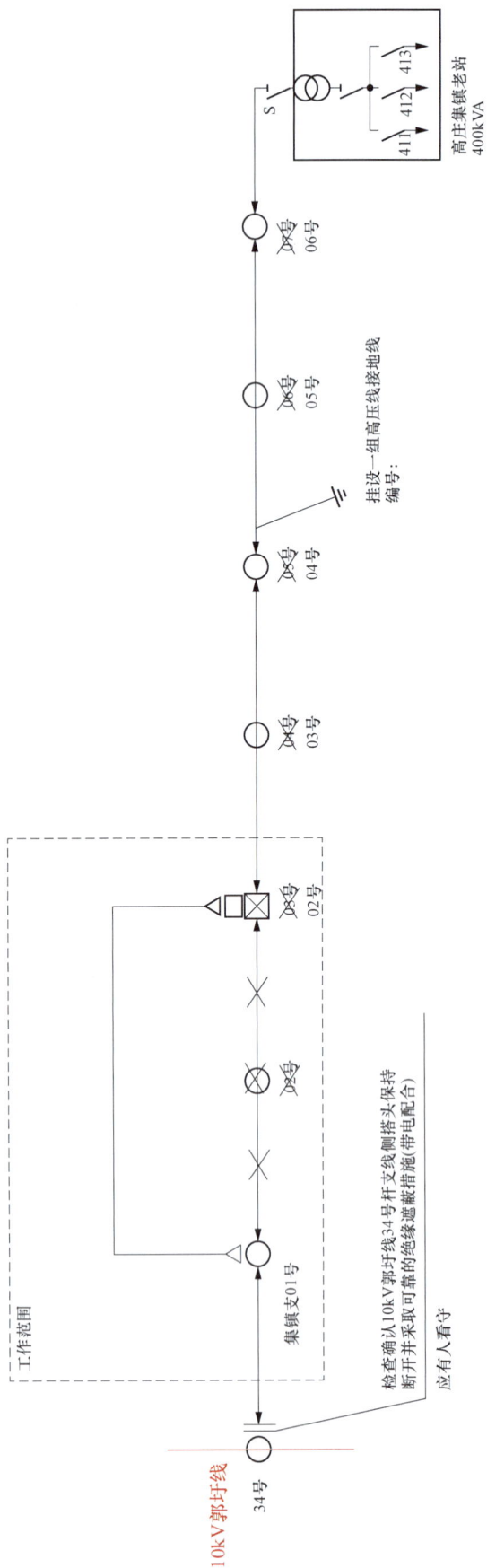

图2-3 10kV郭圩线集镇支01号杆至03号塔线路下地、电缆搭接场景接线图

二、工作票样例

配电第一种工作票

单　　位：××××工程有限公司　　编　　号：配 I20240527004

1. 工作负责人 孙×× 　　　　　班　　组：综合班组

2. 工作班人员（不包括工作负责人）

　××××工程有限公司：陈××、阮××

　××××安装有限公司：赵××、钱××、孙××、姚××、王××、

　皇××、张××

　　　　　　　　　　　　　　　　　　　　　共 9 人

3. 停电线路或设备名称（多回线路应注明双重称号）

　10kV 郭圩线集镇支线。

4. 工作任务

工作地点（地段）或设备 L 注明变（配）电站、线路名称、设备双重名称及起止杆号等]	工作内容
10kV 郭圩线集镇支 01 号杆至 03 号塔	导线拆除、线路下地、制作电缆终端头、试验、搭接

5. 计划工作时间

　自 2024 年 05 月 27 日 09 时 30 分 至 2024 年 05 月 27 日 14 时 30 分。

6. 安全措施［应该为检修状态的线路、设备名称、应断开的断路器（开关）、隔离开关（刀闸）、熔断器，应合上的接地刀闸，应装设的接地线、绝缘隔板、遮栏（围栏）和标示牌等，装设的接地线应明确具体位置，必要时可附页绘图说明］

【票种选择】

本次作业为配电停电工作，使用配电第一种工作票，无需增持其他票种。

1.【班组】

对于包含工作负责人在内有两个及以上的班组人员共同进行的工作，应填写"综合班组"。

2.【工作班人员】

人员应取得准入资质，安排的人员应进行承载力分析，确保人数适当、充足；如有特种作业应安排具备相应资质的特种作业人员。不同单位需分行填写。

3.【停电线路或设备名称（多回线路应注明双重称号）】

（1）填写停电的配电线路电压等级、名称（多回线路应注明双重称号）、设备双重名称、起止杆号。

（2）填写停电的环网柜、开关站、箱式变电站等配电设备的电压等级、双重名称或停电范围。

（3）若全线（包括支线）停电，填写主线和支线。

（4）填写的配电线路名称、设备双重名称应与现场相符（包括电压等级）。

4.【工作任务】工作地点（地段）或设备［注明变（配）电站、线路名称、设备双重名称及起止杆号等]

（1）配电线路工作：填写工作线路（包括有工作的分支线路等）电压等级、名称（同杆双回或多回线路应注明线路位置称号）、工作地段起止杆号。

（2）配电设备工作：填写工作的变电站、环网柜、配电站、开关站等设备的电压等级、名称及检修工作区域和检修设备的双重名称，填写的设备名称应与现场相符（包括电压等级）。

工作内容

（1）工作内容应填写明确，术语规范，且不得超出相应停电申请单中的工作内容。

（2）应写明工作性质、内容［如：迁移、立杆、放线、更换架空地线、更换变压器、拆除（恢复）线路搭头等]。

（3）工作内容应填写完整，不得省略。消缺工作应写明消缺具体内容（例如处理×耐张搭头，更换×避雷器等)，不得以维修、消缺等模糊词语涵盖工作内容。

（4）变（配）电站内和线路上均有工作时，为便于区分，应将变（配）电站的工作地点、工作内容排在前面，线路工作地点及内容排在站所工作的后面。

（5）不同工作地点的工作，应分行填写；工作地点与工作内容应一一对应。

5.【计划工作时间】

填写计划检修起始时间和结束时间，该时间应在调度批准的检修时间段内。

6.【安全措施】6.1 调控或运维人员［变（配）电站、发电厂]应采取的安全措施

（1）填写涉及的变（配）电站或线路名称以及由调控或运维人员操作的各侧（包括变电站、配电站、用户站、各分支线路）断路器（开关）、隔离开关（刀闸）、熔断器，自动化设备控制电源、操作电源。

（2）填写变（配）电站内、线路上应合接地刀闸或应装接地线、应装绝缘挡板的编号和确切位置。

（3）填写变（配）电站内应装设遮栏以及应挂标示牌的名称和地点以及防止二次回路误碰等措施。

（4）变（配）电站内和线路上均需采取安全措施时，为便于区分，应将变（配）电站内应采取的

6.1 调控或运维人员［变（配）电站、发电厂等］应采取的安全措施	已执行
（1）应检查确认 10kV 郭圩线 34 号杆支线侧搭头保持断开并采取可靠的绝缘遮蔽措施（带电配合）	√
（2）应检查确认 10kV 郭圩线高庄集镇老站跌落式熔断器保持断开状态，在跌落式熔断器操作处悬挂"禁止合闸，线路有人工作！"标示牌	√
（3）应在 10kV 郭圩线集镇支 05 号杆大号侧挂设一组高压接地线#03（10kV）	√

6.2 工作班完成的安全措施	已执行
在 10kV 郭圩线集镇支 01 号杆至 03 号塔各工作点设置安全围栏悬挂"止步，高压危险！"标示牌，并在出入口悬挂"在此工作！""从此进出！"标示牌	√

6.3 工作班装设（或拆除）的接地线

线路名称、设备双重名称、装设位置	接地线编号	装拆情况		
无		装设人	监护人	装设时间
		拆除人	监护人	拆除时间
		装设人	监护人	装设时间
		拆除人	监护人	拆除时间

6.4 配合停电线路应采取的安全措施	已执行
无	

6.5 保留或邻近的带电线路、设备

10kV 郭圩线主线带电运行。

6.6 其他安全措施和注意事项

（1）【高处作业】作业人员登杆前认真核对杆（塔）号，应检查登杆工

安全措施排在前面，线路上应采取的安全措施排在后面。

（5）涉及多个站所、多条线路和设备时，为避免混乱，各站所、线路和设备应逐一填写。例如：

1）变电站 A（如 110kV×变电站）：应断开×开关；应断开×刀闸……

2）变电站 B（如 35kV×变电站）：应断开×开关；应断开×刀闸……

3）10kV×线：应断开×开关；应在×装设接地线一组……

（6）变电站出线线路（电缆）工作涉及进站工作或借用变电站接地刀闸（接地线）作为工作班接地线的，则必须将变电站站内开关、刀闸、接地等安全措施列入工作票中，不涉及以上工作的只填写"确认 10kV××线路转为检修状态"。

（7）配电设备上熔断器在保持断开状态时，可采用熔断器拉开不摘下熔管或熔断器拉开不摘下熔管的方式，在操作处悬挂"禁止合闸，线路有人工作！"标示牌即可。

（8）美式箱式变电站高压开关拉开后不需要加锁，欧式箱式变电站高压开关拉开后可以加锁。

（9）环网柜开关拉开后不需要再加锁，隔离开关（刀闸）及接地刀闸操作把手处应加锁。

（10）在低压用电设备上停电工作前，配电箱工作断开断路器，是否需要取下断路器熔丝应按现场实际情况确定，如配电箱断路器无熔丝的必须在配电箱门上加锁和悬挂标示牌。

已执行

以上安全措施完成后，工作负责人在接受许可时，应与工作许可人逐项核对确认并打"√"。

6.2 工作班完成的安全措施

（1）填写需要工作班操作停电的配电变压器及用户名称、应设设的遮栏（围栏）、交通警示牌等。

如：应拉开 10kV×线×配电变压器低压侧开关；在综合配电箱柜把手上悬挂"禁止合闸，线路有人工作！"标示牌；在×处装设围栏……没有则填写"无"。

（2）由工作班装设的工作接地线可仅在"6.3"栏填写。

已执行

安全措施完成后，工作负责人逐项核对确认并打"√"。

6.3 工作班装设（或拆除）的接地线

线路名称、设备双重名称、装设位置

（1）填写应装设工作接地线（包括 0.4kV）的确切位置、地点；如 10kV×线×号杆支线侧。

（2）各工作班工作地段两端和有可能送电到停电线路的分支线（包括用户）都要挂接地线。

（3）配合停电的交叉跨越或邻近线路，在线路的交叉跨越或邻近处附近应装设一组接地线；配合停电的同杆（塔）架设线路装设接地线要求与检修线路相同。

（4）工作地段无法装设工作接地线的，且与运维人员装设的接地线（接地刀闸）之间未连有断路器（开关）或熔断器，则运维人员装设的接地线（接地刀闸）可借用为工作接地线使用，不需要在本栏内再填写。

（5）若工作范围内均借用运维人员装设的接地线（接地刀闸）作为工作接地线使用，则本栏填写"无"。

接地线编号

（1）填写应装设的工作接地线（包括 0.4kV）的编号及电压等级。例：#01（10kV）。

具、电杆横向裂纹和金具锈蚀等情况。登杆、转移过程中不得失去保护。杆上作业正确使用安全带。上杆后应检查横担和其他构件牢固情况，上下传递物件应用绳索拴牢传递，禁止上下抛物。

（2）【撤放导线】拆除杆上导线前应检查杆根做好防止倒杆措施。撤线时，作业人员不应站在或跨在已受力的牵引绳、导线的内角侧，架空线的垂直下方，禁止采用突然剪断导线的做法松线。

（3）【电缆试验】电缆试验前应确保被试电缆上无其他工作，所有人员应撤出并在被试电缆另一端设置围栏、向外悬挂"止步，高压危险！"标示牌、派专人看守，电缆试验前后应对被试电缆充分放电。

（4）【交通道口】在通行道路上设置警告标示牌，派人看管。

（5）【安全距离】工作人员与带电设备保持安全距离10kV不小于0.7m。

工作票签发人签名：<u>朱××</u>　　　<u>2024</u> 年 <u>05</u> 月 <u>26</u> 日 <u>14</u> 时 <u>10</u> 分

工作票会签人签名：<u>王××</u>　　　<u>2024</u> 年 <u>05</u> 月 <u>26</u> 日 <u>14</u> 时 <u>40</u> 分

工作负责人签名：<u>孙××</u>　　　<u>2024</u> 年 <u>05</u> 月 <u>26</u> 日 <u>15</u> 时 <u>18</u> 分

6.7　其他安全措施和注意事项补充（由工作负责人或工作许可人填写）

无。

7. 工作许可

许可的线路或设备	许可方式	工作许可人	工作负责人签名	工作许可时间
10kV 郭圩线集镇支01 号杆至 03 号塔	当面	高××	孙××	2024 年 05 月 27 日 09 时 45 分

8. 现场交底，工作班成员确认工作负责人布置的工作任务、人员分工、安全措施和注意事项并签名：

<u>陈××、阮××、赵××、钱××、孙××、姚××、王××、皇××、张××、冯××</u>

9. <u>2024</u> 年 <u>05</u> 月 <u>27</u> 日 <u>09</u> 时 <u>50</u> 分工作负责人确认工作票所列当前工作所需的安全措施全部执行完毕，下令开始工作。

（2）同一编号接地线不得重复。分段工作，同一编号的接地线可分段重复使用。

（3）接地线编号在装设好接地线后由工作负责人在现场填写。

装设人、拆除人、监护人

装设、拆除接地线应有人监护，工作负责人将装设人、拆除人和监护人由工作负责人现场填写在工作票上，监护人利用手机拍摄的照片或者打印工作票 6.3 栏目页作为书面依据，装设（拆除）接地线结束时，监护人及时向工作负责人汇报，由工作负责人在工作票上记下装设（拆除）时间。

装设时间、拆除时间

（1）工作负责人依据现场工作班成员装设或拆除接地线完毕的时间填写。装设时间应在工作许可并完成安全交底之后，下达开始工作命令之前；拆除时间工作终结时间之前。

（2）分段装设的接地线应根据工作区段转移情况逐段填写。

（3）接地线装、拆时间填写应采用 24 小时制，填写年、月、日、时、分，如：2024 年 07 月 31 日 14 时 06 分。

6.4 配合停电线路应采取的安全措施

填写由非调控或运维人员负责的配合停电的线路名称及应断开的断路器（开关）、隔离开关（刀闸）、熔断器，应合上的接地刀闸或应装设的操作接地线。没有则填写"无"。

6.5 保留或邻近的带电线路、设备

应注明工作地点或地段保留或邻近的带电线路、设备的电压等级、双重名称及杆（塔）号，主要填写以下内容：

（1）邻近或交叉跨越的带电线路、设备名称（双重称号）。

（2）发电厂、变电站出口停电线路两侧的邻近带电线路。

（3）与工作地段邻近、平行或交叉且有可能误登误触的带电线路及设备。

（4）拉开后一侧有电、一侧无电的配电设备。如柱上开关、闸刀、跌落式熔断器等。

（5）变（配）电站、开关站内的配电设备工作，应填写工作地点及周围所保留的带电部位、带电设备名称。工作地点的低压交直流电源也应注明和交代清楚。

（6）没有则填写"无"。

6.6 其他安全措施和注意事项

根据工作现场的具体情况而采取的一些安全措施或有关安全注意事项。

如：装设个人保安接地线；在杆下装设临时围栏；防止倒杆应设临时拉线；线路交叉处、临近带电设备的安全距离提示；起重作业、高处作业、有限空间作业、电气试验作业、放线撤线作业等现场的安全注意事项；在道路上放置提醒来往车辆和行人注意安全的交通警示牌等。

工作票签发人签名、工作负责人签名

确认工作票 1～6.6 项无误后，工作票签发人和工作负责人在签名栏内签名，并在时间栏内填入相应时间。"双签发"时应履行同样手续。

6.7 其他安全措施和注意事项补充（由工作负责人或工作许可人填写）

工作负责人或工作许可人根据现场的实际情况，补充安全措施和注意事项。无补充内容时填写"无"。

10. 工作任务单登记

工作任务单编号	工作任务	小组负责人	工作许可时间	工作结束报告时间
无			_____年___月___日 ___时___分	_____年___月___日 ___时___分

11. 人员变更

11.1　工作负责人变动情况

原工作负责人_____离去，变更为工作负责人_____。

工作票签发人：_____　　　　　　　　_____年___月___日___时___分

原工作负责人签名确认：_____

新工作负责人签名确认：_____　　　　_____年___月___日___时___分

11.2　工作人员变动情况

2024 年 05 月 27 日 09 时 55 分　冯××加入（工作负责人签名：孙××）

2024 年 05 月 27 日 10 时 50 分　姚××离开（工作负责人签名：孙××）

工作负责人签名：孙××

12. 工作票延期

有效期延长到_____年___月___日___时___分。

工作负责人签名：_____　　　　　　_____年___月___日___时___分

工作许可人签名：_____　　　　　　_____年___月___日___时___分

13. 每日开工和收工时间（使用一天的工作票不必填写）

收工时间	工作负责人	工作许可人	开工时间	工作许可人	工作负责人

7.【工作许可】

（1）工作许可人和工作负责人分别在各自收执的工作票上填写许可的线路或设备名称、许可方式、工作许可人、工作负责人、许可工作时间。

（2）同一时间、相同停电范围，有多家单位或同一单位的不同班组分别持票进行施工作业时，设备运维管理单位指派的工作许可人应为同一人。

（3）各工作许可人应在完成工作票所列由其负责的停电和装设接地线等安全措施后，方可发出许可工作的命令。

许可方式

（1）配网停电作业应采取现场当面许可。许可过程均应做好录音。

（2）填用配电第二种工作票的配电线路地面工作，可不履行工作许可手续。持配电第二种工作票进入配电站所工作，应办理工作许可手续。

工作许可时间

工作许可时间不得早于计划工作开始时间。

8.【现场交底签名】

（1）工作班成员在明确了工作负责人和小组负责人交代的工作内容、人员分工、带电部位、现场布置的安全措施和工作的危险点及防范措施后，每个工作班成员在工作负责人所持工作票的本栏签名，不得代签。

（2）一张工作票多小组工作，使用工作任务单时，由各小组负责人在工作票上签名，其他小组成员分别在对应的工作任务单上签名。

9.【下令开始工作】

工作负责人确认工作票所列当前工作所需的安全措施一栏的时间，应为调度运维以及工作班所做的安全措施全部执行完毕之后，下令开始工作的时间。

10.【工作任务单登记】

若一张工作票下设多个小组工作，应将所有工作任务单编号、工作任务、小组负责人、工作许可时间、工作结束报告时间。没有则填"无"。

小组负责人

小组负责人应具备工作负责人资格。

工作许可时间

工作许可时间不应在下令开始工作时间之前。

工作结束报告时间

工作结束报告时间应在工作票终结时间之前。

11.【人员变更】工作负责人变动情况

（1）工作票签发人同意，在工作票上填写离去和变更的工作负责人姓名及变动时间，同时通知全体作业人员及工作许可人。

（2）工作票签发人无法当面办理，应通过电话通知工作许可人，由工作许可人和原工作负责人在各自所持工作票上填写工作负责人变更情况，并代工作票签发人签名。

（3）工作负责人的变动必须是在该工作票许可之后，如在工作票许可之前需变更工作负责人，则应由工作票签发人重新签发工作票。

工作人员变动情况

（1）班组人员每次发生变动，工作负责人要在工作票上即时注明变动情况（变更人员姓名、变更时间）并签名，不得最后一并签名。

（2）新增人员在明确了工作内容、人员分工、带电部位、现场安全措施和工作的危险点及防范措施，在工作负责人所持工作票第8栏签名确认后方可参加工作。

12.【工作票延期】

工作需延期，应在工作计划结束时间前由工作负责人向工作许可人提出申请，办理延期手续。对

续表

收工时间	工作负责人	工作许可人	开工时间	工作许可人	工作负责人

14. 工作终结

14.1　工作班现场所装设接地线（接地刀闸）共 __0__ 组、个人保安线共 __0__ 组已全部拆除，工作班布置的其他安全措施已恢复，工作班人员已全部撤离现场，材料工具已清理完毕，杆塔、设备上已无遗留物。

14.2　工作终结报告

终结的线路或设备	报告方式	工作负责人	工作许可人	终结报告时间
10kV 郭圩线集镇支01 号杆至 03 号塔	当面	孙××	高××	2024 年 05 月 27 日 14 时 05 分

15. 工作票终结

已拆除工作许可人现场所挂 __#03（10kV）__ （编号）接地线共 __1__ 组；已拆除 __无__ （编号）接地刀闸共 __0__ 副。

工作票于 __2024__ 年 __05__ 月 __27__ 日 __14__ 时 __30__ 分结束。

工作许可人：高××

16. 负责监护

指定专责监护人	被监护人	负责监护（地点及具体工作）
张××	赵××、钱××、孙××	10kV 郭圩线集镇支 01 号杆至 03 号塔上导线拆除

于需经调度许可的工作，工作许可人还应得到调度许可后，方可与工作负责人办理工作票延期手续。工作票只能延期一次。

13.【每日开工和收工时间】

（1）填写每日收工时间及次日开工时间，工作负责人、工作许可人分别签名确认。

（2）每日收工，工作负责人应得到小组负责人或全部工作班成员当日工作结束的报告，开好收工会并全部撤离工作现场后，向许可人汇报；次日复工时，工作负责人应经许可人同意并重新复核安全措施无误后方可工作。

（3）涉及多名工作许可人的工作，各工作许可人均应与工作负责人分别填写。

14.【工作终结】

（1）填写拆除的所有工作接地线和个人保安线数量。

1）工作结束后，工作负责人（包括小组负责人）应检查工作地段的状况，确认没有遗留个人保安线和其他工具、材料，全部工作人员确已撤离，并经验收合格后方可命令拆除工作接地线等安全措施。

2）接地线拆除后，任何人不得再登杆工作或在设备上工作。

（2）工作终结报告。

1）工作终结后，工作负责人应及时报告工作许可人，若有其他单位的设备配合停电，还应及时通知配合停电设备运行管理单位的停电联系人。工作终结报告应当面进行。

2）报告结束后，工作许可人和工作负责人分别在各自执行的工作票上填写终结的线路或设备的名称、报告方式、工作负责人、工作许可人和终结报告时间，办理工作终结手续。工作一旦终结，任何工作人员不得进入工作现场。

15.【工作票终结】

（1）填写拆除由工作许可人负责装设的接地线和接地刀闸编号、数量，以及工作票的终结时间。确认接地线和接地刀闸都已经拆除后，工作许可人签名。

（2）若不涉及接地线或接地刀闸，应在编号栏填"无"，在数量栏填"0"组（副），不得空白。

（3）拉开的接地刀闸编号栏应填写双重名称。

（4）工作票终结前，工作许可人在接到所有工作负责人的完工报告，实地检查确认停电范围内所有工作已结束，所有人员已撤离，所有接地线已拆除，与记录簿核对无误并做好记录后，方可下令拆除各侧安全措施。

（5）该项内容只需工作许可人所持票面填写。涉及多名工作许可人的工作票，各工作许可人负责各自所装设的接地线（接地刀闸）的拆除情况。

16.【负责监护】

（1）注明指定专责监护人、被监护人、负责监护地点及具体工作。如"指定专责监护人张三负责监护李四在 10kV×线×杆进行×工作"。

（2）对有触电危险、检修（施工）复杂容易发生事故的工作，如：在邻近带电线路和设备区域使用吊车、斗臂车等特种车辆的作业；有限空间作业等，应增设专责监护人，并确定其监护的人员和工作范围。

（3）该部分内容仅需在工作负责人所持工作票上填写。

17.【其他事项】

其他需要交代或需要记录的事项。例如：

17. 其他事项

无。

2.4　10kV 环网柜新建及电缆搭接

一、工作场景情况

（一）工作场景

10kV 医药谷 1 号线 6 号环网柜新建。

（二）工作任务

环网柜安装：10kV 医药谷 1 号线 6 号环网柜安装。

终端制作：① 10kV 医药谷 1 号线 6 号环网柜 101 间隔处，电缆终端安装与制作；② 10kV 医药谷 1 号线 2 号环网柜 102 间隔电缆头安装与制作。

电缆试验：10kV 医药谷 1 号线 6 号环网柜 101 间隔电缆试验。

电缆搭接：① 10kV 医药谷 1 号线 6 号环网柜 101 间隔处，电缆终端搭接；② 10kV 医药谷 1 号线 2 号环网柜 102 间隔处，电缆终端搭接。

（三）票种选择建议

配电第一种工作票。

（四）人员分工及安排

本次工作有 2 个作业地点，本张工作票选择设置专责监护人。参与本次工作的共 10 人（含工作负责人），具体分工为：

作业点 1：10kV 医药谷 1 号线 6 号环网柜。

李××（工作负责人）：负责工作的整体协调组织及作业现场安全监护。

钱××（吊车司机）：负责操作吊车。

杨××（工作班成员）：负责对钱××进行指挥。

陈××（工作班成员）：负责进行电缆试验。

朱××（工作班成员）：负责对陈××进行看守。

王××、张××（工作班成员）：电缆沟内敷设，制作电缆终端及搭接工作。

乙××（专责监护人）：负责对王××、张××进行监护。

作业点 2：10kV 医药谷 1 号线 2 号环网柜 102 间隔处。

甲××（专责监护人）：负责对孙××进行监护。

孙××（工作班成员）：搭接电缆终端。

（五）场景接线图

10kV 医药谷 1 号线 6 号环网柜新建场景接线图见图 2-4。

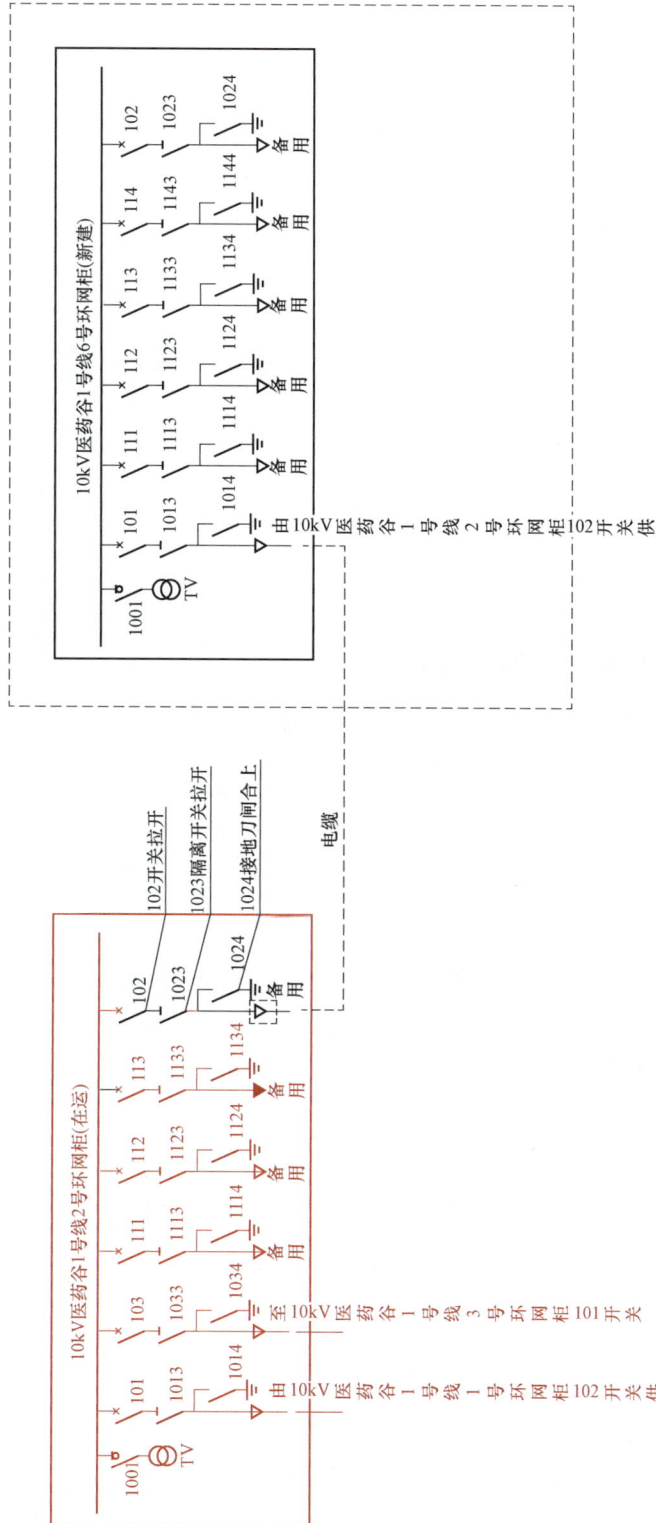

图 2-4　10kV医药谷1号线6号环网柜新建场景接线图

二、工作票样例

配电第一种工作票

单　位：××××工程有限公司　　编　号：配Ⅰ202402002

1. 工作负责人：李××　　　**班　组：**综合班组

2. 工作班人员（不包括工作负责人）

××××工程有限公司：陈××

××××电力工程有限公司：王××、张××、孙××、朱××、杨××、甲××、乙××

××××设备租赁有限公司：钱××

共　9　人

3. 停电线路或设备名称（多回线路应注明双重称号）

10kV 医药谷 1 号线 2 号环网柜 102 间隔至 10kV 医药谷 1 号线 6 号环网柜（新建）101 间隔。

4. 工作任务

工作地点（地段）或设备［注明变（配）电站、线路名称、设备双重名称及起止杆号等］	工作内容
10kV 医药谷 1 号线 6 号环网柜	环网柜新建；101 间隔制作电缆终端、电缆试验、搭接，孔洞封堵
10kV 医药谷 1 号线 2 号环网柜 102 间隔	制作电缆终端、搭接及孔洞封堵

5. 计划工作时间

自 2024 年 02 月 05 日 08 时 00 分至 2024 年 02 月 05 日 16 时 00 分。

6. 安全措施［应该为检修状态的线路、设备名称、应断开的断路器（开关）、隔离开关（刀闸）、熔断器，应合上的接地刀闸，应装设的接地线、绝缘隔板、遮栏（围栏）和标示牌等，装设的接地线应明确具体位置，必

【票种选择】

本次作业为配电停电工作，使用配电第一种工作票，无需增持其他票种。

1.【班组】

对于包含工作负责人在内两个及以上的班组人员共同进行的工作，应填写"综合班组"。

2.【工作班人员】

人员应取得准入资质，安排的人员应进行承载力分析，确保人数适当、充足；如有特种作业应安排具备相应资质的特种作业人员。不同单位需分行填写。

3.【停电线路或设备名称（多回线路应注明双重称号）】

（1）填写停电的配电线路电压等级、名称（多回线路应注明双重称号）、设备双重名称、起止杆号。

（2）填写停电的环网柜、开关站、箱式变电站等配电设备的电压等级、双重名称或停电范围。

（3）若全线（包括支线）停电，填写主线和支线。

（4）填写的配电线路名称、设备双重名称应与现场相符（包括电压等级）。

4.【工作任务】工作地点（地段）或设备［注明变（配）电站、线路名称、设备双重名称及起止杆号等］

（1）配电线路工作：填写工作线路（包括有工作的分支线路等）电压等级、名称（同杆双回或多回线路应注明线路位置称号）、工作地段起止杆号。

（2）配电设备工作：填写工作的变电站、环网柜、配电、开关站等设备的电压等级、名称及检修工作区域和检修设备的双重名称，填写的设备名称应与现场相符（包括电压等级）。

工作内容

（1）工作内容应填写明确，术语规范，且不得超出相应停电申请单中的工作内容。

（2）应写明工作性质、内容［如：迁移、立杆、放线、更换架空地线、更换变压器、拆除（恢复）线路搭头等］。

（3）工作内容应填写完整，不得省略。消缺工作应写明消缺具体内容（例如处理×耐张搭头，更换×避雷器等），不得以维修、消缺等模糊词语涵盖工作内容。

（4）变（配）电站内和线路上均有工作时，为便于区分，应将变（配）电站的工作地点、工作内容排在前面，线路工作地点及内容排在站所工作的后面。

（5）不同工作地点的工作，应分行填写；工作地点与工作内容应一一对应。

5.【计划工作时间】

填写计划检修起始时间和结束时间，该时间应在调度批准的检修时间段内。

6.【安全措施】6.1 调控或运维人员［变（配）电站、发电厂等］应采取的安全措施

（1）填写涉及的变（配）电站或线路名称以及由调控或运维人员操作的各侧（包括变电站、配电站、用户站、各分支线路）断路器（开关）、隔离开关（刀闸）、熔断器，自动化设备控制电源、操作电源。

（2）填写变（配）电站内、线路上应合接地刀闸或应装接地线、应装绝缘挡板的编号和确切位置。

（3）填写变（配）电站内应装设遮栏以及应挂标示牌的名称和地点以及防止二次回路误碰等措施。

（4）变（配）电站内和线路上均需采取安全措施时，为便于区分，应将变（配）电站内应采取的

要时可附页绘图说明]

6.1　调控或运维人员［变（配）电站、发电厂等］应采取的安全措施	已执行
（1）应拉开 10kV 医药谷 1 号线 2 号环网柜 102 开关	√
（2）应拉开 10kV 医药谷 1 号线 2 号环网柜 1023 隔离开关并加锁	√
（3）应合上 10kV 医药谷 1 号线 2 号环网柜 1024 接地刀闸并加锁	√
（4）应在 10kV 医药谷 1 号线 2 号环网柜 102 开关操作处悬挂"禁止合闸，线路有人工作！"标示牌	√
（5）应在 10kV 医药谷 1 号线 2 号环网柜 1023 隔离开关操作处悬挂"禁止合闸，线路有人工作！"标示牌	√

6.2　工作班完成的安全措施	已执行
（1）在 10kV 医药谷 1 号线 2 号环网柜 102 间隔工作地点周围设立临时围栏，面向围栏外面悬挂"止步、高压危险！"标示牌，并在出入口悬挂"在此工作！""从此进出！"标示牌	√
（2）在 10kV 医药谷 1 号线 2 号环网柜 102 间隔处设"在此工作！"标示牌	√
（3）在 10kV 医药谷 1 号线 2 号环网柜 102 间隔相邻的 113 间隔柜门前悬挂"止步、高压危险！"标示牌	√
（4）在 10kV 医药谷 1 号线 6 号环网柜周围设立临时围栏，面向围栏外面悬挂"止步、高压危险！"标示牌，并在出入口悬挂"在此工作！""从此进出！"标示牌	√

6.3　工作班装设（或拆除）的接地线

线路名称、设备双重名称、装设位置	接地线编号	装拆情况		
无		装设人	监护人	装设时间
		拆除人	监护人	拆除时间

安全措施排在前面，线路上应采取的安全措施排在后面。

（5）涉及多个站所、多条线路和设备时，为避免混乱，各站所、线路和设备应逐一填写。例如：

1）变电站 A（如 110kV × 变电站）：应断开 × 开关；应断开 × 刀闸……

2）变电站 B（如 35kV × 变电站）：应断开 × 开关；应断开 × 刀闸……

3）10kV × 线：应断开 × 开关；应在 × 装设接地线一组……

（6）变电站出线线路（电缆）工作涉及进出工作或借用变电站接地刀闸（接地线）作为工作班接地线的，则必须将变电站站内开关、刀闸、接地等安全措施列入工作票中，不涉及以上工作的只填写"确认 10kV × × 线路转为检修状态"。

（7）配电设备上熔断器在保持断开状态时，可采用熔断器拉开摘下熔管或熔断器拉开不摘下熔管的方式，在操作处悬挂"禁止合闸，线路有人工作！"标示牌即可。

（8）美式箱式变电站高压开关拉开后不需要加锁，欧式箱式变电站高压开关拉开后可以加锁。

（9）环网柜开关拉开后不需要再加锁，隔离开关（刀闸）及接地刀闸操作把手处应加锁。

（10）在低压用电设备上停电工作前，配电箱工作断开断路器，是否需要取下断路器熔丝应按现场实际情况确定，如配电箱断路器无熔丝的必须在配电箱门上加锁和悬挂标示牌。

已执行

以上安全措施完成后，工作负责人在接受许可时，应与工作许可人逐项核对确认并打"√"。

6.2 工作班完成的安全措施

（1）填写需要工作班操作停电的配电变压器及用户名称、应装设的遮栏（围栏）、交通警示牌等。

如：应拉开 10kV × 线 × 配电变压器低压侧开关；在综合配电箱柜门把手悬挂"禁止合闸，线路有人工作！"标示牌；在 × 处装设围栏……没有则填写"无"。

（2）由工作班装设的工作接地线可仅在"6.3"栏填写。

已执行

安全措施完成后，工作负责人逐项核对确认并打"√"。

6.3 工作班装设（或拆除）的接地线

线路名称、设备双重名称、装设位置

（1）填写应装设工作接地线（包括 0.4kV）的确切位置、地点；如 10kV × 线 × 号杆支线侧。

（2）各工作班工作地段两端和有可能送电到停电线路的分支线（包括用户）都要挂接地线。

（3）配合停电的交叉跨越或邻近线路，在线路的交叉跨越或邻近处附近应装设一组接地线；配合停电的同杆（塔）架设线路装设接地线要求与检修线路相同。

（4）工作地段无法装设工作接地线的，且与运维人员装设的接地线（接地刀闸）之间未连有断路器（开关）或熔断器，则运维人员装设的接地线（接地刀闸）可借用为工作接地线使用，不需要在本栏内再填写。

（5）若工作范围内均借用运维人员装设的接地线（接地刀闸）作为工作接地线使用，则本栏填写"无"。

接地线编号

（1）填写应装设的工作接地线（包括 0.4kV）的编号及电压等级。例：#01（10kV）。

（2）同一编号接地线不得重复。分段工作，同一编号的接地线可分段重复使用。

续表

6.3 工作班装设（或拆除）的接地线

线路名称、设备双重名称、装设位置	接地线编号	装拆情况		
		装设人	监护人	装设时间
		拆除人	监护人	拆除时间

6.4 配合停电线路应采取的安全措施	已执行
无	

6.5 保留或邻近的带电线路、设备

10kV 医药谷 1 号线 2 号环网柜 102 间隔母线侧及相邻的 113 间隔带电运行。

6.6 其他安全措施和注意事项

（1）【安全距离】工作人员与带电设备保持安全距离 10kV 不小于 0.7m。

（2）【有限空间作业】未经通风和检测合格，任何人员不得进入有限空间作业。检测的时间不得早于作业开始前 30min。设置警示牌，配置安全防护装备、应急救援装备，经气体检测合格后施工人员方可进入工作并设专人监护，作业过程中应保持持续通风。

（3）【电缆试验】电缆试验前应确保被试电缆上无其他工作，所有人员应撤出并在被试电缆另一端设置围栏，向外悬挂"止步，高压危险！"标示牌、派专人看守，电缆试验前后应对被试电缆充分放电。

（4）【起重作业】吊装时必须使用合格的起吊工具，起重作业应由专人指挥，统一信号，起吊过程中，在吊臂和起吊物下方禁止有人行走或停留，在起重工作区域内禁止工作无关人员行走或停留。

工作票签发人签名：郑××   2024 年 02 月 03 日 14 时 10 分

工作票会签人签名：周××   2024 年 02 月 03 日 14 时 40 分

工作负责人签名：李××   2024 年 02 月 03 日 16 时 08 分

（3）接地线编号在装设好接地线后由工作负责人在现场填写。

装设人、拆除人、监护人

装设、拆除接地线应有人监护，工作负责人将装设人、拆除人和监护人由工作负责人现场填写在工作票上，监护人利用手机拍摄的照片或者打印工作票 6.3 栏目页作为书面依据，装设（拆除）接地线结束时，监护人及时向工作负责人汇报，由工作负责人在工作票上记下装设（拆除）时间。

装设时间、拆除时间

（1）工作负责人依据现场工作班成员装设或拆除接地线完毕的时间填写。装设时间应在工作许可并完成安全交底之后，下达开始工作命令之前；拆除时间工作终结时间之前。

（2）分段装设的接地线应根据工作区段转移情况逐段填写。

（3）接地线装、拆时间填写应采用 24 小时制，填写年、月、日、时、分，如：2024 年 07 月 31 日 14 时 06 分。

6.4 配合停电线路应采取的安全措施

填写由非调控或运维人员负责的配合停电的线路名称及应断开的断路器（开关）、隔离开关（刀闸）、熔断器，应合上的接地刀闸或应装设的操作接地线。没有则填写"无"。

6.5 保留或邻近的带电线路、设备

应注明工作地点或地段保留或邻近的带电线路、设备的电压等级、双重名称及杆（塔）号，主要填写以下内容：

（1）邻近或交叉跨越的带电线路、设备名称（双重称号）。

（2）发电厂、变电站出口停电线路两侧的邻近带电线路。

（3）与工作地段邻近、平行或交叉且有可能误登误触的带电线路及设备。

（4）拉开后一侧有电、一侧无电的配电设备。如柱上开关、闸刀、跌落式熔断器等。

（5）变（配）电站、开关站内的配电设备工作，应填写工作地点及周围所保留的带电部位、带电设备名称。工作地点的低压交直流电源也应注明和交代清楚。

（6）没有则填写"无"。

6.6 其他安全措施和注意事项

根据工作现场的具体情况而采取的一些安全措施或有关安全注意事项。

如：装设个人保安接地线；在杆下装设临时围栏；防止倒杆应设临时拉线；线路交叉处、邻近带电设备的安全距离提示；起重作业、高处作业、有限空间作业、电气试验作业、放线撤线作业等现场的安全注意事项；在道路上放置提醒来往车辆和行人注意安全的交通警示牌等。

工作票签发人签名、工作负责人签名

确认工作票 1～6.6 项无误后，工作票签发人和工作负责人在签名栏内签名，并在时间栏内填入相应时间。"双签发"时应履行同样手续。

6.7　其他安全措施和注意事项补充（由工作负责人或工作许可人填写）

无。_____

7. 工作许可

许可的线路或设备	许可方式	工作许可人	工作负责人签名	工作许可时间
10kV 医药谷 1 号线 6 号环网柜	当面	郑××	李××	2024 年 02 月 05 日 08 时 38 分
10kV 医药谷 1 号线 2 号环网柜 102 间隔	当面	郑××	李××	2024 年 02 月 05 日 08 时 38 分

8. 现场交底，工作班成员确认工作负责人布置的工作任务、人员分工、安全措施和注意事项并签名：

陈××、杨××、王××、张××、孙××、朱××、钱××、甲××、乙××、张三

9. 2024 年 02 月 05 日 08 时 45 分工作负责人确认工作票所列当前工作所需的安全措施全部执行完毕，下令开始工作。

10. 工作任务单登记

工作任务单编号	工作任务	小组负责人	工作许可时间	工作结束报告时间
无			____年__月__日__时__分	____年__月__日__时__分

11. 人员变更

11.1　工作负责人变动情况

原工作负责人_____离去，变更为工作负责人_____。

工作票签发人：_____　　　____年__月__日__时__分

原工作负责人签名确认：_____

6.7 其他安全措施和注意事项补充（由工作负责人或工作许可人填写）

工作负责人或工作许可人根据现场的实际情况，补充安全措施和注意事项。无补充内容时填写"无"。

7.【工作许可】

（1）工作许可人和工作负责人分别在各自收执的工作票上填写许可的线路或设备名称、许可方式、工作许可人、工作负责人、许可工作时间。

（2）同一时间、相同停电范围，有多家单位或同一单位的不同班组分别持票进行施工作业时，设备运维管理单位指派的工作许可人应为同一人。

（3）各工作许可人应在完成工作票所列由其负责的停电和装设接地线等安全措施后，方可发出许可工作的命令。

许可方式

（1）配网停电作业应采取现场当面许可。许可过程均应做好录音。

（2）填用配电第二种工作票的配电线路地面工作，可不履行工作许可手续。持配电第二种工作票进入配电站所工作，应办理工作许可手续。

工作许可时间

工作许可时间不得早于计划工作开始时间。

8.【现场交底签名】

（1）工作班成员在明确了工作负责人和小组负责人交代的工作内容、人员分工、带电部位、现场布置的安全措施和工作的危险点及防范措施后，每个工作班成员在工作负责人所持工作票的本栏签名，不得代签。

（2）一张工作票多小组工作，使用工作任务单时，由各小组负责人在工作票上签名，其他小组成员分别在对应的工作任务单上签名。

9.【下令开始工作】

工作负责人确认工作票所列当前工作所需的安全措施一栏的时间，应为调度运维以及工作班所做的安全措施全部执行完毕之后，下令开始工作的时间。

10.【工作任务单登记】

若一张工作票下设多个小组工作，应将所有工作任务单编号、工作任务、小组负责人、工作许可时间、工作结束报告时间。没有则填"无"。

小组负责人

小组负责人应具备工作负责人资格。

工作许可时间

工作许可时间不应在下令开始工作时间之前。

工作结束报告时间

工作结束报告时间应在工作票终结时间之前。

11.【人员变更】工作负责人变动情况

（1）工作票签发人同意，在工作票上填写离去和变更的工作负责人姓名及变动时间，同时通知全体作业人员及工作许可人。

（2）工作票签发人无法当面办理，应通过电话通知工作许可人，由工作许可人和原工作负责人在各自所持工作票上填写工作负责人变更情况，并代工作票签发人签名。

（3）工作负责人的变动必须是在该工作票许可之后，如在工作票许可之前需变更工作负责人，则应由工作票签发人重新签发工作票。

工作人员变动情况

（1）班组人员每次发生变动，工作负责人要在工作票上即时注明变动情况（变更人员姓名、变动时间）并签名，不得最后一并签名。

（2）新增人员在明确了工作内容、人员分工、带电部位、现场安全措施和工作的危险点及防范措

新工作负责人签名确认：_____　　　____年__月__日__时__分

11.2　工作人员变动情况

2024 年 02 月 05 日 09 时 10 分张三加入。（工作负责人签名：李××）

工作负责人签名：李××

12. 工作票延期

有效期延长到_____年__月__日__时__分。

工作负责人签名：_____　　　　____年__月__日__时__分

工作许可人签名：_____　　　　____年__月__日__时__分

13. 每日开工和收工时间（使用一天的工作票不必填写）

收工时间	工作负责人	工作许可人	开工时间	工作许可人	工作负责人

14. 工作终结

14.1　工作班现场所装设接地线（接地刀闸）共 0 组、个人保安线共 0 组已全部拆除，工作班布置的其他安全措施已恢复，工作班人员已全部撤离现场，材料工具已清理完毕，杆塔、设备上已无遗留物。

14.2　工作终结报告

终结的线路或设备	报告方式	工作负责人	工作许可人	终结报告时间
10kV 医药谷 1 号线 6 号环网柜	当面	郑××	李××	2024 年 02 月 05 日 15 时 30 分
10kV 医药谷 1 号线 2 号环网柜 102 间隔	当面	郑××	李××	2024 年 02 月 05 日 15 时 30 分

15. 工作票终结

　　已拆除工作许可人现场所挂 无 （编号）接地线共 0 组；已拉开 10kV

施，在工作负责人所持工作票第 8 栏签名确认后方可参加工作。

12.【工作票延期】

工作需延期，应在工作计划结束时间前由工作负责人向工作许可人提出申请，办理延期手续。对于需经调度许可的工作，工作许可人还应得到调度许可后，方可与工作负责人办理工作票延期手续。工作票只能延期一次。

13.【每日开工和收工时间（使用一天的工作票不必填写）】

（1）填写每日收工时间及次日开工时间，工作负责人、工作许可人分别签名确认。

（2）每日收工，工作负责人应得到小组负责人或全部工作班成员当日工作结束的报告，开好收工会并全部撤离工作现场后，向许可人汇报；次日复工时，工作负责人应经许可人同意并重新复核安全措施无误后方可工作。

（3）涉及多名工作许可人的工作，各工作许可人均应与工作负责人分别填写。

14.【工作终结】

（1）填写拆除的所有工作接地线和个人保安线数量。

1）工作结束后，工作负责人（包括小组负责人）应检查工作地段的状况，确认没有遗留个人保安线和其他工具、材料，全部工作人员已撤离，并经验收合格后方可命令拆除工作接地线等安全措施。

2）接地线拆除后，任何人不得再登杆工作或在设备上工作。

（2）工作终结报告。

1）工作终结后，工作负责人应及时报告工作许可人，若有其他单位的设备配合停电，还应及时通知配合停电设备运行管理单位的停电联系人。工作终结报告应当面进行。

2）报告结束后，工作许可人和工作负责人分别在各自收执的工作票上填写终结的线路或设备的名称、报告方式、工作负责人、工作许可人和终结报告时间，办理工作终结手续。工作一旦终结，任何工作人员不得进入工作现场。

15.【工作票终结】

（1）填写拆除由工作许可人负责装设的接地线和接地刀闸编号、数量，以及工作票的终结时间。确认接地线和接地刀闸都已经拆除后，工作许可人签名。

（2）若不涉及接地线或接地刀闸，应在编号栏填"无"，在数量栏填"0"组（副），不得空白。

医药谷 1 号线 2 号环网柜 1024 接地刀闸（编号）接地刀闸共 <u>1</u> 副。

工作票于 <u>2024</u> 年 <u>02</u> 月 <u>05</u> 日 <u>16</u> 时 <u>00</u> 分结束。

工作许可人：<u>李××</u>

（3）拉开的接地刀闸编号栏应填写双重名称。

（4）工作票终结前，工作许可人在接到所有工作负责人的完工报告，实地检查确认停电范围内所有工作已结束，所有人员已撤离，所有接地线已拆除，与记录簿核对无误并做好记录后，方可下令拆除各侧安全措施。

（5）该项内容只需工作许可人所持票面填写。涉及多名工作许可人的工作票，各工作许可人负责各自所装设的接地线（接地刀闸）的拆除情况。

16. 负责监护

指定专责 监护人	被监护人	负责监护（地点及具体工作）
甲××	孙××	在 10kV 医药谷 1 号线 2 号环网柜 102 间隔处电缆沟内进行穿电缆有限空间作业
乙××	王××、 张××	在 10kV 医药谷 1 号线 6 号环网柜 101 间隔处电缆沟内进行穿电缆有限空间作业

16.【负责监护】

（1）注明指定专责监护人、被监护人、负责监护地点及具体工作。如"指定专责监护人张三负责监护李四在 10kV×线×杆进行×工作"。

（2）对有触电危险、检修（施工）复杂容易发生事故的工作，如：在邻近带电线路和设备区域使用吊车、斗臂车等特种车辆的作业；有限空间作业等，应增设专责监护人，并确定其监护的人员和工作范围。

（3）该部分内容仅需在工作负责人所持工作票上填写。

17. 其他事项

<u>杨××负责指挥钱××进行吊装工作。</u>

17.【其他事项】

其他需要交代或需要记录的事项。例如：

（1）暂未拆除、继续使用的接地线由各工作许可人在各自所持工作票中备注。

（2）使用吊车的作业应在该栏注明吊车指挥人员。若在工作班成员栏目中已注明，则不需要在此填写。

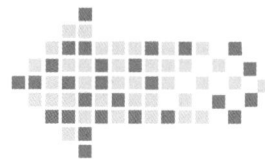

第3章 设备更换安装

3.1 电缆中间接头更换

一、工作场景情况

（一）工作场景

10kV碧桂园4号线3号环网柜112间隔至10kV碧桂园4号箱式变电站101间隔之间电缆中间接头井处。

（二）工作任务

中间接头更换：10kV碧桂园4号线3号环网柜112间隔至10kV碧桂园4号箱式变电站101间隔之间电缆中间接头井处，电缆中间接头更换。

电缆试验：10kV碧桂园4号线3号环网柜112间隔至10kV碧桂园4号箱式变电站101间隔之间电缆试验。

（三）票种选择建议

配电第一种工作票。

（四）人员分工及安排

本次工作有3个作业地点，可以采取工作任务单或设置专责监护人。本张工作票采取设置专责监护人。参与本次工作的共11人（含工作负责人），具体分工为：

柳××（工作负责人）：负责工作的整体协调组织及作业现场安全监护。

作业点1：10kV碧桂园4号线3号环网柜112间隔至10kV碧桂园4号箱式变电站101间隔之间电缆中间接头井处。

邢××（专责监护人）：负责监护谷××、杨××、王××在电缆中间接头井（有限空间）进行电缆识别确认、中间接头制作。

谷××、杨××、王××（工作班成员）：负责用电缆识别仪确认施工电缆，进行中间接头制作。

作业点2：10kV碧桂园4号线3号环网柜112间隔。

刘××（专责监护人）：负责监护陈××、周××在10kV碧桂园4号线3号环网柜112间隔处进行电缆拆搭、电缆试验工作。

陈××、周××（工作班成员）：负责电缆拆搭、电缆试验。

作业点3：10kV碧桂园4号箱式变电站101间隔。

赵××（专责监护人）：负责监护吴××、甘××在10kV碧桂园4号箱式变电站101间隔电缆拆搭、配合电缆试验。

吴××、甘××（工作班成员）：电缆拆搭、配合电缆试验。

（五）场景接线图

电缆中间接头更换场景接线图见图3-1。

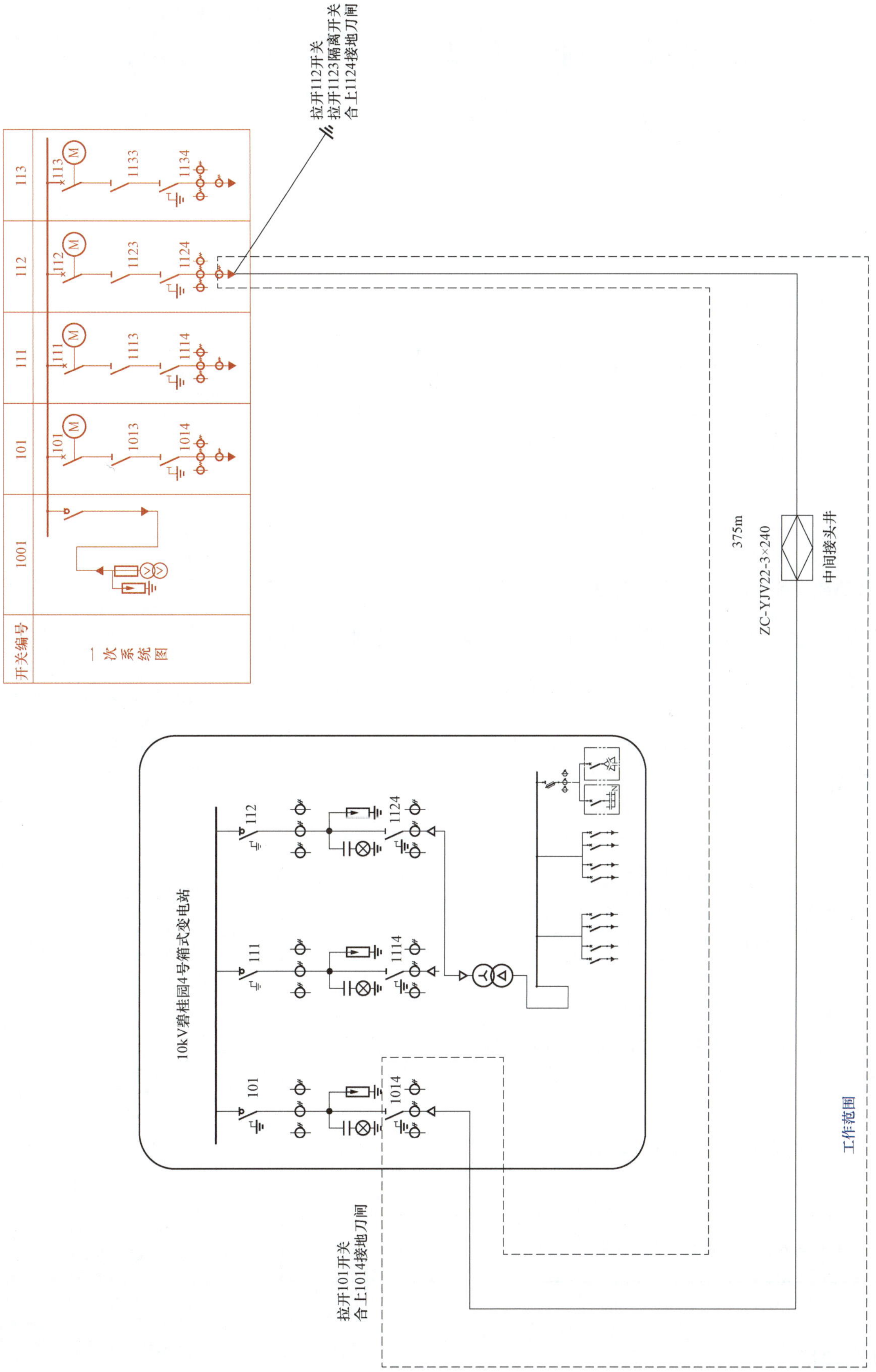

图 3-1　电缆中间接头更换场景接线图

二、工作票样例

配电第一种工作票

单　位：××××有限公司　　编　号：配Ⅰ202405024

1. 工作负责人：柳×× 　　　**班　组：**综合班组

2. 工作班人员（不包括工作负责人）

××××有限公司：陈××、邢××、吴××、周××、谷××、甘××、刘××、赵××

××××电缆附件有限公司：杨××、王××

共 10 人

3. 停电线路或设备名称（多回线路应注明双重称号）

10kV 碧桂园 4 号线 3 号环网柜 112 间隔至 10kV 碧桂园 4 号箱式变电站 101 间隔。

4. 工作任务

工作地点（地段）或设备［注明变（配）电站、线路名称、设备双重名称及起止杆号等］	工作内容
10kV 碧桂园 4 号线 3 号环网柜 112 间隔至 10kV 碧桂园 4 号线箱式变电站 101 间隔之间电缆中间接头井处	电缆识别确认、中间接头制作
10kV 碧桂园 4 号线 3 号环网柜 112 间隔处	电缆拆搭、试验
10kV 碧桂园 4 号箱式变电站 101 间隔处	电缆拆搭

5. 计划工作时间

自 2024 年 05 月 20 日 07 时 30 分至 2024 年 05 月 20 日 12 时 00 分。

【票种选择】

本次作业为配电停电工作，使用配电第一种工作票，无需增持其他票种。

1.【班组】

对于包含工作负责人在内有两个及以上的班组人员共同进行的工作，应填写"综合班组"。

2.【工作班人员】

人员应取得准入资质，安排的人员应进行承载力分析，确保人数适当、充足；如有特种作业应安排具备相应资质的特种作业人员。不同单位需分行填写。

3.【停电线路或设备名称（多回线路应注明双重称号）】

（1）填写停电的配电线路电压等级、名称（多回线路应注明双重称号）、设备双重名称、起止杆号。

（2）填写停电的环网柜、开关站、箱式变电站等配电设备的电压等级、双重名称或停电范围。

（3）若全线（包括支线）停电，填写主线和支线。

（4）填写的配电线路名称、设备双重名称应与现场相符（包括电压等级）。

4.【工作任务】工作地点（地段）或设备［注明变（配）电站、线路名称、设备双重名称及起止杆号等］

（1）配电线路工作：填写工作线路（包括有工作的分支线路等）电压等级、名称（同杆双回或多回线路应注明线路位置称号）、工作地段起止杆号。

（2）配电设备工作：填写工作的变电站、环网柜、配电站、开关站等设备的电压等级、名称及检修工作区域和检修设备的双重名称，填写的设备名称应与现场相符（包括电压等级）。

工作内容

（1）工作内容应填写明确，术语规范，且不得超出相应停电申请单中的工作内容。

（2）写明工作性质、内容［如：迁移、立杆、放线、更换架空地线、更换变压器、拆除（恢复）线路搭头等］。

（3）工作内容应填写完整，不得省略。消缺工作应写明消缺具体内容（例如处理×耐张搭头，更换×避雷器等），不得以维修、消缺等模糊词语涵盖工作内容。

（4）变（配）电站内和线路上均有工作时，为便于区分，应将变（配）电站的工作地点、工作内容排在前面，线路工作地点及内容排在站所工作的后面。

（5）不同工作地点的工作，应分行填写；工作地点与工作内容应一一对应。

5.【计划工作时间】

填写计划检修起始时间和结束时间，该时间应在调度批准的检修时间段内。

6. 安全措施［应该为检修状态的线路、设备名称、应断开的断路器（开关）、隔离开关（刀闸）、熔断器，应合上的接地刀闸，应装设的接地线、绝缘隔板、遮栏（围栏）和标示牌等，装设的接地线应明确具体位置，必要时可附页绘图说明］

6.1	调控或运维人员［变（配）电站、发电厂等］应采取的安全措施	已执行
	（1）应拉开 10kV 碧桂园 4 号线 3 号环网柜 112 开关	√
	（2）应拉开 10kV 碧桂园 4 号线 3 号环网柜 1123 隔离开关并加锁	√
	（3）应合上 10kV 碧桂园 4 号线 3 号环网柜 112 间隔 1124 接地刀闸并加锁	√
	（4）应在 10kV 碧桂园 4 号线 3 号环网柜 112 开关处悬挂"禁止合闸，线路有人工作！"标示牌	√
	（5）应在 10kV 碧桂园 4 号线 3 号环网柜 1123 隔离开关操作处悬挂"禁止合闸，线路有人工作！"标示牌	√
	（6）应拉开 10kV 碧桂园 4 号箱式变电站 101 开关并加锁	√
	（7）应合上 10kV 碧桂园 4 号箱式变电站 1014 接地刀闸并加锁	√
	（8）应在 10kV 碧桂园 4 号箱式变电站 101 开关操作处悬挂"禁止合闸，线路有人工作！"标示牌	√

6.2	工作班完成的安全措施	已执行
	（1）在 10kV 碧桂园 4 号箱式变电站 101 间隔作业处设临时围栏，面向工作地点设"止步、高压危险！"标示牌，并在临时围栏出入口悬挂"在此工作！""从此进出！"标示牌	√
	（2）在 10kV 碧桂园 4 号线 3 号环网柜 112 间隔设置临时围栏，面向工作地点设"止步、高压危险！"标示牌，并在临时围栏出入口悬挂"在此工作！""从此进出！"标示牌	√
	（3）在 10kV 碧桂园 4 号线 3 号环网柜 112 间隔至 10kV 碧桂园 4 号箱式变电站 101 间隔之间电缆中间接头井处设临时围栏，面向工作地点设"止步、高压危险！"标示牌，并在临时围栏出入口悬挂"在此工作！""从此进出！"标示牌	√

6.【安全措施】6.1 调控或运维人员［变（配）电站、发电厂等］应采取的安全措施

（1）填写涉及的变（配）电站或线路名称以及由调控或运维人员操作的各侧（包括变电站、配电站、用户、各分支线路）断路器（开关）、隔离开关（刀闸）、熔断器，自动化设备控制电源、操作电源。

（2）填写变（配）电站内、线路上应合接地刀闸或应装接地线、应装绝缘挡板的编号和确切位置。

（3）填写变（配）电站内应装设遮栏以及应挂标示牌的名称和地点以及防止二次回路误碰等措施。

（4）变（配）电站内和线路上均需采取安全措施时，为便于区分，应将变（配）电站内应采取的安全措施排在前面，线路上应采取的安全措施排在后面。

（5）涉及多个站所、多条线路和设备时，为避免混乱，各站所、线路和设备应逐一填写。例如：

1）变电站 A（如 110kV 变电站）：应断开×开关；应断开×刀闸……

2）变电站 B（如 35kV 变电站）：应断开×开关；应断开×刀闸……

3）10kV×线：应断开×开关；应在×装设接地线一组……

（6）变电站出线线路（电缆）工作涉及进站工作或借用变电站接地刀闸（接地线）作为工作班接地线的，则必须将变电站站内开关、刀闸、接地等安全措施列入工作票中，不涉及以上工作的只填写"确认 10kV××线路转为检修状态"。

（7）配电设备上熔断器在保持断开状态时，可采用熔断器拉开摘下熔管或熔断器拉不摘下熔管的方式，在操作处悬挂"禁止合闸，线路有人工作！"标示牌即可。

（8）美式箱式变电站高压开关拉开后不需要加锁，欧式箱式变电站高压开关拉开后可以加锁。

（9）环网柜开关拉开后不需要再加锁，隔离开关（刀闸）及接地刀闸操作把手处应加锁。

（10）在低压用电设备上停电工作前，配电箱工作断开断路器，是否需要取下断路器熔丝应按现场实际情况确定，如配电箱断路器无熔丝的必须在配电箱门上加锁和悬挂标示牌。

已执行

以上安全措施完成后，工作负责人在接受许可时，应与工作许可人逐项核对确认并打"√"。

6.2 工作班完成的安全措施

（1）填写需要工作班操作停电的配电变压器及用户名称、应装设的遮栏（围栏）、交通警示牌等。

如：应拉开 10kV×线×配电变压器低压侧开关；在综合配电箱柜门把手上悬挂"禁止合闸，线路有人工作！"标示牌；在×处装设围栏……没有则填写"无"。

（2）由工作班装设的工作接地线可仅在"6.3"栏填写。

已执行

安全措施完成后，工作负责人逐项核对确认并打"√"。

6.3 工作班装设（或拆除）的接地线

线路名称、设备双重名称、装设位置

（1）填写应装设工作接地线（包括 0.4kV）的确切位置、地点；如 10kV×线×号杆支线侧。

（2）各工作班工作地段两端和有可能送电到停电线路的分支线（包括用户）都要挂接地线。

（3）配合停电的交叉跨越或邻近线路，在线路的交叉跨越或邻近处附近应装设一组接地线；配合停电的同杆（塔）架设线路装设接地线要求与检修线路相同。

6.3　工作班装设（或拆除）的接地线

线路名称、设备双重名称、装设位置	接地线编号	装拆情况		
无		装设人	监护人	装设时间
		拆除人	监护人	拆除时间
		装设人	监护人	装设时间
		拆除人	监护人	拆除时间

6.4　配合停电线路应采取的安全措施	已执行
无	

6.5　保留或邻近的带电线路、设备

　　10kV 碧桂园 4 号线 3 号环网柜 112 间隔母线侧及相邻的 111（备用）间隔、113（备用）间隔带电运行。

6.6　其他安全措施和注意事项

　　（1）【有限空间作业】未经通风和检测合格，任何人员不得进入有限空间作业。检测的时间不得早于作业开始前 30min。设置警示牌，配置安全防护装备、应急救援装备，经气体检测合格后施工人员方可进入工作并设专人监护，作业过程中应保持持续通风。

　　（2）【电缆试验】电缆试验前应确保被试电缆上无其他工作，所有人员应撤出并在被试电缆另一端设置围栏，向外悬挂"止步，高压危险！"标示牌，派专人看守，电缆试验前后应对被试电缆充分放电。

　　（3）【安全距离】工作人员与带电设备保持安全距离 10kV 不小于 0.7m。

　　（4）【鉴别开断电缆】电缆开断前，应与电缆走向图核对相符，并使用仪器确认电缆无电压后，用接地的带绝缘柄的铁钎钉入电缆芯后，方可工

（4）工作地段无法装设工作接地线的，且与运维人员装设的接地线（接地刀闸）之间未连有断路器（开关）或熔断器，则运维人员装设的接地线（接地刀闸）可借用为工作接地线使用，不需要在本栏内再填写。

（5）若工作范围内均借用运维人员装设的接地线（接地刀闸）作为工作接地线使用，则本栏填写"无"。

接地线编号

（1）填写应装设的工作接地线（包括 0.4kV）的编号及电压等级。例：#01（10kV）。

（2）同一编号接地线不得重复。分段工作，同一编号的接地线可分段重复使用。

（3）接地线编号在装设好接地线后由工作负责人在现场填写。

装设人、拆除人、监护人

装设、拆除接地线应有人监护，工作负责人将装设人、拆除人和监护人由工作负责人现场填写在工作票上，监护人利用手机拍摄的照片或者打印工作票 6.3 栏目页作为书面依据，装设（拆除）接地线结束时，监护人及时向工作负责人汇报，由工作负责人在工作票上记下装设（拆除）时间。

装设时间、拆除时间

（1）工作负责人依据现场工作班成员装设或拆除接地线完毕的时间填写。装设时间应在工作许可并完成安全交底之后，下达开始工作命令之前；拆除时间工作终结时间之前。

（2）分段装设的接地线应根据工作区段转移情况逐段填写。

（3）接地线装、拆时间填写应采用 24 小时制，填写年、月、日、时、分，如：2024 年 07 月 31 日 14 时 06 分。

6.4 配合停电线路应采取的安全措施

填写由非调控或运维人员负责的配合停电的线路名称及应断开的断路器（开关）、隔离开关（刀闸）、熔断器，应合上的接地刀闸或应装设的操作接地线。没有则填写"无"。

6.5 保留或邻近的带电线路、设备

应注明工作地点或段落保留或邻近的带电线路、设备的电压等级、双重名称及杆（塔）号，主要填写以下内容：

（1）邻近或交叉跨越的带电线路、设备名称（双重称号）。

（2）发电厂、变电站出口停电线路两侧的邻近带电线路。

（3）与工作段落邻近、平行或交叉且有可能误登误触的带电线路及设备。

（4）开关后一侧有电、一侧无电的配电设备。如柱上开关、闸刀、跌落式熔断器等。

（5）变（配）电站、开关站内的配电设备工作，应填写工作地点及周围所保留的带电部位、带电设备名称。工作地点的低压交直流电源也应注明和交代清楚。

（6）没有则填写"无"。

6.6 其他安全措施和注意事项

根据工作现场的具体情况而采取的一些安全措施或有关安全注意事项。

如：装设个人保安接地线；在杆下装设临时围栏；防止倒杆应设临时拉线；线路交叉处、邻近带电设备的安全距离提示；起重作业、高处作业、有限空间作业、电气试验作业、放线撤线作业等现场的安全注意事项；在道路上放置提醒来往车辆和行人注意安全的交通警示牌等。

作。扶绝缘柄的人应戴绝缘手套并站在绝缘垫上，并采取防灼烧措施。

（5）【验电及装拆接地线】负责人得到许可人停电许可工作命令后，安排工作班成员持书面依据，现场核对线路名称或设备双重名称正确，核对接地线（接地刀闸）装设位置正确，正确进行验电、接地工作。使用的安全工器具应经检测合格并在有效期内，装设、拆除接地线应有人监护。

工作票签发人签名：<u>孔××</u>　　　<u>2024</u> 年 <u>05</u> 月 <u>19</u> 日 <u>14</u> 时 <u>10</u> 分

工作票会签人签名：<u>林××</u>　　　<u>2024</u> 年 <u>05</u> 月 <u>19</u> 日 <u>14</u> 时 <u>40</u> 分

工作负责人签名：<u>柳××</u>　　　<u>2024</u> 年 <u>05</u> 月 <u>19</u> 日 <u>16</u> 时 <u>08</u> 分

6.7　其他安全措施和注意事项补充（由工作负责人或工作许可人填写）

　　无。

7. 工作许可

许可的线路或设备	许可方式	工作许可人	工作负责人签名	工作许可时间
10kV 碧桂园 4 号线 3 号环网柜 112 间隔	当面	林××	柳××	2024 年 05 月 20 日 08 时 00 分
10kV 碧桂园 4 号箱式变电站 101 间隔	当面	林××	柳××	2024 年 05 月 20 日 08 时 00 分

8. 现场交底，工作班成员确认工作负责人布置的工作任务、人员分工、安全措施和注意事项并签名：

　　<u>陈××、邢××、吴××、周××、谷××、杨××、王××、甘××、刘××、赵××</u>

9. <u>2024</u> 年 <u>05</u> 月 <u>20</u> 日 <u>08</u> 时 <u>15</u> 分工作负责人确认工作票所列当前工作所需的安全措施全部执行完毕，下令开始工作。

10. 工作任务单登记

工作任务单编号	工作任务	小组负责人	工作许可时间	工作结束报告时间
无				

工作票签发人签名、工作负责人签名

确认工作票 1～6.6 项无误后，工作票签发人和工作负责人在签名栏内签名，并在时间栏内填入相应时间。"双签发"时应履行同样手续。

6.7　其他安全措施和注意事项补充（由工作负责人或工作许可人填写）

工作负责人或工作许可人根据现场的实际情况，补充安全措施和注意事项。无补充内容时填写"无"。

7.【工作许可】

（1）工作许可人和工作负责人分别在各自收执的工作票上填写许可的线路或设备名称、许可方式、工作许可人、工作负责人、许可工作时间。

（2）同一时间、相同停电范围，有多家单位或同一单位的不同班组分别持票进行施工作业时，设备运维管理单位指派的工作许可人应为同一人。

（3）各工作许可人应在完成工作票所列由其负责的停电和装设接地线等安全措施后，方可发出许可工作的命令。

许可方式

（1）配网停电作业应采取现场当面许可。许可过程均应做好录音。

（2）填用配电第二种工作票的配电线路地面工作，可不履行工作许可手续。持配电第二种工作票进入配电站所工作，应办理工作许可手续。

工作许可时间

工作许可时间不得早于计划工作开始时间。

8.【现场交底签名】

（1）工作班成员在明确了工作负责人和小组负责人交代的工作内容、人员分工、带电部位、现场布置的安全措施和工作的危险点及防范措施后，每个工作班成员在工作负责人所持工作票的本栏签名，不得代签。

（2）一张工作票多小组工作，使用工作任务单时，由各小组负责人在工作票上签名，其他小组成员分别在对应的工作任务单上签名。

9.【下令开始工作】

工作负责人确认工作票所列当前工作所需的安全措施一栏的时间，应为调度运维以及工作班所做的安全措施全部执行完毕之后，下令开始工作的时间。

10.【工作任务单登记】

若一张工作票下设多个小组工作，应将所有工作任务单编号、工作任务、小组负责人、工作许可时间、工作结束报告时间。没有则填"无"。

小组负责人

小组负责人应具备工作负责人资格。

工作许可时间

工作许可时间不应在下令开始工作时间之前。

工作结束报告时间

工作结束报告时间应在工作票终结时间之前。

11. 人员变更

11.1　工作负责人变动情况

原工作负责人_____离去，变更为工作负责人_____。

工作票签发人：_____　　　　　　　_____年___月___日___时___分

原工作负责人签名确认：_____

新工作负责人签名确认：_____　　　　_____年___月___日___时___分

11.2　工作人员变动情况

2024 年 05 月 20 日 09 时 10 分 谷×× 离开 （工作负责人签名：柳 ××）

2024 年 05 月 20 日 09 时 30 分 谷×× 加入 （工作负责人签名：柳 ××）

工作负责人签名：柳××

12. 工作票延期

有效期延长到_____年___月___日___时___分。

工作负责人签名：_____　　　　　　_____年___月___日___时___分

工作许可人签名：_____　　　　　　_____年___月___日___时___分

13. 每日开工和收工时间（使用一天的工作票不必填写）

收工时间	工作负责人	工作许可人	开工时间	工作许可人	工作负责人

14. 工作终结

14.1　工作班现场所装设接地线（接地刀闸）共 0 组、个人保安线共 0 组已全部拆除，工作班布置的其他安全措施已恢复，工作班人员已全部撤离现场，材料工具已清理完毕，杆塔、设备上已无遗留物。

11.【人员变更】工作负责人变动情况

（1）工作票签发人同意，在工作票上填写离去和变更的工作负责人姓名及变动时间，同时通知全体作业人员及工作许可人。

（2）工作票签发人无法当面办理，应通过电话通知工作许可人，由工作许可人和原工作负责人在各自所持工作票上填写工作负责人变更情况，并代工作票签发人签名。

（3）工作负责人的变动必须是在该工作票许可之后，如在工作票许可之前需变更工作负责人，则应由工作票签发人重新签发工作票。

工作人员变动情况

（1）班组人员每次发生变动，工作负责人要在工作票上即时注明变动情况（变更人员姓名、变更时间）并签名，不得最后一并签名。

（2）新增人员在明确了工作内容、人员分工、带电部位、现场安全措施和工作的危险点及防范措施，在工作负责人所持工作票第8栏签名确认后方可参加工作。

12.【工作票延期】

工作需延期，应在工作计划结束时间前由工作负责人向工作许可人提出申请，办理延期手续。对于需经调度许可的工作，工作许可人还应得到调度许可后，方可与工作负责人办理工作票延期手续。工作票只能延期一次。

13.【每日开工和收工时间（使用一天的工作票不必填写）】

（1）填写每日收工时间及次日开工时间，工作负责人、工作许可人分别签名确认。

（2）每日收工，工作负责人应得到小组负责人或全部工作班成员当日工作结束的报告，开好收工会并全部撤离工作现场后，向许可人汇报；次日复工时，工作负责人应经许可人同意并重新复核安全措施无误后方可工作。

（3）涉及多名工作许可人的工作，各工作许可人均应与工作负责人分别填写。

14.【工作终结】

（1）填写拆除的所有工作接地线和个人保安线数量。

1）工作结束后，工作负责人（包括小组负责人）应检查工作地段的状况，确认没有遗留个人保安线和其他工具、材料，全部工作人员已撤离，并经验收合格后方可命令拆除工作接地线等安全措施。

2）接地线拆除后，任何人不得再登杆工作或在设备上工作。

14.2 工作终结报告

终结的线路或设备	报告方式	工作许可人	工作负责人	终结报告时间
10kV 碧桂园 4 号线 3 号环网柜 112 间隔	当面	林××	柳××	2024 年 05 月 20 日 11 时 50 分
10kV 碧桂园 4 号箱式变电站 101 间隔	当面	林××	柳××	2024 年 05 月 20 日 11 时 50 分

15. 工作票终结

已拆除工作许可人现场所挂 无 （编号）接地线共 0 组；已拉开 10kV 碧桂园 4 号线 3 号环网柜 112 开关 1124 接地刀闸、10kV 碧桂园 4 号箱式变电站 1014 接地刀闸（编号）接地刀闸共 2 副。

工作票于 2024 年 05 月 20 日 11 时 58 结束。

工作许可人：林××

16. 负责监护

指定专责监护人	被监护人	负责监护（地点及具体工作）
邢××	谷××、杨××、王××	10kV 碧桂园 4 号线 3 号环网柜 112 间隔、10kV 碧桂园 4 号箱式变电站 101 间隔电缆中间接头井（有限空间）进行电缆识别确认、中间接头制作
刘××	陈××、周××	10kV 碧桂园 4 号线 3 号环网柜 112 间隔处进行电缆拆搭、电缆试验工作
赵××	吴××、甘××	10kV 碧桂园 4 号箱式变电站 101 间隔电缆拆搭、配合电缆试验

17. 其他事项

无。

（2）工作终结报告。

1）工作终结后，工作负责人应及时报告工作许可人，若有其他单位的设备配合停电，还应及时通知配合停电设备运行管理单位的停电联系人。工作终结报告应当面进行。

2）报告结束后，工作许可人和工作负责人分别在各自收执的工作票上填写终结的线路或设备的名称、报告方式、工作负责人、工作许可人和终结报告时间，办理工作终结手续。工作一旦终结，任何工作人员不得进入工作现场。

15.【工作票终结】

（1）填写拆除由工作许可人负责装设的接地线和接地刀闸编号、数量，以及工作票的终结时间。确认接地线和接地刀闸都已经拆除后，工作许可人签名。

（2）若不涉及接地线或接地刀闸，应在编号栏填"无"，在数量栏填"0"组（副），不得空白。

（3）拉开的接地刀闸编号栏应填写双重名称。

（4）工作票终结前，工作许可人在接到所有工作负责人的完工报告，实地检查确认停电范围内所有工作已结束，所有人员已撤离，所有接地线已拆除，与记录簿核对无误并做好记录后，方可下令拆除各侧安全措施。

（5）该项内容只需工作许可人所持票面填写。涉及多名工作许可人的工作票，各工作许可人负责各自所装设的接地线（接地刀闸）的拆除情况。

16.【负责监护】

（1）注明指定专责监护人、被监护人、负责监护地点及具体工作。如"指定专责监护人张三负责监护李四在 10kV×线×杆进行×工作"。

（2）对有触电危险、检修（施工）复杂容易发生事故的工作，如：在邻近带电线路和设备区域使用吊车、斗臂车等特种车辆的作业；有限空间作业等，应增设专责监护人，并确定其监护的人员和工作范围。

（3）该部分内容仅需在工作负责人所持工作票上填写。

17.【其他事项】

其他需要交代或需要记录的事项。例如：

（1）暂未拆除、继续使用的接地线由各工作许可人在各自所持工作票中备注。

（2）使用吊车的作业应在该栏注明吊车指挥人员。若在工作班成员栏目中已注明，则不需要在此填写。

3.2 跌落式熔断器更换为柱上开关

一、工作场景情况

（一）工作场景

10kV 南山线双庙支 12 号杆跌落式熔断器更换为柱上开关（带电作业配合）。

（二）工作任务

柱上开关更换：将 10kV 南山线双庙支 12 号杆跌落式熔断器拆除，更换为柱上开关。

（三）票种选择建议

配电第一种工作票。

（四）人员分工及安排

本次工作有 1 个作业地点：10kV 南山线双庙支 12 号杆。参与本次工作的共 8 人（含工作负责人），具体分工为：

孙××（工作负责人）：负责工作的整体协调组织及作业现场安全监护。

陈××（专责监护人）：负责监护张××、王××杆上作业。

张××、王××（工作班成员）：负责在杆上作业。

樊××、黄××、李××、阮×（工作班成员）：负责地面辅助工作。

（五）场景接线图

跌落式熔断器更换为柱上开关场景接线图见图 3-2。

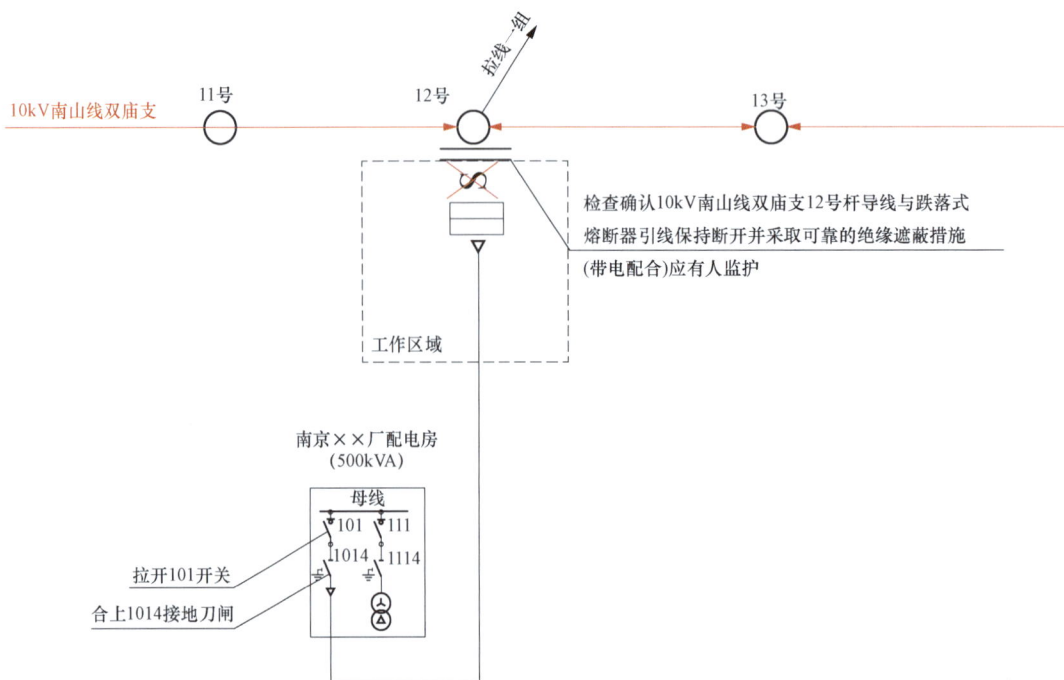

图 3-2 跌落式熔断器更换为柱上开关场景接线图

二、工作票样例

配电第一种工作票

单　位：××××工程有限公司　　编　号：配Ⅰ202404007

1. 工作负责人：孙×× 　　　　班　组：综合班组

2. 工作班人员（不包括工作负责人）：

　　××××工程有限公司：张××、王××、樊××、黄××、李××

　　××××工程有限公司：陈××、阮×

共 7 人

3. 停电线路或设备名称（多回线路应注明双重称号）

10kV 南山线双庙支 12 号杆至××泡塑厂用户 10kV 进线。

4. 工作任务

工作地点（地段）或设备［注明变（配）电站、线路名称、设备双重名称及起止杆号等］	工作内容
10kV 南山线双庙支 12 号杆	跌落式熔断器更换为柱上开关

5. 计划工作时间

　　自 2024 年 04 月 13 日 09 时 00 分 至 2024 年 04 月 13 日 14 时 00 分。

6. 安全措施［应该为检修状态的线路、设备名称、应断开的断路器（开关）、隔离开关（刀闸）、熔断器，应合上的接地刀闸，应装设的接地线、绝缘隔板、遮栏（围栏）和标示牌等，装设的接地线应明确具体位置，必要时可附页绘图说明］

6.1 调控或运维人员［变（配）电站、发电厂等］应采取的安全措施	已执行
应检查确认 10kV 南山线双庙支 12 号杆导线与跌落式熔断器引线保	✓

【票种选择】
本次作业为配电停电工作，使用配电第一种工作票，无需增持其他票种。
1.【班组】
对于包含工作负责人在内有两个及以上的班组人员共同进行的工作，应填写"综合班组"。
2.【工作班人员】
人员应取得准入资质，安排的人员应进行承载力分析，确保人数适当、充足；如有特种作业应安排具备相应资质的特种作业人员。不同单位需分行填写。
3.【停电线路或设备名称（多回线路应注明双重称号）】
（1）填写停电的配电线路电压等级、名称（多回线路应注明双重称号）、设备双重名称、起止杆号。
（2）填写停电的环网柜、开关站、箱式变电站等配电设备的电压等级、双重名称或停电范围。
（3）若全线（包括支线）停电，填写主线和支线。
（4）填写的配电线路名称、设备双重名称应与现场相符（包括电压等级）。
4.【工作任务】工作地点（地段）或设备［注明变（配）电站、线路名称、设备双重名称及起止杆号等］
（1）配电线路工作：填写工作线路（包括有工作的分支线路等）电压等级、名称（同杆双回或多回线路应注明线路位置称号）、工作地段起止杆号。
（2）配电设备工作：填写工作的变电站、环网柜、配电站、开关站等设备的电压等级、名称及检修工作区域和检修设备的双重名称，填写的设备名称应与现场相符（包括电压等级）。
工作内容
（1）工作内容应填写明确，术语规范，且不得超出相应停电申请单中的工作内容。
（2）应写明工作性质、内容［如：迁移、立杆、放线、更换架空地线、更换变压器、拆除（恢复）线路搭头等］。
（3）工作内容应填写完整，不得省略。消缺工作应写明消缺具体内容（例如处理×耐张搭头，更换×避雷器等），不得以维修、消缺等模糊词语涵盖工作内容。
（4）变（配）电站内和线路上均有工作时，为便于区分，应将变（配）电站的工作地点、工作内容排在前面，线路工作地点及内容排在站所工作的后面。
（5）不同工作地点的工作，应分行填写；工作地点与工作内容应一一对应。
5.【计划工作时间】
填写计划检修起始时间和结束时间，该时间应在调度批准的检修时间段内。
6.【安全措施】6.1 调控或运维人员［变（配）电站、发电厂等］应采取的安全措施
（1）填写涉及的变（配）电站或线路名称以及由调控或运维人员操作的各侧（包括变电站、配电站、用户站、各分支线路）断路器（开关）、隔离开关（刀闸）、熔断器，自动化设备控制电源、操作电源。
（2）填写变（配）电站内、线路上应合接地刀闸或应装接地线、应装绝缘挡板的编号和确切位置。
（3）填写变（配）电站内应装设遮栏以及应挂标示牌的名称和地点以及防止二次回路误碰等措施。

续表

6.1	调控或运维人员［变（配）电站、发电厂等］应采取的安全措施	已执行
持断开并采取可靠的绝缘遮蔽措施（带电配合）		√

6.2	工作班完成的安全措施	已执行
（1）拉开××泡塑厂 10kV 进线高压柜 101 开关并加锁，在开关操作处悬挂"禁止合闸，线路有人工作！"标示牌		√
（2）在 10kV 南山线双庙支 12 号杆工作点设置安全围栏悬挂"止步，高压危险！"标示牌，并在出入口悬挂"在此工作！""从此进出！"标示牌		√

6.3　工作班装设（或拆除）的接地线

线路名称、设备双重名称、装设位置	接地线编号	装拆情况		
××泡塑厂 10kV 进线高压柜 101 间隔	1014	装设人	监护人	装设时间
		王××	樊××	2024 年 04 月 13 日 09 时 30 分
		拆除人	监护人	拆除时间
		王××	樊××	2024 年 04 月 13 日 11 时 10 分
		装设人	监护人	装设时间
		拆除人	监护人	拆除时间

6.4	配合停电应采取的安全措施	已执行
无		

6.5　保留或邻近的带电线路、设备

10kV 南山线双庙支 12 号杆线路带电。

6.6　其他安全措施和注意事项

（1）【高处作业】作业人员登杆前认真核对杆（塔）号，应检查登杆工

（4）变（配）电站内和线路上均需采取安全措施时，为便于区分，应将变（配）电站内应采取的安全措施排在前面，线路上应采取的安全措施排在后面。

（5）涉及多个站所、多条线路和设备时，为避免混乱，各站所、线路和设备应逐一填写。例如：

1）变电站 A（如 110kV×变电站）：应断开×开关，应断×刀闸……

2）变电站 B（如 35kV×变电站）：应断开×开关，应断×刀闸……

3）10kV×线：应断开×开关；应在×装设接地线一组……

（6）变电站出线线路（电缆）工作涉及进线工作或借用变电站接地刀闸（接地线）作为工作班接地线的，则必须将变电站内开关、刀闸、接地等安全措施列入工作票中，不涉及以上工作的只填写"确认 10kV××线路转为检修状态"。

（7）配电设备上熔断器在保持断开状态时，可采用熔断器拉开摘下熔管或熔断器拉开不摘下熔管的方式，在操作处悬挂"禁止合闸，线路有人工作！"标示牌即可。

（8）美式箱式变电站高压开关拉开后不需要加锁，欧式箱式变电站高压开关拉开后可以加锁。

（9）环网柜开关拉开后不需要再加锁，隔离开关（刀闸）及接地刀闸操作把手处应加锁。

（10）在低压用电设备上停电工作前，配电箱工作断开断路器，是否需要取下断路器熔丝应按现场实际情况确定，如配电箱断器无熔丝的必须在配电箱门上加锁和悬挂标示牌。

已执行

以上安全措施完成后，工作负责人在接受许可时，应与工作许可人逐项核对确认并打"√"。

6.2 工作班完成的安全措施

（1）填写需要工作班操作停电的配电变压器及用户名称、应装设的遮栏（围栏）、交通警示牌等。

如：应拉开 10kV×线×配电变压器低压侧开关；在综合配电箱柜把手上悬挂"禁止合闸，线路有人工作！"标示牌；在×处装设围栏……没有则填写"无"。

（2）由工作班装设的工作接地线可仅在"6.3"栏填写。

已执行

安全措施完成后，工作负责人逐项核对确认并打"√"。

6.3 工作班装设（或拆除）的接地线

线路名称、设备双重名称、装设位置

（1）填写应装设工作接地线（包括 0.4kV）的确切位置、地点；如 10kV×线×号杆支线侧。

（2）各工作班工作地段两端和有可能送电到停电线路的分支线（包括用户）都要接接地线。

（3）配合停电的交叉跨越或邻近线路，在线路的交叉跨越或邻近处附近应装设一组接地；配合停电的同杆（塔）架设线路装设接地线要求与检修线路相同。

（4）工作地段无法装设工作接地线的，且与运维人员装设的接地线（接地刀闸）之间未连有断路器（开关）或熔断器，则运维人员装设的接地线（接地刀闸）可借用为工作接地线使用，不需要在本栏内再填写。

（5）若工作范围内均借用运维人员装设的接地线（接地刀闸）作为工作接地线使用，则本栏填写"无"。

接地线编号

（1）填写应装设的工作接地线（包括 0.4kV）的编号及电压等级。例：#01（10kV）。

（2）同一编号接地线不得重复。分段工作，同一编号的接地线可分段重复使用。

具、电杆横向裂纹和金具锈蚀等情况。登杆、转移过程中不得失去保护。杆上作业正确使用安全带。上杆后应检查横担和其他构件牢固情况，上下传递物件应用绳索拴牢传递，禁止上下抛物。

（2）【滑轮吊装】使用的滑车应有防止脱钩的保险装置，滑车应拴挂在牢固的结构物上。与带电设备保持 1m 以上安全距离。

（3）【安全距离】工作时与带电部位保持安全距离：10kV 大于 0.7m，设专人监护。

（4）【交通道口】在通行道路上设置警告标示牌，派人看管。

（5）【验电及装拆接地线】负责人得到许可人停电许可工作命令后，安排工作班成员持书面依据，现场核对线路名称或设备双重名称正确，核对接地线（接地刀闸）装设位置正确，正确进行验电、接地工作。使用的安全工器具应经检测合格并在有效期内，装设、拆除接地线应有人监护。

工作票签发人签名：王×× 　　　　　2024 年 04 月 12 日 14 时 10 分

工作票会签人签名：詹××（配电运检四班）

　　　　　　　　　　　　　　　2024 年 04 月 12 日 14 时 40 分

工作负责人签名：孙××　　　　　　2024 年 04 月 12 日 16 时 08 分

6.7　其他安全措施和注意事项补充（由工作负责人或工作许可人填写）

无。

7. 工作许可

许可的线路或设备	许可方式	工作许可人	工作负责人签名	工作许可时间
10kV 南山线双庙支 12 号杆	当面	吴××	孙××	2024 年 04 月 13 日 09 时 20 分

8. 现场交底，工作班成员确认工作负责人布置的工作任务、人员分工、安全措施和注意事项并签名

张××、王××、樊××、黄××、张××、陈××、阮×

9. 2024 年 04 月 13 日 09 时 35 分工作负责人确认工作票所列当前工作所需的安全措施全部执行完毕，下令开始工作。

（3）接地线编号在装设好接地线后由工作负责人在现场填写。

装设人、拆除人、监护人

装设、拆除接地线应有人监护，工作负责人将装设人、拆除人和监护人由工作负责人现场填写在工作票上，监护人利用手机拍摄的照片或者打印工作票 6.3 栏目页作为书面依据，装设（拆除）接地线结束时，监护人及时向工作负责人汇报，由工作负责人在工作票上记下装设（拆除）时间。

装设时间、拆除时间

（1）工作负责人依据现场工作班成员装设或拆除接地线完毕的时间填写。装设时间应在工作许可并完成安全交底之后，下达开始工作命令之前；拆除时间工作终结时间之前。

（2）分段装设的接地线应根据工作区段转移情况逐段填写。

（3）接地线装、拆时间填写应采用 24 小时制，填写年、月、日、时、分，如：2024 年 07 月 31 日 14 时 06 分。

6.4 配合停电线路应采取的安全措施

填写由非调控或运维人员负责的配合停电的线路名称及应断开的断路器（开关）、隔离开关（刀闸）、熔断器，应合上的接地刀闸或应装设的操作接地线。没有则填写"无"。

6.5 保留或邻近的带电线路、设备

应注明工作地点或地段保留或邻近的带电线路、设备的电压等级、双重名称及杆（塔）号，主要填写以下内容：

（1）邻近或交叉跨越的带电线路、设备名称（双重号）。

（2）发电厂、变电站出口停电线路两侧的邻近带电线路。

（3）与工作地段邻近、平行或交叉且有可能误登误触的带电线路及设备。

（4）拉开后一侧有电、一侧无电的配电设备。如柱上开关、闸刀、跌落式熔断器等。

（5）变（配）电站、开关站内的配电设备工作，应填写工作地点及周围所保留的带电部位、带电设备名称。工作地点的低压交直流电源也应注明和交代清楚。

（6）没有则填写"无"。

6.6 其他安全措施和注意事项

根据工作现场的具体情况而采取的一些安全措施或有关安全注意事项。

如：装设个人保安接地线；在杆下装设临时围栏；防止倒杆应装设临时拉线；线路交跨处、邻近带电设备的安全距离提示；起重作业、高处作业、有限空间作业、电气试验作业、放线撤线作业等现场的安全注意事项；在道路上放置提醒来往车辆和行人注意安全的交通警示牌等。

工作票签发人签名、工作负责人签名

确认工作票 1～6.6 项无误后，工作票签发人和工作负责人在签名栏内签名，并在时间栏内填入相应时间。"双签发"时应履行同样手续。

6.7 其他安全措施和注意事项补充（由工作负责人或工作许可人填写）

工作负责人或工作许可人根据现场的实际情况，补充安全措施和注意事项。无补充内容时填写"无"。

7.【工作许可】

（1）工作许可人和工作负责人分别在各自收执的工作票上填写许可的线路或设备名称、许可方式、工作许可人、工作负责人、许可工作时间。

（2）同一时间、相同停电范围，有多家单位或同一单位的不同班组分别持票进行施工作业时，设

10. 工作任务单登记

工作任务单编号	工作任务	小组负责人	工作许可时间	工作结束报告时间
无			____年__月__日__时__分	____年__月__日__时__分

11. 人员变更

11.1 工作负责人变动情况

原工作负责人_____离去，变更为工作负责人_____。

工作票签发人：_____　　　　　　　____年__月__日__时__分

原工作负责人签名确认：_____

新工作负责人签名确认：_____　　　　____年__月__日__时__分

11.2 工作人员变动情况

2024 年 04 月 13 日 10 时 12 分王××离开（工作负责人签名：孙××）

工作负责人签名：李××

12. 工作票延期

有效期延长到_____年__月__日__时__分。

工作负责人签名：_____　　　　　　____年__月__日__时__分

工作许可人签名：_____　　　　　　____年__月__日__时__分

13. 每日开工和收工时间（使用一天的工作票不必填写）

收工时间	工作负责人	工作许可人	开工时间	工作许可人	工作负责人

14. 工作终结

14.1 工作班现场所装设接地线（接地刀闸）共 1 组、个人保安线共 0 组

备运维管理单位指派的工作许可人应为同一人。

（3）各工作许可人应在完成工作票所列由其负责的停电和装设接地线等安全措施后，方可发出许可工作的命令。

许可方式

（1）配网停电作业应采取现场当面许可。许可过程均应做好录音。

（2）填用配电第二种工作票的配电线路地面工作，可不履行工作许可手续。持配电第二种工作票进入配电站所工作，应办理工作许可手续。

工作许可时间

工作许可时间不得早于计划工作开始时间。

8.【现场交底签名】

（1）工作班成员在明确了工作负责人和小组负责人交代的工作内容、人员分工、带电部位、现场布置的安全措施和工作的危险点及防范措施后，每个工作班成员在工作负责人所持工作票的本栏签名，不得代签。

（2）一张工作票多小组工作，使用工作任务单时，由各小组负责人在工作票上签名，其他小组成员分别在对应的工作任务单上签名。

9.【下令开始工作】

工作负责人确认工作票所列当前工作所需的安全措施一栏的时间，应为调度运维以及工作班所做的安全措施全部执行完毕之后，下令开始工作的时间。

10.【工作任务单登记】

若一张工作票下设多个小组工作，应将所有工作任务单编号、工作任务、小组负责人、工作许可时间、工作结束报告时间。没有则填"无"。

小组负责人

小组负责人应具备工作负责人资格。

工作许可时间

工作许可时间不应在下令开始工作时间之前。

工作结束报告时间

工作结束报告时间应在工作票终结时间之前。

11.【人员变更】工作负责人变动情况

（1）工作票签发人同意，在工作票上填写离去和变更的工作负责人姓名及变动时间，同时通知全体作业人员及工作许可人。

（2）工作票签发人无法当面办理，应通过电话通知工作许可人，由工作许可人和原工作负责人在各自所持工作票上填写工作负责人变更情况，并代工作票签发人签名。

（3）工作负责人的变动必须是在该工作票许可之后，如在工作票许可之前需变更工作负责人，则应由工作票签发人重新签发工作票。

工作人员变动情况

（1）班组人员每次发生变动，工作负责人要在工作票上即时注明变动情况（变更人员姓名、变动时间）并签名，不得最后一并签名。

（2）新增人员在明确了工作内容、人员分工、带电部位、现场安全措施和工作的危险点及防范措施，在工作负责人所持工作票第8栏签名确认后方可参加工作。

12.【工作票延期】

工作需延期，应在工作计划结束时间前由工作负责人向工作许可人提出申请，办理延期手续。对于需经调度许可的工作，工作许可人还应得到调度许可后，方可与工作负责人办理工作票延期手续。工作票只能延期一次。

13.【每日开工和收工时间（使用一天的工作票不必填写）】

（1）填写每日收工时间及次日开工时间，工作负责人、工作许可人分别签名确认。

已全部拆除，工作班布置的其他安全措施已恢复，工作班人员已全部撤离现场，材料工具已清理完毕，杆塔、设备上已无遗留物。

14.2　工作终结报告

终结的线路或设备	报告方式	工作负责人	工作许可人	终结报告时间
10kV 南山线双庙支 12 号杆	当面	孙××	吴××	2024 年 04 月 13 日 11 时 10 分

15. 工作票终结

已拆除工作许可人现场所挂 <u>无</u>（编号）接地线共 <u>0</u> 组；已拉开无（编号）接地刀闸共 <u>0</u> 副。

工作票于 <u>2024</u> 年 <u>04</u> 月 <u>13</u> 日 <u>11</u> 时 <u>30</u> 分结束。

工作许可人：<u>吴××</u>

16. 负责监护

指定专责监护人	被监护人	负责监护（地点及具体工作）
陈××	张××、王××	在 10kV 南山线双庙支 12 号杆上跌落式熔断器更换为柱上开关作业

17. 其他事项

<u>无。</u>

（2）每日收工，工作负责人应得到小组负责人或全部工作班成员当日工作结束的报告，开好收工会并全部撤离工作现场后，向许可人汇报；次日复工时，工作负责人应经许可人同意并重新复核安全措施无误后方可工作。

（3）涉及多名工作许可人的工作，各工作许可人均应与工作负责人分别填写。

14.【工作终结】

（1）填写拆除的所有工作接地线和个人保安线数量。

1）工作结束后，工作负责人（包括小组负责人）应检查工作地段的状况，确认没有遗留个人保安线和其他工器具、材料，全部工作人员已撤离，并经验收合格后方可命令拆除工作接地线等安全措施。

2）接地线拆除后，任何人不得再登杆工作或在设备上工作。

（2）工作终结报告。

1）工作终结后，工作负责人应及时报告工作许可人，若有其他单位的设备配合停电，还应及时通知配合停电设备运行管理单位的停电联系人。工作终结报告应当面进行。

2）报告结束后，工作许可人和工作负责人分别在各自收执的工作票上填写终结的线路或设备的名称、报告方式、工作负责人、工作许可人和终结报告时间，办理工作终结手续。工作一旦终结，任何工作人员不得进入工作现场。

15.【工作票终结】

（1）填写拆除由工作许可人负责装设的接地线和接地刀闸编号、数量，以及工作票的终结时间。确认接地线和接地刀闸都已经拆除后，工作许可人签名。

（2）若不涉及接地线或接地刀闸，应在编号栏填"无"，在数量栏填"0"组（副），不得空白。

（3）拉开的接地刀闸编号栏应填写双重名称。

（4）工作票终结前，工作许可人在接到所有工作负责人的完工报告，实地检查确认停电范围内所有工作已结束，所有人员已撤离，所有接地线已拆除，与记录簿核对无误并做好记录后，方可下令拆除各侧安全措施。

（5）该项内容只需工作许可人所持票面填写。涉及多名工作许可人的工作票，各工作许可人负责各自所装设的接地线（接地刀闸）的拆除情况。

16.【负责监护】

（1）注明指定专责监护人、被监护人、负责监护地点及具体工作。如"指定专责监护人张三负责监护李四在 10kV×线×杆进行×工作"。

（2）对有触电危险、检修（施工）复杂容易发生事故的工作，如：在邻近带电线路和设备区域使用吊车、斗臂车等特种车辆的作业；有限空间作业等，应增设专责监护人，并确定其监护的人员和工作范围。

（3）该部分内容仅需在工作负责人所持工作票上填写。

17.【其他事项】

其他需要交代或需要记录的事项。例如：

（1）暂未拆除、继续使用的接地线由各工作许可人在各自所持工作票中备注。

（2）使用吊车的作业应在该栏注明吊车指挥人员。若在工作班成员栏目中已注明，则不需要在此填写。

3.3　10kV 杆上变压器更换

一、工作场景情况

（一）工作场景

10kV 古泉线 13 号塔古泉村配变更换。

（二）工作任务

杆上变压器更换：10kV 古泉线 13 号塔古泉村配变 200kVA 更换为 400kVA。

（三）票种选择建议

配电第一种工作票。

（四）人员分工及安排

本次工作有 1 个作业地点：10kV 古泉线 13 号塔。参与本次工作的共 10 人（含工作负责人），具体分工为：

方××（工作负责人）：负责工作的整体协调组织及作业现场安全监护。

陈××（专责监护人）：负责监护台架上更换杆上变压器工作。

白××（专责监护人）：负责监护吊车在邻近带电部位起吊作业。

钱××（吊车司机）：负责操作吊车。

刘××（司索工）：负责对吊车作业进行指挥。

韩××、王××，吴××、李××（工作班成员）：杆上变压器更换工作。

范××（工作班成员）：地面工作人员。

（五）场景接线图

10kV 杆上变压器更换场景接线图见图 3-3。

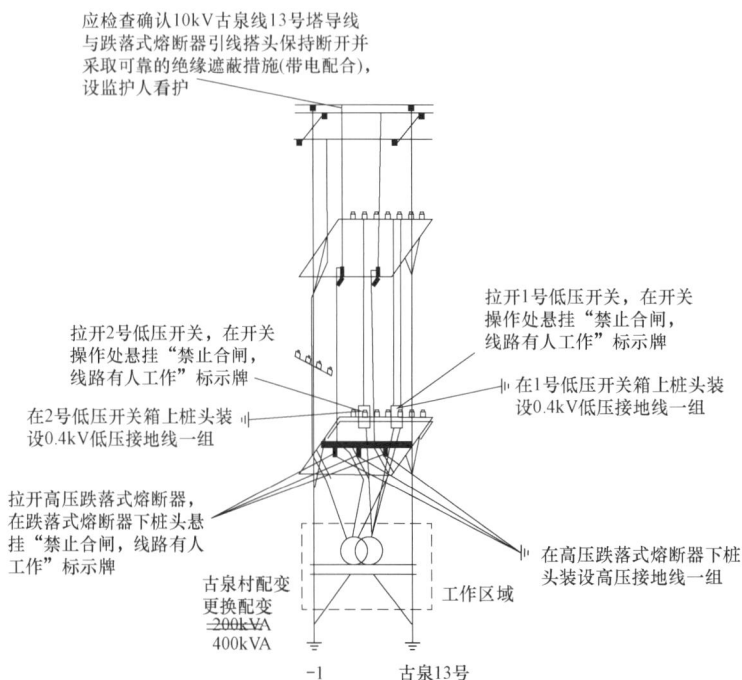

图 3-3　10kV 杆上变压器更换场景接线图

二、工作票样例

配 电 第 一 种 工 作 票

单　位：××××工程有限公司　　编　号：配Ⅰ202403002

1. 工作负责人：方××　　　　**班　组：**综合班组

2. 工作班人员（不包括工作负责人）

××××工程有限公司：韩××、王××、吴××、李××、范××、钱××（吊车司机）、刘××、白××、陈××

共 9 人

3. 停电线路或设备名称（多回线路应注明双重称号）

10kV 古泉线 13 号塔古泉村配变。

4. 工作任务

工作地点（地段）或设备［注明变（配）电站、线路名称、设备双重名称及起止杆号等］	工作内容
10kV 古泉线 13 号塔至 13-1-1 号杆古泉村配变	古泉村配变更换，200kVA 更换为 400kVA

5. 计划工作时间

自 2024 年 03 月 05 日 08 时 00 分 至 2024 年 03 月 05 日 12 时 00 分。

6. 安全措施［应该为检修状态的线路、设备名称、应断开的断路器（开关）、隔离开关（刀闸）、熔断器，应合上的接地刀闸，应装设的接地线、绝缘隔板、遮栏（围栏）和标示牌等，装设的接地线应明确具体位置，必要时可附页绘图说明］

6.1　调控或运维人员［变（配）电站、发电厂等］应采取的安全措施	已执行
（1）应拉开 10kV 古泉线 13 号塔古泉村配变低压侧 1 号开关	√
（2）应在 10kV 古泉线 13 号塔古泉村配变低压侧 1 号开关操作处悬挂"禁止合闸，线路有人工作！"标示牌	√
（3）应拉开 10kV 古泉线 13 号塔古泉村配变低压侧 2 号开关	√
（4）应在 10kV 古泉线 13 号塔古泉村配变低压侧 2 号开关操作处悬挂"禁止合闸，线路有人工作！"标示牌	√
（5）应检查确认 10kV 古泉线 13 号塔导线与跌落式熔断器引线保持断开并采取可靠的绝缘遮蔽措施（带电配合）	√
（6）应在 10kV 古泉线 13 号塔古泉村配变 1 号低压开关箱上桩头装设低压接地线一组#01（0.4kV）	√
（7）应在 10kV 古泉线 13 号塔古泉村配变 2 号低压开关箱上桩头装设低压接地线一组#02（0.4kV）	√
（8）应拉开 10kV 古泉线 13 号塔古泉村配变高压跌落式熔断器，并在跌落式熔断器下桩头悬挂"禁止合闸、线路有人工作！"标示牌	
（9）应在 10kV 古泉线 13 号塔古泉村配变高压跌落式熔断器下桩头装设高压接地线一组#01（10kV）	

6.2　工作班完成的安全措施	已执行
在 10kV 古泉线 13 号塔古泉村配变施工现场周围设安全围栏，悬挂"止步，高压危险"标示牌，并在出入口悬挂"在此工作""从此进出"标示牌	√

6.3　工作班装设（或拆除）的接地线

线路名称、设备双重名称、装设位置	接地线编号	装拆情况		
		装设人	监护人	装设时间
无				

（4）变（配）电站内和线路上均需采取安全措施时，为便于区分，应将变（配）电站内应采取的安全措施排在前面，线路上应采取的安全措施排在后面。

（5）涉及多个站所、多条线路和设备时，为避免混乱，各站所、线路和设备应逐一填写。例如：

1）变电站 A（如 110kV×变电站）：应断开×开关；应断开×刀闸……

2）变电站 B（如 35kV×变电站）：应断开×开关；应断开×刀闸……

3）10kV××线：应断开×开关；应在×装设接地线一组……

（6）变电站出线线路（电缆）工作涉及进站工作或借用变电站接地刀闸（接地线）作为工作班接地线的，则必须将变电站内开关、刀闸、接地等安全措施列入工作票中，不涉及以上工作的只填写"确认 10kV××线路转为检修状态"。

（7）配电设备上熔断器在保持断开状态时，可采用熔断器拉开摘下熔管或熔断器拉开不摘下熔管的方式，在操作处悬挂"禁止合闸，线路有人工作！"标示牌即可。

（8）美式箱式变电站高压开关拉开后不需要加锁，欧式箱式变电站高压开关拉开后可以加锁。

（9）环网柜开关拉开后不需要再加锁，隔离开关（刀闸）及接地刀闸操作把手处应加锁。

（10）在低压用电设备上停电工作前，配电箱工作断开断路器，是否需要取下断路器熔丝应按现场实际情况确定，如配电箱断路器无熔丝的必须在配电箱门上加锁和悬挂标示牌。

已执行

以上安全措施完成后，工作负责人在接受许可时，应与工作许可人逐项核对确认并打"√"。

6.2 工作班完成的安全措施

（1）填写需要工作班操作停电的配电变压器及用户名称、应装设的遮栏（围栏）、交通警示牌等。

如：应拉开 10kV×线×配电变压器低压侧开关；在综合配电箱柜把手上悬挂"禁止合闸，线路有人工作！"标示牌；在×处装设围栏……没有则填写"无"。

（2）由工作班装设的工作接地线可仅在"6.3"栏填写。

已执行

安全措施完成后，工作负责人逐项核对确认并打"√"。

6.3 工作班装设（或拆除）的接地线

线路名称、设备双重名称、装设位置

（1）填写应装设工作接地线（包括 0.4kV）的确切位置、地点；如 10kV×线×号杆支线侧。

（2）各工作班工作地段两端和有可能送电到停电线路的分支线（包括用户）都要挂接地线。

（3）配合停电的交叉跨越或邻近线路，在线路的交叉跨越或邻近处附近应装设一组接地线；配合停电的同杆（塔）架设线路装设接地线要求与检修线路相同。

（4）工作地段无法装设工作接地线的，且与运维人员装设的接地线（接地刀闸）之间未连有断路器（开关）或熔断器，则运维人员装设的接地线（接地刀闸）可借用为工作接地线使用，不需要在本栏内再填写。

（5）若工作范围内均借用运维人员装设的接地线（接地刀闸）作为工作接地线使用，则本栏填写"无"。

接地线编号

续表

6.3　工作班装设（或拆除）的接地线

线路名称、设备双重名称、装设位置	接地线编号	装拆情况		
无		拆除人	监护人	拆除时间
		装设人	监护人	装设时间
		拆除人	监护人	拆除时间

6.4　配合停电线路应采取的安全措施	已执行
无	

6.5　保留或邻近的带电线路、设备

10kV 古泉线 13 号塔引线搭接线路带电运行。

6.6　其他安全措施和注意事项

（1）【安全距离】工作时与邻近带电部分保持安全距离：10kV 大于 0.7m，设专人监护。

（2）【高处作业】作业人员登杆前认真核对杆（塔）号，应检查登杆工具、电杆横向裂纹和金具锈蚀等情况。登杆、转移过程中不得失去保护。杆上作业正确使用安全带。上杆后应检查横担和其他构件牢固情况，上下传递物件应用绳索拴牢传递，禁止上下抛掷。

（3）【起重作业】起重作业应由专人指挥，起吊过程中，在吊臂和起吊物下方禁止有人行走或停留，在起重工作区域内禁止工作无关人员行走或停留。起重时与 10kV 带电部分保持 2.0m 安全距离。

工作票签发人签名：史×× 　　　2024 年 03 月 03 日 14 时 10 分

工作票会签人签名：靳×× 　　　2024 年 03 月 03 日 14 时 40 分

工作负责人签名：方×× 　　　2024 年 03 月 03 日 16 时 08 分

（1）填写应装设的工作接地线（包括 0.4kV 的）的编号及电压等级。例：#01（10kV）。

（2）同一编号接地线不得重复。分段工作，同一编号的接地线可分段重复使用。

（3）接地线编号在装设好接地线后由工作负责人在现场填写。

装设人、拆除人、监护人

装设、拆除接地线应有人监护，工作负责人将装设人、拆除人和监护人由工作负责人现场填写在工作票上，监护人利用手机拍摄的照片或者打印工作票 6.3 栏目页作为书面依据，装设（拆除）接地线结束时，监护人及时向工作负责人汇报，由工作负责人在工作票上记下装设（拆除）时间。

装设时间、拆除时间

（1）工作负责人依据现场工作班成员装设或拆除接地线完毕的时间填写。装设时间应在工作许可并完成安全交底之后，下达开始工作命令之前；拆除时间工作终结时间之前。

（2）分段装设的接地线应根据工作区段转移情况逐段填写。

（3）接地线装、拆时间填写应采用 24 小时制，填写年、月、日、时、分，如：2024 年 07 月 31 日 14 时 06 分。

6.4 配合停电线路应采取的安全措施

填写由非调控或运维人员负责的配合停电的线路名称及应断开的断路器（开关）、隔离开关（刀闸）、熔断器，应合上的接地刀闸或应装设的操作接地线。没有则填写"无"。

6.5 保留或邻近的带电线路、设备

应注明工作地点或地段保留或邻近的带电线路、设备的电压等级、双重名称及杆（塔）号，主要填写以下内容：

（1）邻近或交叉跨越的带电线路、设备名称（双重称号）。

（2）发电厂、变电站出口停电线路两侧的邻近带电线路。

（3）与工作地段邻近、平行或交叉且有可能误登误触的带电线路及设备。

（4）拉开后一侧有电、一侧无电的配电设备。如柱上开关、闸刀、跌落式熔断器等。

（5）变（配）电站、开闭所内的配电设备工作，应填写工作地点及周围所保留的带电部位、带电设备名称。工作地点的低压交直流电源也应注明和交代清楚。

（6）没有则填写"无"。

6.6 其他安全措施和注意事项

根据工作现场的具体情况而采取的一些安全措施或有关安全注意事项。

如：装设个人保安接地线；在杆下装临时围栏；防止倒杆应临时拉线；线路交叉处、邻近带电设备的安全距离提示；起重作业、高处作业、有限空间作业、电气试验作业、放线撤线作业等现场的安全注意事项；在道路上放置提醒来往车辆和行人注意安全的交通警示牌等。

工作票签发人签名、工作负责人签名

确认工作票 1～6.6 项无误后，工作票签发人和工作负责人在签名栏内签名，并在时间栏内填入相应时间。"双签发"时应履行同样手续。

6.7　其他安全措施和注意事项补充（由工作负责人或工作许可人填写）

　　无。_____

7. 工作许可

许可的线路或设备	许可方式	工作许可人	工作负责人签名	工作许可时间
10kV 古泉线 13 号塔至 13-1-1 号杆古泉村配变	当面	郑××	方××	2024 年 03 月 05 日 08 时 25 分

8. 现场交底，工作班成员确认工作负责人布置的工作任务、人员分工、安全措施和注意事项并签名

　　韩××、王××、吴×、李××、范××、钱××、刘××、白××、陈××、冯×× _____

9. 2024 年 03 月 05 日 08 时 42 分工作负责人确认工作票所列当前工作所需的安全措施全部执行完毕，下令开始工作。

10. 工作任务单登记

工作任务单编号	工作任务	小组负责人	工作许可时间	工作结束报告时间
无			___年___月___日___时___分	___年___月___日___时___分

11. 人员变更

11.1　工作负责人变动情况

　　原工作负责人_____离去，变更为工作负责人_____。

工作票签发人：_____　　　　_____年___月___日___时___分

原工作负责人签名确认：_____

新工作负责人签名确认：_____　　　　_____年___月___日___时___分

11.2　工作人员变动情况

2024 年 03 月 05 日 09 时 14 分 冯×× 加入 （工作负责人签名：方××）

2024 年 03 月 05 日 09 时 10 分 范××离开 （工作负责人签名：方××）

工作负责人签名：方××

12.　工作票延期

有效期延长到_____年___月___日___时___分。

工作负责人签名：_____　　　　　　_____年___月___日___时___分

工作许可人签名：_____　　　　　　_____年___月___日___时___分

13.　每日开工和收工时间（使用一天的工作票不必填写）

收工时间	工作负责人	工作许可人	开工时间	工作许可人	工作负责人

14.　工作终结

14.1　工作班现场所装设接地线（接地刀闸）共 0 组、个人保安线共 0 组已全部拆除，工作班布置的其他安全措施已恢复，工作班人员已全部撤离现场，材料工具已清理完毕，杆塔、设备上已无遗留物。

14.2　工作终结报告

终结的线路或设备	报告方式	工作负责人	工作许可人	终结报告时间
10kV 古泉线 13 号塔至 13-1-1 号杆古泉村配变	当面	方××	丁××	2024 年 03 月 05 日 11 时 00 分

15.　工作票终结

已拆除工作许可人现场所挂#01（10kV）、#01（0.4kV）、#02（0.4kV）（编号）接地线共 3 组；已拉开 无 （编号）接地刀闸共 0 副。

工作人员变动情况
（1）班组人员每次发生变动，工作负责人要在工作票上即时注明变动情况（变更人员姓名、变更时间）并签名，不得最后一并签名。
（2）新增人员在明确了工作内容、人员分工、带电部位、现场安全措施和工作的危险点及防范措施，在工作负责人所持工作票第8栏签名确认后方可参加工作。

12.【工作票延期】
工作需延期，应在工作计划结束时间前由工作负责人向工作许可人提出申请，办理延期手续。对于需经调度许可的工作，工作许可人还应得到调度许可后，方可与工作负责人办理工作票延期手续。工作票只能延期一次。

13.【每日开工和收工时间（使用一天的工作票不必填写）】
（1）填写每日收工时间及次日开工时间，工作负责人、工作许可人分别签名确认。
（2）每日收工，工作负责人应得到小组负责人或全部工作班成员当日工作结束的报告，开好收工会并全部撤离工作现场后，向许可人汇报；次日复工时，工作负责人应经许可人同意并重新复核安全措施无误后方可工作。
（3）涉及多名工作许可人的工作，各工作许可人均应与工作负责人分别填写。

14.【工作终结】
（1）填写拆除的所有工作接地线和个人保安线数量。
1）工作结束后，工作负责人（包括小组负责人）应检查工作地段的状况，确认没有遗留个人保安线和其他工具、材料，全部工作人员已撤离，并经验收合格后方可命令拆除工作接地线等安全措施。
2）接地线拆除后，任何人不得再登杆工作或在设备上工作。
（2）工作终结报告。
1）工作终结后，工作负责人应及时报告工作许可人，若有其他单位的设备配合停电，还应及时通知配合停电设备运行管理单位的停电联系人。工作终结报告应当面进行。
2）报告结束后，工作许可人和工作负责人分别在各自收执的工作票上填写终结的线路或设备的名称、报告方式、工作负责人、工作许可人和结报告时间，办理工作终结手续。工作一旦终结，任何工作人员不得进入工作现场。

15.【工作票终结】
（1）填写拆除由工作许可人负责装设的接地线和接地刀闸编号、数量，以及工作票的终结时间。确认接地线和接地刀闸都已经拆除后，工作许可人签名。
（2）若不涉及接地线或接地刀闸，应在编号栏填"无"，在数量栏填"0"组（副），不得空白。
（3）拉开的接地刀闸编号栏应填写双重名称。
（4）工作票终结前，工作许可人在接到所有工作负责人的完工报告，实地检查确认停电范围内所有工作已结束，所有人员已撤离，所有接地线已拆除，与记录簿核对无误并做好记录后，方可下令拆除各侧安全措施。
（5）该项内容只需工作许可人所持票面填写。涉及多名工作许可人的工作票，各工作许可人负责各自所装设的接地线（接地刀闸）的拆除情况。

工作票于 <u>2024</u> 年 <u>03</u> 月 <u>05</u> 日 <u>11</u> 时 <u>30</u> 分结束。

工作许可人：<u>丁××</u>

16. 负责监护

指定专责 监护人	被监护人	负责监护（地点及具体工作）
陈××	韩××、王××， 吴××、李××	在架上邻近带电线路工作
白××	钱××	操作吊车在邻近带电部位起吊作业

16.【负责监护】

（1）注明指定专责监护人、被监护人、负责监护地点及具体工作。如"指定专责监护人张三负责监护李四在 10kV×线×杆进行×工作"。

（2）对有触电危险、检修（施工）复杂容易发生事故的工作，如：在邻近带电线路和设备区域使用吊车、斗臂车等特种车辆的作业；有限空间作业等，应增设专责监护人，并确定其监护的人员和工作范围。

（3）该部分内容仅需在工作负责人所持工作票上填写。

17. 其他事项

<u>刘××负责指挥钱××操作吊机起吊工作。</u>

17.【其他事项】

其他需要交代或需要记录的事项。例如：

（1）暂未拆除、继续使用的接地线由各工作许可人在各自所持工作票中备注。

（2）使用吊车的作业应在该栏注明吊车指挥人员。若在工作班成员栏目已注明，则不需要在此填写。

3.4　10kV 环网柜更换

一、工作场景情况

（一）工作场景

10kV 恒嘉路 1 号线 1 号环网柜更换。

（二）工作任务

终端拆除：10kV 恒嘉路 1 号线 1 号环网柜 101、111、102 间隔处，电缆终端拆除。

环网柜更换：10kV 恒嘉路 1 号线 1 号环网柜处，拆除旧环网柜，安装新环网柜。

终端制作：10kV 恒嘉路 1 号线 1 号环网柜 101、111、102 间隔处，电缆终端复装与制作。

电缆试验：10kV 恒嘉路 1 号线 1 号环网柜 111、102 间隔电缆试验。

电缆搭接：① 10kV 恒嘉路 1 号线 2 号环网柜 101 间隔电缆头拆搭；② 10kV××公司配电房 101 间隔电缆头拆搭。

（三）票种选择建议

配电第一种工作票。

（四）人员分工及安排

本次工作有 3 个作业地点，可以采取工作任务单或设置专责监护人。本张工作票选择设置专责监护人。参与本次工作的共 10 人（含工作负责人），具体分工为：

作业点 1：10kV 恒嘉路 1 号线 1 号环网柜。

李××（工作负责人）：负责工作的整体协调组织，负责监护王××、张××，在电缆试验时对陈××进行监护。

钱××（吊车司机）：负责操作吊车。

杨××（工作班成员）：负责对钱××进行指挥。

陈××（工作班成员）：负责进行电缆试验。

王××、张××（工作班成员）：电缆沟内敷设，制作电缆终端工作。

作业点 2：10kV 恒嘉路 1 号线 2 号环网柜 101 间隔。

甲××（专责监护人）：负责对孙××进行监护。

孙××（工作班成员）：拆搭电缆终端。

作业点 3：10kV××公司配电房 101 间隔。

乙××（专责监护人）：负责对赵××进行监护。

赵××（工作班成员）：拆搭电缆终端。

（五）场景接线图

10kV 环网柜更换场景接线图见图 3-4。

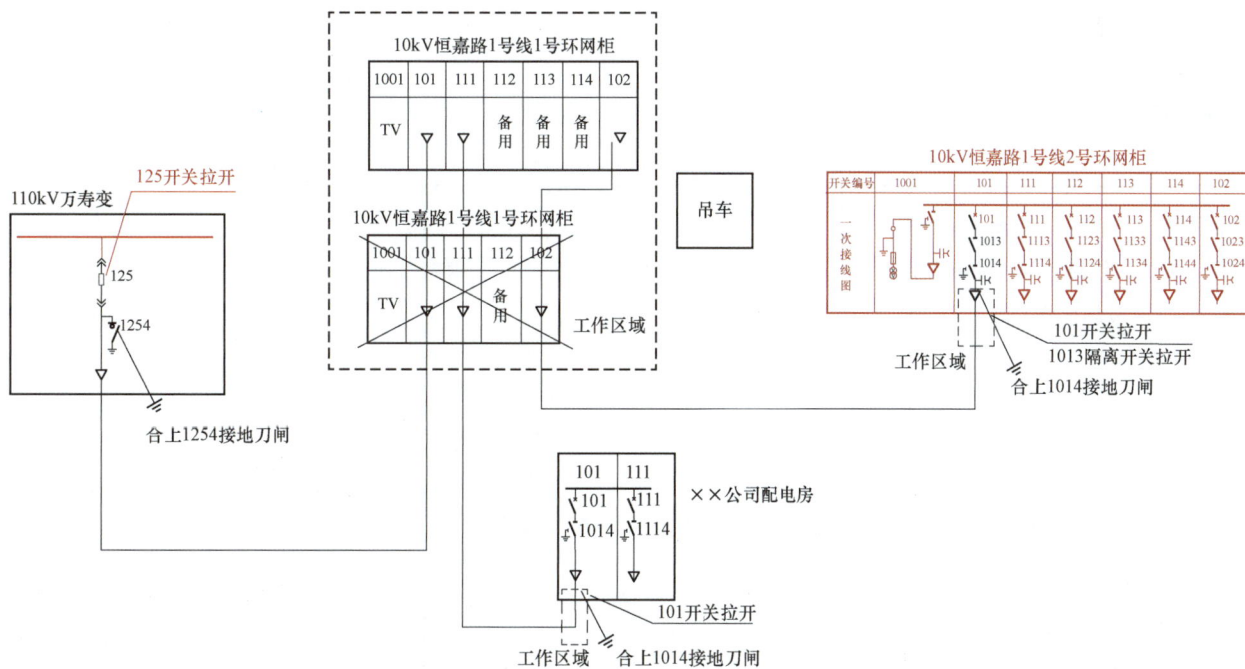

图 3-4　10kV 环网柜更换场景接线图

二、工作票样例

配电第一种工作票

单　位：××××工程有限公司　　编　号：配 I202402002

1. 工作负责人：李××　　　　班　组：综合班组

【票种选择】

本次作业为配电停电工作，使用配电第一种工作票，无需增持其他票种。

1.【班组】

对于包含工作负责人在内有两个及以上的班组人员共同进行的工作，应填写"综合班组"。

2. 工作班人员（不包括工作负责人）

×××× 工程有限公司：陈××

×××× 工程有限公司：王××、张××、孙××、赵××、杨××、甲××、乙××

×××× 设备租赁有限公司：钱××

共 9 人

2.【工作班人员】

人员应取得准入资质，安排的人员应进行承载力分析，确保人数适当、充足；如有特种作业应安排具备相应资质的特种作业人员。不同单位需分行填写。

3. 停电线路或设备名称（多回线路应注明双重称号）

110kV 万寿变 10kV 恒嘉路 1 号线 125 开关至 10kV 恒嘉路 1 号线 1 号环网柜 101 间隔、10kV 恒嘉路 1 号线 2 号环网柜 101 间隔至 10kV 恒嘉路 1 号线 1 号环网柜 102 间隔、×× 公司配电房至 10kV 恒嘉路 1 号线 1 号环网柜 111 间隔。

3.【停电线路或设备名称（多回线路应注明双重称号）】

（1）填写停电的配电线路电压等级、名称（多回线路应注明双重称号）、设备双重名称、起止杆号。

（2）填写停电的环网柜、开关站、箱式变电站等配电设备的电压等级、双重名称或停电范围。

（3）若全线（包括支线）停电，填写主线和支线。

（4）填的配电线路名称、设备双重名称应与现场相符（包括电压等级）。

4. 工作任务

工作地点（地段）或设备［注明变（配）电站、线路名称、设备双重名称及起止杆号等］	工作内容
10kV 恒嘉路 1 号线 1 号环网柜	环网柜更换、自动化调试；101 间隔电缆终端复装；111 间隔制作电缆终端、电缆试验、搭接；102 间隔制作电缆终端、电缆试验、搭接；孔洞封堵
10kV 恒嘉路 1 号线 2 号环网柜	101 间隔电缆终端拆搭及孔洞封堵
10kV ×× 公司配电房	101 间隔电缆终端拆搭及孔洞封堵

4.【工作任务】工作地点（地段）或设备［注明变（配）电站、线路名称、设备双重名称及起止杆号等］

（1）配电线路工作：填写工作线路（包括有工作的分支线路等）电压等级、名称（同杆双回或多回线路应注明线路位置称号）、工作地段起止杆号。

（2）配电设备工作：填写工作的变电站、环网柜、配电房、开关站等设备的电压等级、名称及检修工作区域和检修设备的双重名称，填写的设备名称应与现场相符（包括电压等级）。

工作内容

（1）工作内容应填写明确，术语规范，且不得超出相应停电申请单中的工作内容。

（2）应写明工作性质、内容［如：迁移、立杆、放线、更换架空地线、更换变压器、拆除（恢复）线路搭头等］。

（3）工作内容应填写完整，不得省略。消缺工作应写明消缺具体内容（例如处理×耐张搭头，更换×避雷器等），不得以维修、消缺等模糊词语涵盖工作内容。

（4）变（配）电站内和线路上均有工作时，为便于区分，应将变（配）电站的工作地点、工作内容排在前面，线路工作地点及内容排在站所工作的后面。

（5）不同工作地点的工作，应分行填写；工作地点与工作内容应一一对应。

5. 计划工作时间

自 2024 年 02 月 05 日 08 时 00 分 至 2024 年 02 月 05 日 16 时 00 分。

5.【计划工作时间】

填写计划检修起始时间和结束时间，该时间应在调度批准的检修时间段内。

6. 安全措施［应该为检修状态的线路、设备名称、应断开的断路器（开关）、隔离开关（刀闸）、熔断器，应合上的接地刀闸，应装设的接地线、绝缘隔板、遮栏（围栏）和标示牌等，装设的接地线应明确具体位置，必要时可附页绘图说明］

6.【安全措施】6.1 调控或运维人员［变（配）电站、发电厂等］应采取的安全措施

（1）填写涉及的变（配）电站或线路名称以及由调度或运维人员操作的各侧（包括变电站、配电站、用户站、各分支线路）断路器（开关）、隔离开关（刀闸）、熔断器，自动化设备控制电源、操作电源。

（2）填写变（配）电站内、线路上应合接地刀闸或应装接地线、应装绝缘挡板的编号和确切位置。

6.1 调控或运维人员［变（配）电站、发电厂等］应采取的安全措施	已执行
（1）110kV 万寿变	
1）应拉开 125 开关；将 125 开关手车摇至"试验"位置	√
2）应在 125 开关、125 开关手车操作处悬挂"禁止合闸，线路有人工作！"标示牌	√
3）应合上 10kV 恒嘉路 1 号线 1254 线路接地刀闸	√
（2）10kV 恒嘉路 1 号线 2 号环网柜	
1）应拉开 101 开关	√
2）应在 101 开关、101 开关手车操作处悬挂"禁止合闸，线路有人工作！"标示牌	√
3）应拉开 1013 隔离开关并加锁	√
4）应在 1013 隔离开关操作处悬挂"禁止合闸，线路有人工作！"标示牌	√
5）应合上 10kV 恒嘉路 1 号线 2 号环网柜 1014 接地刀闸并加锁	√
6）应将 101 开关自动化装置由"远方"切至"就地"位置，将开关的电动操作机构电源空气开关拉开	√

6.2 工作班完成的安全措施	已执行
（1）在 10kV 恒嘉路 1 号线 2 号环网柜 101 设临时围栏，面向工作地点设"止步、高压危险！"标示牌，并在临时围栏出入口悬挂"在此工作！""从此进出！"标示牌。在 10kV 恒嘉路 1 号 125 线 2 号环网柜 101 间隔工作地点处设"在此工作！"标示牌	√
（2）在 10kV 恒嘉路 1 号 125 线 2 号环网柜 101 间隔相邻的 1001、111 间隔悬挂"止步、高压危险！"标示牌	√
（3）在 10kV 恒嘉路 1 号线 1 号环网柜周围设立临时围栏，面向围栏外面悬挂"止步、高压危险！"标示牌，并在出入口悬挂"在此工作！""从此进出！"标示牌	√
（4）拉开 10kV××公司配电房 101 开关并加锁	√

（3）填写变（配）电站内应装设遮栏以及应挂标示牌的名称和地点以及防止二次回路误碰等措施。

（4）变（配）电站内和线路上均需采取安全措施时，为便于区分，应将变（配）电站内应采取的安全措施排在前面，线路上应采取的安全措施排在后面。

（5）涉及多个站所、多条线路和设备时，为避免混乱，各站所、线路和设备应逐一填写。例如：

1）变电站 A（如 110kV×变电站）：应断开×开关；应断开×刀闸……

2）变电站 B（如 35kV×变电站）：应断开×开关；应断开×刀闸……

3）10kV×线：应断开×开关；应在×装设接地线一组……

（6）变电站出线线路（电缆）工作涉及进站工作或借用变电站接地刀闸（接地线）作为工作班接地线的，则必须将变电站站内开关、刀闸、接地等安全措施列入工作票中，不涉及以上工作的只填写"确认 10kV××线路转为检修状态"。

（7）配电设备上熔断器在保持断开状态时，可采用熔断器拉开摘下熔管或熔断器拉开不摘下熔管的方式，在操作处悬挂"禁止合闸，线路有人工作！"标示牌即可。

（8）美式箱式变电站高压开关拉开后不需要加锁，欧式箱式变电站高压开关拉开后可以加锁。

（9）环网柜开关拉开后不需要再加锁，隔离开关（刀闸）及接地刀闸操作把手处应加锁。

（10）在低压用电设备上停电工作前，配电箱工作断开断路器，是否需要取下断路器熔丝应按现场实际情况确定，如配电断路器无熔丝的必须在配电箱门上加锁和悬挂标示牌。

已执行

以上安全措施完成后，工作负责人在接受许可时，应与工作许可人逐项核对确认并打"√"。

6.2 工作班完成的安全措施

（1）填写需要工作班操作停电的配电变压器及用户名称、应装设的遮栏（围栏）、交通警示牌等。如：应拉开 10kV×线×配电变压器低压侧开关；在综合配电箱柜门把手上悬挂"禁止合闸，线路有人工作！"标示牌；在×处装设围栏……没有则填写"无"。

（2）由工作班装设的工作接地线可仅在"6.3"栏填写。

已执行

安全措施完成后，工作负责人逐项核对确认并打"√"。

续表

6.2 工作班完成的安全措施	已执行
（5）在 10kV××公司配电房 101 开关操作处悬挂"禁止合闸，线路有人工作！"标示牌	√
（6）合上 10kV××公司配电房 101 间隔 1014 接地刀闸并加锁	√
（7）在 10kV××公司配电房 101 间隔工作地点周围设临时围栏，面向工作地点设"止步、高压危险！"标示牌，并在临时围栏出入口悬挂"在此工作！""从此进出！"标示牌。在 10kV××公司配电房 101 间隔工作地点处设"在此工作！"标示牌	√

6.3　工作班装设（或拆除）的接地线

线路名称、设备双重名称、装设位置	接地线编号	装拆情况		
10kV××公司配电房 1014 接地刀闸	1014	装设人	监护人	装设时间
		杨××	王××	2024 年 02 月 05 日 08 时 42 分
		拆除人	监护人	拆除时间
		杨××	王××	2024 年 02 月 05 日 15 时 00 分
		装设人	监护人	装设时间
		拆除人	监护人	拆除时间

6.4　配合停电线路应采取的安全措施	已执行
无	

6.5　保留或邻近的带电线路、设备

　　10kV 恒嘉路 1 号线 2 号环网柜 101 间隔母线侧及相邻的 1001、111 间隔带电运行。

6.6　其他安全措施和注意事项

　　（1）【安全距离】工作人员与带电设备保持安全距离 10kV 不小于 0.7m。

6.3 工作班装设（或拆除）的接地线

线路名称、设备双重名称、装设位置

（1）填写应装设工作接地线（包括 0.4kV）的确切位置、地点；如 10kV×线×号杆支线侧。

（2）各工作班工作地段两端和有可能送电到停电线路的分支线（包括用户）都要挂接地线。

（3）配合停电的交叉跨越或邻近线路，在线路的交叉跨越或邻近处附近应装设一组接地线；配合停电的同杆（塔）架设线路装设接地线要求与检修线路相同。

（4）工作地段无法装设工作接地线的，且与运维人员装设的接地线（接地刀闸）之间未连有断路器（开关）或熔断器，则运维人员装设的接地线（接地刀闸）可借用为工作接地线使用，不需要在本栏内再填写。

（5）若工作范围内均借用运维人员装设的接地线（接地刀闸）作为工作接地线使用，则本栏填写"无"。

接地线编号

（1）填写应装设的工作接地线（包括 0.4kV）的编号及电压等级。例：#01（10kV）。

（2）同一编号接地线不得重复。分段工作，同一编号的接地线可分段重复使用。

（3）接地线编号在装设好接地线后由工作负责人在现场填写。

装设人、拆除人、监护人

装设、拆除接地线应有人监护，工作负责人将装设人、拆除人和监护人由工作负责人现场填写在工作票上，监护人利用手机拍摄的照片或者打印工作票 6.3 栏目页作为书面依据，装设（拆除）接地线结束时，监护人及时向工作负责人汇报，由工作负责人在工作票上记下装设（拆除）时间。

装设时间、拆除时间

（1）工作负责人依据现场工作班成员装设或拆除接地线完毕的时间填写。装设时间应在工作许可并完成安全交底之后，下达开始工作命令之前；拆除时间工作终结时间之前。

（2）分段装设的接地线应根据工作区段转移情况逐段填写。

（3）接地线装、拆时间填写应采用 24 小时制，填写年、月、日、时、分，如：2024 年 07 月 31 日 14 时 06 分。

6.4 配合停电线路应采取的安全措施

填写由非调控或运维人员负责的配合停电的线路名称及应断开的断路器（开关）、隔离开关（刀闸）、熔断器，应合上的接地刀闸或应装设的操作接地线。没有则填写"无"。

6.5 保留或邻近的带电线路、设备

应注明工作地点或地段保留或邻近的带电线路、设备的电压等级、双重名称及杆（塔）号，主要填写以下内容：

（1）邻近或交叉跨越的带电线路、设备名称（双重称号）。

（2）发电厂、变电站出口停电线路两侧的邻近停电线路。

（3）与工作地段邻近、平行或交叉且有可能误登误触的带电线路及设备。

（4）拉开后一侧有电、一侧无电的配电设备。如柱上开关、闸刀、跌落式熔断器等。

（5）变（配）电站内、开关站内的配电设备工作，应填写工作地点及周围所保留的带电部位、带电设备名称。工作地点的低压交直流电源也应注明和交代清楚。

（2）【有限空间作业】未经通风和检测合格，任何人员不得进入有限空间作业。检测的时间不得早于作业开始前 30min。设置警示牌，配置安全防护装备、应急救援装备，经气体检测合格后施工人员方可进入工作并设专人监护，作业过程中应保持持续通风。

（3）【电缆试验】电缆试验前应确保被试电缆上无其他工作，所有人员应撤出并在被试电缆另一端设置围栏，向外悬挂"止步，高压危险！"标示牌，派专人看守，电缆试验前后应对被试电缆充分放电。

（4）【起重作业】起重作业应由专人指挥，起吊过程中，在吊臂和起吊物下方禁止有人行走或停留，在起重工作区域内禁止工作无关人员行走或停留。

（5）【验电及装拆接地线】负责人得到许可人停电许可工作命令后，安排工作班成员持书面依据，现场核对线路名称或设备双重名称正确，核对接地线（接地刀闸）装设位置正确，正确进行验电、接地工作。使用的安全工器具应经检测合格并在有效期内，装设、拆除接地线应有人监护。

工作票签发人签名：郑×× 　　　　2024 年 02 月 03 日 14 时 10 分

工作票会签人签名：周××（配电运检一班）

　　　　　　　　　　　　　　2024 年 02 月 03 日 14 时 40 分

工作负责人签名：李×× 　　　　2024 年 02 月 03 日 16 时 08 分

6.7　其他安全措施和注意事项补充（由工作负责人或工作许可人填写）

无。

7. 工作许可

许可的线路或设备	许可方式	工作许可人	工作负责人签名	工作许可时间
10kV 恒嘉路 1 号线 1 号环网柜	当面	郑××	李××	2024 年 02 月 05 日 08 时 38 分
10kV 恒嘉路 1 号线 2 号环网柜 101 间隔	当面	郑××	李××	2024 年 02 月 05 日 08 时 38 分
10kV ××公司配电房	当面	郑××	李××	2024 年 02 月 05 日 08 时 38 分

（6）没有则填写"无"。

6.6 其他安全措施和注意事项

根据工作现场的具体情况而采取的一些安全措施或有关安全注意事项。如：装设个人保安接地线；在杆下装设备时围栏；防止倒杆应设临时拉线；线路交跨处、临近带电设备的安全距离提示；起重作业、高处作业、有限空间作业、电气试验作业、放线撤线作业等现场的安全注意事项；在道路上放置提醒来往车辆和行人注意安全的交通警示牌等。

工作票签发人签名、工作负责人签名

确认工作票 1～6.6 项无误后，工作票签发人和工作负责人在签名栏内签名，并在时间栏内填入相应时间。"双签发"时应履行同样手续。

6.7 其他安全措施和注意事项补充（由工作负责人或工作许可人填写）

工作负责人或工作许可人根据现场的实际情况，补充安全措施和注意事项。无补充内容时填写"无"。

7.【工作许可】

（1）工作许可人和工作负责人分别在各自收执的工作票上填写许可的线路或设备名称、许可方式、工作许可人、工作负责人、许可工作时间。

（2）同一时间、相同停电范围，有多家单位或同一单位的不同班组分别持票进行施工作业时，设备运维管理单位指派的工作许可人应为同一人。

（3）各工作许可人应在完成工作票所列由其负责的停电和装设接地线等安全措施后，方可发出许可工作的命令。

许可方式

（1）配网停电作业应采取现场当面许可。许可过程中应做好录音。

（2）填用配电第二种工作票的配电线路地面工作，可不履行工作许可手续。持配电第二种工作票进入配电站所工作，应办理工作许可手续。

工作许可时间

工作许可时间不得早于计划工作开始时间。

8. 现场交底，工作班成员确认工作负责人布置的工作任务、人员分工、安全措施和注意事项并签名：

　　陈××、杨××、王××、张××、孙××、赵××、钱××、甲××、乙××、冯××

9. 2024 年 2 月 5 日 8 时 45 分工作负责人确认工作票所列当前工作所需的安全措施全部执行完毕，下令开始工作。

10. 工作任务单登记

工作任务单编号	工作任务	小组负责人	工作许可时间	工作结束报告时间
无			___年__月__日__时___分	___年__月__日__时___分

11. 人员变更

11.1　工作负责人变动情况

原工作负责人_____离去，变更为工作负责人_____。

工作票签发人：_____　　　　　　_____年__月__日__时___分

原工作负责人签名确认：_____

新工作负责人签名确认：_____　　　_____年__月__日__时___分

11.2　工作人员变动情况

　　2024 年 02 月 05 日 10 时 14 分 冯×× 加入（工作负责人签名：李××）

　　2024 年 02 月 05 日 10 时 12 分 王××离开（工作负责人签名：李××）

　　　　　　　　　　　　　　工作负责人签名：李××

12. 工作票延期

　　有效期延长到_____年__月__日__时___分。

工作负责人签名：_____　　　　　　_____年__月__日__时___分

右侧批注：

8.【现场交底签名】

（1）工作班成员在明确了工作负责人和小组负责人交代的工作内容、人员分工、带电部位、现场布置的安全措施和工作的危险点及防范措施后，每个工作班成员在工作负责人所持工作票的本栏签名，不得代签。

（2）一张工作票多小组工作，使用工作任务单时，由各小组负责人在工作票上签名，其他小组成员分别在对应的工作任务单上签名。

9.【下令开始工作】

工作负责人确认工作票所列当前工作所需的安全措施一栏的时间，应为调度运维以及工作班所做的安全措施全部执行完毕之后，下令开始工作的时间。

10.【工作任务单登记】

若一张工作票下设多个小组工作，应将所有工作任务单编号、工作任务、小组负责人、工作许可时间、工作结束报告时间。没有则填"无"。

小组负责人

小组负责人应具备工作负责人资格。

工作许可时间

工作许可时间不应在下令开始工作时间之前。

工作结束报告时间

工作结束报告时间应在工作票终结时间之前。

11.【人员变更】工作负责人变动情况

（1）工作票签发人同意，在工作票上填写离去和变更的工作负责人姓名及变动时间，同时通知全体作业人员及工作许可人。

（2）工作票签发人无法当面办理，应通过电话通知工作许可人，由工作许可人和原工作负责人在各自所持工作票上填写工作负责人变更情况，并代工作票签发人签名。

（3）工作负责人的变动必须是在该工作票许可后，如在工作票许可之前需变更工作负责人，则应由工作票签发人重新签发工作票。

工作人员变动情况

（1）班组人员每次发生变动，工作负责人要在工作票上即时注明变动情况（变更人员姓名、变更时间）并签名，不得最后一并签名。

（2）新增人员在明确了工作内容、人员分工、带电部位、现场安全措施和工作的危险点及防范措施，在工作负责人所持工作票第8栏签名确认后方可参加工作。

12.【工作票延期】

工作需延期，应在工作计划结束时间前由工作负责人向工作许可人提出申请，办理延期手续。对于需经调度许可的工作，工作许可人还应得到调度许可后，方可与工作负责人办理工作票延期手续。工作票只能延期一次。

工作许可人签名：_____　　　　　_____年__月__日__时__分

13. 每日开工和收工时间（使用一天的工作票不必填写）

收工时间	工作负责人	工作许可人	开工时间	工作许可人	工作负责人

14. 工作终结

14.1　工作班现场所装设接地线（接地刀闸）共 1 组、个人保安线共 0 组已全部拆除，工作班布置的其他安全措施已恢复，工作班人员已全部撤离现场，材料工具已清理完毕，杆塔、设备上已无遗留物。

14.2　工作终结报告

终结的线路或设备	报告方式	工作负责人	工作许可人	终结报告时间
10kV 恒嘉路 1 号线 1 号环网柜	当面	李××	郑××	2024 年 02 月 05 日 15 时 30 分
10kV 恒嘉路 1 号线 2 号环网柜 101 间隔	当面	李××	郑××	2024 年 02 月 05 日 15 时 30 分

15. 工作票终结

已拆除工作许可人现场所挂 无 （编号）接地线共 0 组；已拉开 10kV 恒嘉路 1 号线 2 号环网柜 1014 接地刀闸（编号）接地刀闸共 1 副。

工作票于 2024 年 02 月 05 日 16 时 00 分结束。

工作许可人：李××

16. 负责监护

指定专责监护人	被监护人	负责监护（地点及具体工作）
甲××	孙××	在恒嘉路 1 号线 2 号环网柜 101 间隔拆搭电缆终端

续表

指定专责监护人	被监护人	负责监护（地点及具体工作）
乙××	赵××	在10kV××公司配电房101间隔拆搭电缆终端

17. 其他事项

杨××负责指挥钱××吊机起吊工作。

3.5　箱式变电站更换

一、工作场景情况

（一）工作场景

10kV金开2号线街道箱式变电站（以下简称街道变，用户资产）更换。

（二）工作任务

终端拆除：10kV金开2号线街道变［美式箱式变电站（以下简称美式箱变）］高压电缆室处，电缆终端拆除。

箱式变电站更换：10kV金开2号线街道变处，拆除旧美式箱变，安装新欧式箱式变电站（以下简称欧式箱变）。

终端复装：10kV金开2号线街道变（欧式箱变）101间隔处，电缆终端复装。

（三）票种选择建议

配电第一种工作票。

（四）人员分工及安排

本次工作有1个作业地点：10kV金开2号线街道变，无需采取工作任务单。本张工作票选择设置专责监护人。参与本次工作的共11人（含工作负责人），具体分工为：

刘××（工作负责人）：负责工作的整体协调组织及作业现场安全监护。

邱××（吊车司机）：负责操作吊车。

刘××（吊车指挥人员）：负责指挥起重作业。

陈××（工作班成员）：负责维持疏导交通。

柏××、董××（工作班成员）：复装电缆终端工作。

陶××（专责监护人）：负责对沈××、崔××进行监护。

沈××、崔××（工作班成员）：在电缆井内电缆施工。

王××、叶××（工作班成员）：辅助等工作。

备注：10kV金开2号线街道变为用户资产。

（五）场景接线图

箱式变电站更换场景接线图见图3-5。

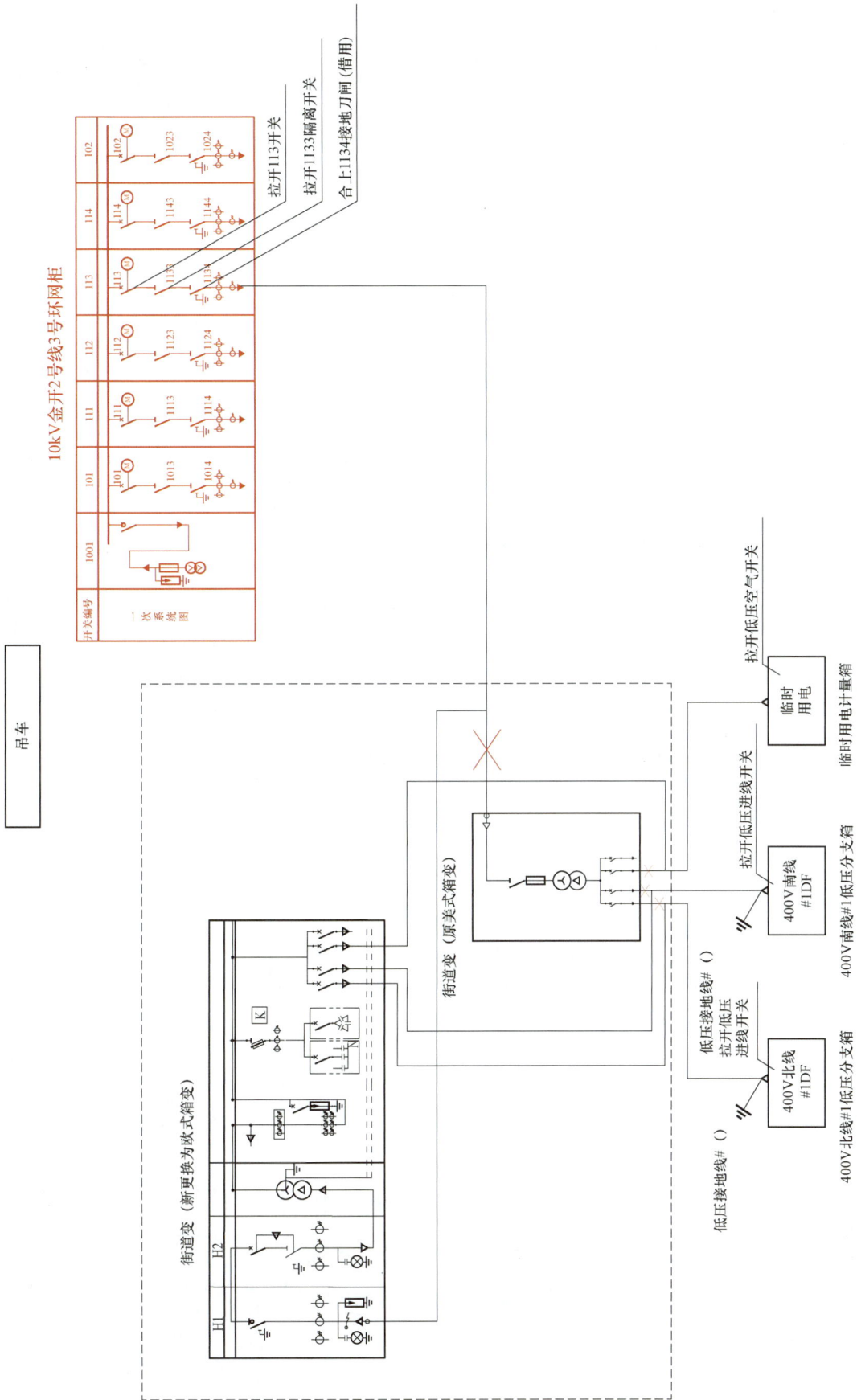

图3-5　箱式变电站更换场景接线图

二、工作票样例

配 电 第 一 种 工 作 票

单　位：××××工程有限公司　　编　号：配Ⅰ202405004

1. 工作负责人：刘××　　　　班　组：综合班组

2. 工作班人员（不包括工作负责人）

××××工程有限公司：陶××、柏××、董××、沈××、叶××、崔××、王××、邵××、刘××、邱××

共 10 人

3. 停电线路或设备名称（多回线路应注明双重称号）

10kV 金开 2 号线 3 号环网柜 113 间隔至街道变 101 间隔。

4. 工作任务

工作地点（地段）或设备［注明变（配）电站、线路名称、设备双重名称及起止杆号等］	工作内容
10kV 金开 2 号线街道变	拆除美式箱变、更换 630kVA 欧式箱变 1 台，电缆头搭接及封堵工作

5. 计划工作时间

自 2024 年 05 月 14 日 08 时 00 分 至 2024 年 05 月 14 日 13 时 00 分。

6. 安全措施［应该为检修状态的线路、设备名称、应断开的断路器（开关）、隔离开关（刀闸）、熔断器，应合上的接地刀闸，应装设的接地线、绝缘隔板、遮栏（围栏）和标示牌等，装设的接地线应明确具体位置，必要时可附页绘图说明］

【票种选择】
本次作业为配电停电工作，使用配电第一种工作票，无需增持其他票种。

1.【班组】
对于包含工作负责人在内有两个及以上的班组人员共同进行的工作，应填写"综合班组"。

2.【工作班人员】
人员应取得准入资质，安排的人员应进行承载力分析，确保人数适当、充足；如有特种作业应安排具备相应资质的特种作业人员。不同单位需分行填写。

3.【停电线路或设备名称（多回线路应注明双重称号）】
（1）填写停电的配电线路电压等级、名称（多回线路应注明双重称号）、设备双重名称、起止杆号。
（2）填写停电的环网柜、开关站、箱式变电站等配电设备的电压等级、双重名称或停电范围。
（3）若全线（包括支线）停电，填写主线和支线。
（4）填写的配电线路名称、设备双重名称应与现场相符（包括电压等级）。

4.【工作任务】工作地点（地段）或设备［注明变（配）电站、线路名称、设备双重名称及起止杆号等］
（1）配电线路工作：填写工作线路（包括有工作的分支线路等）电压等级、名称（同杆双回或多回线路应注明线路位置称号）、工作地段起止杆号。
（2）配电设备工作：填写工作的变电站、环网柜、配电站、开关站等设备的电压等级、名称及检修工作区域和检修设备的双重名称，填写的设备名称应与现场相符（包括电压等级）。

工作内容
（1）工作内容应填写明确，术语规范，且不得超出相应停电申请单中的工作内容。
（2）应写明工作性质、内容［如：迁移、立杆、放线、更换架空地线、更换变压器、拆除（恢复）线路搭头等］。
（3）工作内容应填写完整，不得省略。消缺工作应写明消缺具体内容（例如处理×耐张搭头，更换×避雷器等），不得以维修、消缺等模糊词语涵盖工作内容。
（4）变（配）电站内和线路上均有工作时，为便于区分，应将变（配）电站的工作地点、工作内容排在前面，线路工作地点及内容排在站所工作的后面。
（5）不同工作地点的工作，应分行填写；工作地点与工作内容应一一对应。

5.【计划工作时间】
填写计划检修起始时间和结束时间，该时间应在调度批准的检修时间段内。

6.【安全措施】6.1 调控或运维人员［变（配）电站、发电厂等］应采取的安全措施
（1）填写涉及的变（配）电站或线路名称以及由调控或运维人员操作的各侧（包括变电站、配电站、用户站、各分支线路）断路器（开关）、隔离开关（刀闸）、熔断器，自动化设备控制电源、操作电源。

6.1	调控或运维人员［变（配）电站、发电厂等］应采取的安全措施	已执行
	（1）应拉开 10kV 金开 2 号线 3 号环网柜 113 开关，在开关操作处悬挂"禁止合闸，线路有人工作！"标示牌	√
	（2）应拉开 10kV 金开 2 号线 3 号环网柜 1133 隔离开关，在隔离开关操作处悬挂"禁止合闸，线路有人工作！"标示牌并加锁	√
	（3）应合上 10kV 金开 2 号线 3 号环网柜 113 间隔 1134 接地刀闸并加锁	√
	（4）应将 10kV 金开 2 号线 3 号环网柜 113 开关自动化装置由"远方"切至"就地"位置，将开关的电动操作机构电源空气开关拉开	√

6.2	工作班完成的安全措施	已执行
	（1）拉开 10kV 金开 2 号线街道变 400V 北线 1 号低压分支箱低压进线开关，悬挂"禁止合闸，线路有人工作！"标示牌，并在周围设立安全围栏悬挂"止步，高压危险！"标示牌	√
	（2）拉开 10kV 金开 2 号线街道变 400V 南线 1 号低压分支箱低压进线开关，悬挂"禁止合闸，线路有人工作！"标示牌，并在周围设立安全围栏悬挂"止步，高压危险！"标示牌	√
	（3）拉开 10kV 金开 2 号线街道变临时用电计量箱低压空气开关，悬挂"禁止合闸，线路有人工作！"标示牌并加锁	√
	（4）在 10kV 金开 2 号线街道变工作地点周围设立安全围栏悬挂"止步，高压危险！"标示牌，并在出入口悬挂"在此工作！""从此进出！"标示牌	√

6.3　工作班装设（或拆除）的接地线

线路名称、设备双重名称、装设位置	接地线编号	装拆情况		
		装设人	监护人	装设时间
10kV 金开 2 号线街道变 400V 北线 1 号低压分支箱进线电缆头处	#01（0.4kV）	柏××	董××	2024 年 05 月 14 日 08 时 10 分
		拆除人	监护人	拆除时间
		柏××	董××	2024 年 05 月 14 日 12 时 12 分
10kV 金开 2 号线街道变 400V 南线 1 号低压分支箱进线电缆头处	#02（0.4kV）	装设人	监护人	装设时间
		沈××	叶××	2024 年 05 月 14 日 08 时 12 分
		拆除人	监护人	拆除时间
		沈××	叶××	2024 年 05 月 14 日 12 时 15 分

（2）填写变（配）电站内、线路上应合接地刀闸或应装接地线、应装绝缘挡板的编号和确切位置。

（3）填写变（配）电站内应设遮栏以及应挂标示牌的名称和地点以及防止二次回路误碰等措施。

（4）变（配）电站内和线路上均需采取安全措施时，为便于区分，应将变（配）电站内应采取的安全措施排在前面，线路上应采取的安全措施排在后面。

（5）涉及多个站所、多条线路和设备时，为避免混乱，各站所、线路和设备应逐一填写。例如：

1）变电站 A（如 110kV×变电站）：应断开×开关；应断开×刀闸……

2）变电站 B（如 35kV×变电站）：应断开×开关；应断开×刀闸……

3）10kV×线：应断开×开关；应在×装设接地线一组……

（6）变电站出线线路（电缆）工作涉及进站工作或借用变电站接地刀闸（接地线）作为工作班接地线的，则必须将变电站站内开关、刀闸、接地等安全措施列入工作票中，不涉及以上工作的只填写"确认 10kV××线路转为检修状态"。

（7）配电设备上熔断器在保持断开状态时，可采用熔断器拉开摘下熔管或熔断器拉开不摘下熔管的方式，在操作处悬挂"禁止合闸，线路有人工作！"标示牌即可。

（8）美式箱式变电站高压开关拉开后不需要加锁，欧式箱式变电站高压开关拉开后可以加锁。

（9）环网柜开关拉开后不需要再加锁，隔离开关（刀闸）及接地刀闸操作把手处应加锁。

（10）在低压用电设备上停电工作前，配电箱工作断开断路器，是否需要取下断路器熔丝应按现场实际情况确定，如配电箱断路器无熔丝的必须在配电箱门上加锁和悬挂标示牌。

已执行

以上安全措施完成后，工作负责人在接受许可时，应与工作许可人逐项核对确认并打"√"。

6.2 工作班完成的安全措施

（1）填写需要工作班操作停电的配电变压器及用户名称、应装设的遮栏（围栏）、交通警示牌等。

如：应拉开 10kV×线×配电变压器低压侧开关；在综合配电柜门把手上悬挂"禁止合闸，线路有人工作！"标示牌；在×处装设围栏……没有则填写"无"。

（2）由工作班装设的工作接地线可仅在"6.3"栏填写。

已执行

安全措施完成后，工作负责人逐项核对确认并打"√"。

6.3 工作班装设（或拆除）的接地线

线路名称、设备双重名称、装设位置

（1）填写应装设工作接地线（包括 0.4kV）的确切位置、地点；如 10kV×线×号杆支线侧。

（2）各工作班工作地段两端和有可能送电到停电线路的分支线（包括用户）都要挂接地线。

（3）配合停电的交叉跨越或邻近线路，在线路的交叉跨越或邻近处附近应装设一组接地线；配合停电的同杆（塔）架设线路装设接地线要求与检修线路相同。

（4）工作地段无法装设工作接地线的，且与运维人员装设的接地线（接地刀闸）之间未连有断路器（开关）或熔断器，则运维人员装设的接地线（接地刀闸）可借用为工作接地线使用，不需要在本栏内再填写。

6.4　配合停电线路应采取的安全措施	已执行
无	

6.5　保留或邻近的带电线路、设备

无。

6.6　其他安全措施和注意事项

（1）【安全距离】工作人员与带电设备保持 10kV 安全距离不小于 0.7m。

（2）【有限空间作业】未经通风和检测合格，任何人员不得进入有限空间作业。检测的时间不得早于作业开始前 30min。设置警示牌，配置安全防护装备、应急救援装备，经气体检测合格后施工人员方可进入工作并设专人监护，作业过程中应保持持续通风。

（3）【起重作业】起重作业应由专人指挥，起吊过程中，在吊臂和起吊物下方禁止有人行走或停留，在起重工作区域内禁止工作无关人员行走或停留。

（4）【交通道口】在通行道路上设置警告标示牌，派人看管。

（5）【验电及装拆接地线】负责人得到许可人停电许可工作命令后，安排工作班成员持书面依据，现场核对线路名称或设备双重名称正确，核对接地线（接地刀闸）装设位置正确，正确进行验电、接地工作。使用的安全工器具应经检测合格并在有效期内，装设、拆除接地线应有人监护。

工作票签发人签名：赵×× 　　　　2024 年 05 月 12 日 16 时 00 分

工作票会签人签名：郑××（配电运检一班）

　　　　　　　　　　　　　　2024 年 05 月 12 日 16 时 05 分

工作负责人签名：刘×× 　　　　　2024 年 05 月 12 日 16 时 10 分

6.7　其他安全措施和注意事项补充（由工作负责人或工作许可人填写）

无。

7. 工作许可

许可的线路或设备	许可方式	工作许可人	工作负责人签名	工作许可时间
10kV 金开 2 号线街道变	当面	鲁××	刘××	2024 年 05 月 14 日 08 时 06 分

（5）若工作范围内均借用运维人员装设的接地线（接地刀闸）作为工作接地线使用，则本栏填写"无"。

接地线编号

（1）填写应装设的工作接地线（包括 0.4kV）的编号及电压等级，例：#01（10kV）。

（2）同一编号接地线不得重复。分段工作，同一编号的接地线可分段重复使用。

（3）接地线编号在装设好接地线后由工作负责人在现场填写。

装设人、拆除人、监护人

装设、拆除接地线应有人监护，工作负责人将装设人、拆除人和监护人由工作负责人现场填写在工作票上，监护人利用手机拍摄的照片或者打印工作票 6.3 栏页面作为书面依据，装设（拆除）接地线结束时，监护人及时向工作负责人汇报，由工作负责人在工作票上记下装设（拆除）时间。

装设时间、拆除时间

（1）工作负责人依据现场工作班成员装设或拆除接地线完毕的时间填写。装设时间应在工作许可并完成安全交底之后，下达开始工作命令之前；拆除时间工作终结时间之前。

（2）分段装设的接地线应根据工作区段转移情况逐段填写。

（3）接地线装、拆时间填写应采用 24 小时制，填写年、月、日、时、分，如：2024 年 07 月 31 日 14 时 06 分。

6.4　配合停电线路应采取的安全措施

填写由非调控或运维人员负责的配合停电的线路名称及应断开的断路器（开关）、隔离开关（刀闸）、熔断器，应合上的接地刀闸或应装设的操作接地线。没有则填写"无"。

6.5　保留或邻近的带电线路、设备

应注明工作地点或地段保留或邻近的带电线路、设备的电压等级、双重名称及杆（塔）号，主要填写以下内容：

（1）邻近或交叉跨越的带电线路、设备名称（双重称号）。

（2）发电厂、变电站出口停电线路两侧的邻近带电线路。

（3）与工作地段邻近、平行或交叉且有可能误登误触的带电线路及设备。

（4）拉开后一侧有电、一侧无电的配电设备。如柱上开关、闸刀、跌落式熔断器等。

（5）变（配）电站、开关站内的配电设备工作，应填写工作地点及周围所保留的带电部位、带电设备名称。工作地点的低压交直流电源也应注明和交代清楚。

（6）没有则填写"无"。

6.6　其他安全措施和注意事项

根据工作现场的具体情况而采取的一些安全措施或有关安全注意事项。如：装设个人保安接地线；在杆下装设临时围栏；防止倒杆应设临时拉线；线路交跨处、邻近带电设备的安全距离提示；起重作业、高处作业、有限空间作业、电气试验作业、放线撤线作业等现场的安全注意事项；在道路上放置提醒来往车辆和行人注意安全的交通警示牌等。

工作票签发人签名、工作负责人签名

确认工作票 1～6.6 项无误后，工作票签发人和工作负责人在签名栏内签名，并在时间栏内填写相应时间。"双签发"时应履行同样手续。

6.7　其他安全措施和注意事项补充（由工作负责人或工作许可人填写）

工作负责人或工作许可人根据现场的实际情况，补

8. 现场交底，工作班成员确认工作负责人布置的工作任务、人员分工、安全措施和注意事项并签名：

陶××、柏××、董××、沈××、叶××、崔××、王××、邵××、刘××、邱××、赵×

9. <u>2024</u> 年<u>05</u>月<u>14</u>日<u>08</u>时<u>15</u>分工作负责人确认工作票所列当前工作所需的安全措施全部执行完毕，下令开始工作。

10. 工作任务单登记

工作任务单编号	工作任务	小组负责人	工作许可时间	工作结束报告时间
无			____年___月___日___时___分	____年___月___日___时___分

11. 人员变更

11.1　工作负责人变动情况

原工作负责人_____离去，变更为工作负责人_____。

工作票签发人：_____　　　　　____年___月___日___时___分

原工作负责人签名确认：_____

新工作负责人签名确认：_____　　　____年___月___日___时___分

11.2　工作人员变动情况

2024年05月14日10时12分　赵× 加入 （工作负责人签名：刘××）

2024年05月14日10时14分　王××离开（工作负责人签名：刘××）

工作负责人签名：刘××

12. 工作票延期

有效期延长到_____年___月___日___时___分。

工作负责人签名：_____　　　　____年___月___日___时___分

工作许可人签名：_____　　　　____年___月___日___时___分

充安全措施和注意事项。无补充内容时填写"无"。

7.【工作许可】

（1）工作许可人和工作负责人分别在各自收执的工作票上填写许可的线路或设备名称、许可方式、工作许可人、工作负责人、工作许可时间。

（2）同一时间、相同停电范围，有多家单位或同一单位的不同班组分别持票进行施工作业时，设备运维管理单位指派的工作许可人应为同一人。

（3）各工作许可人应在完成工作票所列由其负责的停电和装设接地线等安全措施后，方可发出许可工作的命令。

许可方式

（1）配网停电作业应采取现场当面许可。许可过程均应做好录音。

（2）填用配电第二种工作票的配电线路地面工作，可不履行工作许可手续。持配电第二种工作票进入配电站所工作，应办理工作许可手续。

工作许可时间

工作许可时间不得早于计划工作开始时间。

8.【现场交底签名】

（1）工作班成员在明确了工作负责人和小组负责人交代的工作内容、人员分工、带电部位、现场布置的安全措施和工作的危险点及防范措施后，每个工作班成员在工作负责人所持工作票的本栏签名，不得代签。

（2）一张工作票多小组工作，使用工作任务单时，由各小组负责人在工作票上签名，其他小组成员分别在对应的工作任务单上签名。

9.【下令开始工作】

工作负责人确认工作票所列当前工作所需的安全措施一栏的时间，应为调度运维以及工作班所做的安全措施全部执行完毕之后，下令开始工作的时间。

10.【工作任务单登记】

若一张工作票下设多个小组工作，应将所有工作任务单编号、工作任务、小组负责人、工作许可时间、工作结束报告时间。没有则填"无"。

小组负责人

小组负责人应具备工作负责人资格。

工作许可时间

工作许可时间不应在下令开始工作时间之前。

工作结束报告时间

工作结束报告时间应在工作票终结时间之前。

11.【人员变更】工作负责人变动情况

（1）工作票签发人同意，在工作票上填写离去和变更的工作负责人姓名及变动时间，同时通知全体作业人员及工作许可人。

（2）工作票签发人无法当面办理，应通过电话通知工作许可人，由工作许可人和原工作负责人在各自所持工作票上填写工作负责人变更情况，并代工作票签发人签名。

（3）工作负责人的变动必须是在该工作票许可之后，如在工作票许可之前需变更工作负责人，则应由工作票签发人重新签发工作票。

工作人员变动情况

（1）班组人员每次发生变动，工作负责人要在工作票上即时注明变动情况（变更人员姓名、变动时间）并签名，不得最后一并签名。

（2）新增人员在明确了工作内容、人员分工、带电部位、现场安全措施和工作的危险点及防范措施，在工作负责人所持工作票第 8 栏签名确认后方可参加工作。

13. 每日开工和收工时间（使用一天的工作票不必填写）

收工时间	工作负责人	工作许可人	开工时间	工作许可人	工作负责人

14. 工作终结

14.1

工作班现场所装设接地线（接地刀闸）共 2 组、个人保安线共 0 组已全部拆除，工作班布置的其他安全措施已恢复，工作班人员已全部撤离现场，材料工具已清理完毕，杆塔、设备上已无遗留物。

14.2　工作终结报告

终结的线路或设备	报告方式	工作负责人	工作许可人	终结报告时间
10kV 金开 2 号线街道变	当面	刘××	鲁××	2024 年 05 月 14 日 12 时 20 分

15. 工作票终结

已拆除工作许可人现场所挂无（编号）接地线共 0 组；已拉开 10kV 金开 2 号线 3 号环网柜 113 间隔 1134 接地刀闸（编号）接地刀闸共 1 副。

工作票于 2024 年 05 月 14 日 12 时 40 分结束。

工作许可人：刘××

16. 负责监护

指定专责监护人	被监护人	负责监护（地点及具体工作）
陶××	沈××、崔××	在 10kV 金开 2 号线街道变电缆沟固定电缆工作

12.【工作票延期】

工作需延期，应在工作计划结束时间前由工作负责人向工作许可人提出申请，办理延期手续。对于需经调度许可的工作，工作许可人还应得到调度许可后，方可与工作负责人办理工作票延期手续。工作票只能延期一次。

13.【每日开工和收工时间（使用一天的工作票不必填写）】

（1）填写每日收工时间及次日开工时间，工作负责人、工作许可人分别签名确认。

（2）每日收工，工作负责人应得到小组负责人或全部工作班成员当日工作结束的报告，开好收工会并全部撤离工作现场后，向许可人汇报；次日复工时，工作负责人应经许可人同意并重新复核安全措施无误后方可工作。

（3）涉及多名工作许可人的工作，各工作许可人均应与工作负责人分别填写。

14.【工作终结】

（1）填写拆除的所有工作接地线和个人保安线数量。

1）工作结束后，工作负责人（包括小组负责人）应检查工作地段的状况，确认没有遗留个人保安线和其他工器具、材料，全部工作人员确已撤离，并经验收合格后方可命令拆除工作接地线等安全措施。

2）接地线拆除后，任何人不得再登杆工作或在设备上工作。

（2）工作终结报告。

1）工作终结后，工作负责人应及时报告工作许可人，若有其他单位的设备配合停电，还应及时通知配合停电设备运行管理单位的停电联系人。工作终结报告应当面进行。

2）报告结束后，工作许可人和工作负责人分别在各自收执的工作票上填写终结的线路或设备的名称、报告方式、工作负责人、工作许可人和终结报告时间，办理工作终结手续。工作一旦终结，任何工作人员不得进入工作现场。

15.【工作票终结】

（1）填写拆除由工作许可人负责装设的接地线和接地刀闸编号、数量，以及工作票的终结时间。确认接地线和接地刀闸都已经拆除后，工作许可人签名。

（2）若不涉及接地线或接地刀闸，应在编号栏填写"无"，在数量栏填"0"组（副），不得空白。

（3）拉开的接地刀闸编号栏应填写双重名称。

（4）工作票终结前，工作许可人在接到所有工作负责人的完工报告，实地检查确认停电范围内所有工作已结束，所有人员已撤离，所有接地线已拆除，与记录簿核对无误并做好记录后，方可下令拆除各侧安全措施。

（5）该项内容只需工作许可人所持票面填写。涉及多名工作许可人的工作票，各工作许可人负责各自所装设的接地线（接地刀闸）的拆除情况。

16.【负责监护】

（1）注明指定专责监护人、被监护人、负责监护地点及具体工作。如"指定专责监护人张三负责监护李四在 10kV ×线×杆进行×工作"。

（2）对有触电危险、检修（施工）复杂容易发生事故的工作，如：在邻近带电线路和设备区域使用吊车、斗臂车等特种车辆的作业；有限空间作业等，应增设专责监护人，并确定其监护的人员和工作范围。

（3）该部分内容仅需工作负责人所持工作票上填写。

17. 其他事项

<u>指派刘××负责指挥邱××进行 10kV 金开 2 号线街道变吊装工作。</u>

3.6　干式变压器更换

一、工作场景情况

（一）工作场景

秦淮花苑开关站秦淮花苑 1 号变压器更换。

（二）工作任务

终端拆除：秦淮花苑开关站秦淮花苑 1 号变压器电缆终端拆除。

变压器更换：秦淮花苑开关站秦淮花苑 1 号变压器拆除并更换。

电缆搭接：秦淮花苑开关站秦淮花苑 1 号变压器电缆终端搭接。

（三）票种选择建议

配电第一种工作票。

（四）人员分工及安排

本次工作有 1 个作业地点：秦淮花苑开关站秦淮花苑 1 号变压器。参与本次工作的共 9 人（含工作负责人），具体分工为：

王××（工作负责人）：负责工作的整体协调组织及作业现场安全监护。

李××、张××（工作班成员）：秦淮花苑开关站秦淮花苑 1 号变压器电缆终端拆、搭工作。

陈××（专责监护人）：甲××、乙××、孙××、杨××、钱××负责秦淮花苑开关站秦淮花苑 1 号变压器进行人工搬运、吊装工作。

备注：10kV 秦淮花苑开关站高、低压设备运维管理单位均为城区配电运检班。

（五）场景接线图

干式变压器更换场景接线图见图 3-6。

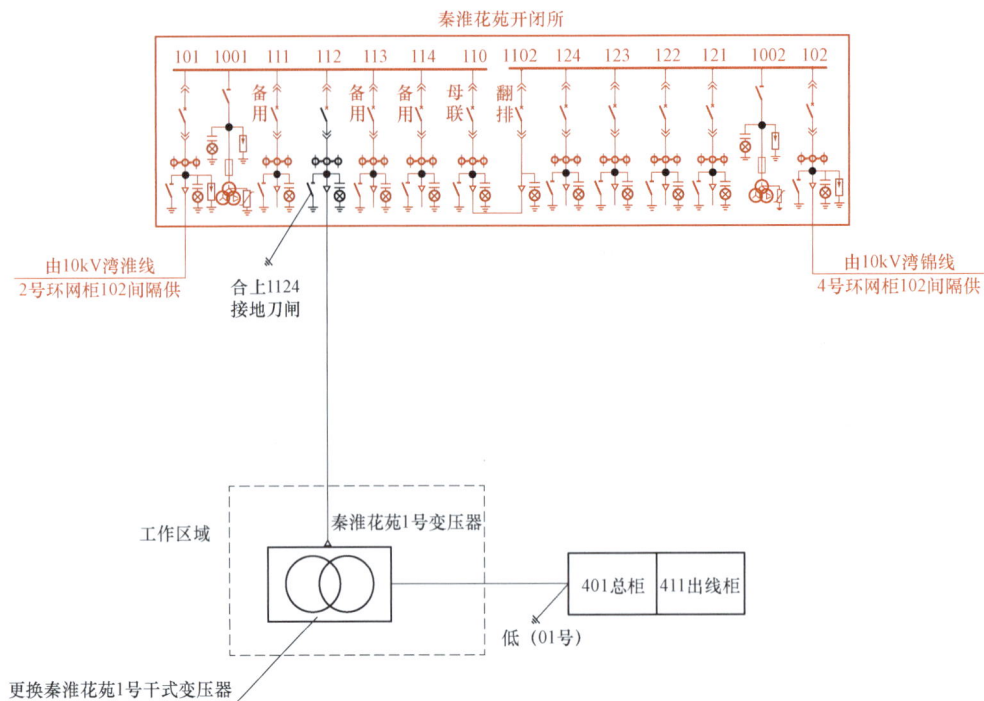

图 3-6　干式变压器更换场景接线图

二、工作票样例

配电第一种工作票

单　位：××××工程有限公司　　　编　　号：配Ⅰ202405001

1. 工作负责人： 王××　　　　班　组：综合班组

2. 工作班人员（不包括工作负责人）

××××工程有限公司：陈××

××××工程有限公司：李××、张××、孙××、赵××、杨××、

钱××、甲××、乙××

共 9 人

3. 停电线路或设备名称（多回线路应注明双重称号）

10kV 湾淮线秦淮花苑开关站 112 间隔至秦淮花苑 1 号变压器。

【票种选择】
本次作业为配电停电工作，使用配电第一种工作票，无需增持其他票种。

1.【班组】
对于包含工作负责人在内有两个及以上的班组人员共同进行的工作，应填写"综合班组"。

2.【工作班人员】
人员应取得准入资质，安排的人员应进行承载力分析，确保人数适当、充足；如有特种作业应安排具备相应资质的特种作业人员。不同单位需分行填写。

3.【停电线路或设备名称（多回线路应注明双重称号）】
(1) 填写停电的配电线路电压等级、名称（多回线路应注明双重称号）、设备双重名称、起止杆号。
(2) 填写停电的环网柜、开关站、箱式变电站等配电设备的电压等级、双重名称或停电范围。
(3) 若全线（包括支线）停电，填写主线和支线。
(4) 填写的配电线路名称、设备双重名称应与现场相符（包括电压等级）。

4.【工作任务】工作地点（地段）或设备 [注明变（配）电站、线路名称、设备双重名称及起止杆号等]
(1) 配电线路工作：填写工作线路（包括有工作的分支线路等）电压等级、名称（同杆双回或多回线路应注明线路位置称号）、工作地段起止杆号。
(2) 配电设备工作：填写工作的变电站、环网柜、配电站、开关站等设备的电压等级、名称及检修工作区域和检修设备的双重名称，填写的设备名称应与现场相符（包括电压等级）。
工作内容
(1) 工作内容应填写明确，术语规范，且不得超出相应停电申请单中的工作内容。

4. 工作任务

工作地点（地段）或设备［注明变（配）电站、线路名称、设备双重名称及起止杆号等］	工作内容
秦淮花苑开关站秦淮花苑 1 号变压器	更换干式变压器、电缆终端拆、搭

5. 计划工作时间

自 <u>2024</u> 年 <u>05</u> 月 <u>25</u> 日 <u>08</u> 时 <u>00</u> 分 至 <u>2024</u> 年 <u>05</u> 月 <u>25</u> 日 <u>12</u> 时 <u>00</u> 分。

6. 安全措施［应该为检修状态的线路、设备名称、应断开的断路器（开关）、隔离开关（刀闸）、熔断器，应合上的接地刀闸，应装设的接地线、绝缘隔板、遮栏（围栏）和标示牌等，装设的接地线应明确具体位置，必要时可附页绘图说明］

6.1　调控或运维人员［变（配）电站、发电厂等］应采取的安全措施	已执行
（1）应拉开秦淮花苑开关站 112 开关，并将手车分别摇至试验位置；在开关及手车操作把手处分别悬挂"禁止合闸，线路有人工作！"标示牌	√
（2）应合上秦淮花苑开关站 112 开关柜 1124 接地刀闸并加锁	√
（3）应拉开 10kV 湾淮 123 线秦淮花苑 1 号变压器 401 总柜开关，在开关操作把手处悬挂"禁止合闸，有人工作！"标示牌	√
（4）应在秦淮花苑 1 号变压器 401 总柜进线电缆侧装设低压接地线一组#01（0.4kV）	√

6.2　工作班完成的安全措施	已执行
在 10kV 湾淮 123 线秦淮花苑 1 号变压器工作地点周围设临时围栏，向内悬挂"止步、高压危险！"标示牌，并在出入口悬挂"在此工作！""从此进出！"标示牌	√

（2）应写明工作性质、内容［如：迁移、立杆、放线、更换架空地线、更换变压器、拆除（恢复）线路搭头等］。

（3）工作内容应填写完整，不得省略。消缺工作应写明消缺具体内容（例如处理×耐张搭头，更换×避雷器等），不得以维修、消缺等模糊词语涵盖工作内容。

（4）变（配）电站内和线路上均有工作时，为便于区分，应将变（配）电站的工作地点、工作内容排在前面，线路工作地点及内容排在站所工作的后面。

（5）不同工作地点的工作，应分行填写；工作地点与工作内容应一一对应。

5.【计划工作时间】
填写计划检修起始时间和结束时间，该时间应在调度批准的检修时间段内。

6.【安全措施】6.1 调控或运维人员［变（配）电站、发电厂等］应采取的安全措施

（1）填写涉及的变（配）电站或线路名称以及由调控或运维人员操作的各侧（包括变电站、配电站、用户站、各分支线路）断路器（开关）、隔离开关（刀闸）、熔断器，自动化设备控制电源、操作电源。

（2）填写变（配）电站内、线路上应合接地刀闸或应装接地线、应装绝缘挡板的编号和确切位置。

（3）填写变（配）电站内应装设遮栏以及应挂标示牌的名称和地点以及防止二次回路误碰等措施。

（4）变（配）电站内和线路上均需采取安全措施时，为便于区分，应将变（配）电站内应采取的安全措施排在前面，线路上应采取的安全措施排在后面。

（5）涉及多个站所、多条线路和设备时，为避免混乱，各站所、线路和设备应逐一填写。例如：

1）变电站 A（如 110kV×变电站）：应断开×开关；应断开×刀闸……

2）变电站 B（如 35kV×变电站）：应断开×开关；应断开×刀闸……

3）10kV×线：应断开×开关；应在×装设接地线一组……

（6）变电站出线线路（电缆）工作涉及进站工作或借用变电站接地刀闸（接地线）作为工作班接地线的，则必须将变电站内开关、刀闸、接地等安全措施列入工作票中，不涉及以上工作的只填写"确认 10kV××线路转为检修状态"。

（7）配电设备上熔断器在保持断开状态时，可采用熔断器拉开摘下熔管或熔断器拉开不摘下熔管的方式，在操作处悬挂"禁止合闸，线路有人工作！"标示牌即可。

（8）美式箱式变电站高压开关拉开后不需要加锁，欧式箱式变电站高压开关拉开后可以加锁。

（9）环网柜开关拉开后不需要再加锁，隔离开关（刀闸）及接地刀闸操作把手处应加锁。

（10）在低压用电设备上停电工作前，配电箱工作断开断路器，是否需要取下断路器熔丝应按现场实际情况确定，如配电箱断路器无熔丝的必须在配电箱门上加锁和悬挂标示牌。

已执行
以上安全措施完成后，工作负责人在接受许可时，应与工作许可人逐项核对确认并打"√"。

6.2 工作班完成的安全措施

（1）填写需要工作班操作停电的配电变压器及用户名称、应装设的遮栏（围栏）、交通警示牌等。

如：应拉开 10kV×线×配电变压器低压侧开关；在综合配电箱柜门把手上悬挂"禁止合闸，线路

6.3　工作班装设（或拆除）的接地线

线路名称、设备双重名称、装设位置	接地线编号	装拆情况		
无		装设人	监护人	装设时间
		拆除人	监护人	拆除时间
		装设人	监护人	装设时间
		拆除人	监护人	拆除时间

6.4　配合停电线路应采取的安全措施	已执行
无	

6.5　保留或邻近的带电线路、设备

秦淮花苑开关站 112 间隔母线侧带电。

6.6　其他安全措施和注意事项：

（1）【安全距离】工作时与邻近的带电部分保持安全距离：10kV 大于 0.7m。

（2）【人工搬运】人工搬运时，应统一指挥，防止设备倾倒造成机械伤害。

工作票签发人签名：吴×× 　　　2024 年 05 月 23 日 11 时 10 分

工作票会签人签名：严××（配电班）　2024 年 05 月 23 日 14 时 40 分

工作负责人签名：王××　　　　　2024 年 05 月 24 日 09 时 08 分

6.7　其他安全措施和注意事项补充（由工作负责人或工作许可人填写）：

无。

有人工作！"标示牌；在×处装设围栏……没有则填写"无"。

（2）由工作班装设的工作接地线可仅在"6.3"栏填写。

已执行

安全措施完成后，工作负责人逐项核对确认并打"√"。

6.3 工作班装设（或拆除）的接地线

线路名称、设备双重名称、装设位置

（1）填写应装设工作接地线（包括 0.4kV）的确切位置、地点；如 10kV×线×号杆支线侧。

（2）各工作班工作地段两端和有可能送电到停电线路的分支线（包括用户）都要挂接地线。

（3）配合停电的交叉跨越或邻近线路，在线路的交叉跨越或邻近处附近应装设一组接地线；配合停电的同杆（塔）架设线路装设接地线要求与检修线路相同。

（4）工作地段无法装设工作接地线的，且与运维人员装设的接地线（接地刀闸）之间未连有断路器（开关）或熔断器，则运维人员装设的接地线（接地刀闸）可借用为工作接地线使用，不需要在本栏内再填写。

（5）若工作范围内均借用运维人员装设的接地线（接地刀闸）作为工作接地线使用，则本栏填写"无"。

接地线编号

（1）填写应装设的工作接地线（包括 0.4kV）的编号及电压等级，例：#01（10kV）。

（2）同一编号接地线不得重复。分段工作，同一编号的接地线可分段重复使用。

（3）接地线编号在装设好接地线后由工作负责人在现场填写。

装设人、拆除人、监护人

装设、拆除接地线应有人监护，工作负责人将装设人、拆除人和监护人由工作负责人现场填写在工作票上，监护人利用手机拍摄的照片或者打印工作票 6.3 栏目页作为书面依据，装设（拆除）接地线结束时，监护人及时向工作负责人汇报，由工作负责人在工作票上记下装设（拆除）时间。

装设时间、拆除时间

（1）工作负责人依据现场工作班成员装设或拆除接地线完毕的时间填写。装设时间应在工作许可并完成安全交底之后，下达开始工作命令之前；拆除时间工作终结时间之前。

（2）分段装设的接地线应根据工作区段转移情况逐段填写。

（3）接地线装、拆时间填写应采用 24 小时制，填写年、月、日、时、分，如：2024 年 07 月 31 日 14 时 06 分。

6.4 配合停电线路应采取的安全措施

填写由非调控或运维人员负责的配合停电的线路名称及应断开的断路器（开关）、隔离开关（刀闸）、熔断器，应合上的接地刀闸或应装设的操作接地线。没有则填写"无"。

6.5 保留或邻近的带电线路、设备

应注明工作地点或地段保留或邻近的带电线路、设备的电压等级、双重名称及杆（塔）号，主要填写以下内容：

（1）邻近或交叉跨越的带电线路、设备名称（双重称号）。

（2）发电厂、变电站出口停电线路两侧的邻近停电线路。

（3）与工作地段邻近、平行或交叉且有可能误登误触的带电线路及设备。

7. 工作许可

许可的线路或设备	许可方式	工作许可人	工作负责人签名	工作许可时间
秦淮花苑开关站秦淮花苑1号变压器	当面	尹××	王××	2024 年 05 月 25 日 08 时 15 分

8. 现场交底，工作班成员确认工作负责人布置的工作任务、人员分工、安全措施和注意事项并签名：

陈××、杨××、李××、张××、孙××、赵××、钱××、甲××、乙××

9. <u>2024</u> 年<u>05</u> 月<u>25</u> 日<u>08</u> 时 <u>25</u> 分工作负责人确认工作票所列当前工作所需的安全措施全部执行完毕，下令开始工作。

10. 工作任务单登记

工作任务单编号	工作任务	小组负责人	工作许可时间	工作结束报告时间
无			___年__月__日 __时__分	___年__月__日 __时__分

11. 人员变更

11.1　工作负责人变动情况

原工作负责人_____离去，变更为工作负责人_____。

工作票签发人：_____　　　　　　　____年__月__日__时__分

原工作负责人签名确认：_____

新工作负责人签名确认：_____年__月__日__时__分

11.2　工作人员变动情况

<u>2024 年 05 月 25 日 10 时 14 分孙××加入（工作负责人签名：李××）</u>

（4）拉开后一侧有电、一侧无电的配电设备。如柱上开关、闸刀、跌落式熔断器等。

（5）变（配）电站、开闭所内的配电设备工作，应填写工作地点及周围所保留的带电部位、带电设备名称。工作地点的低压交直流电源也应注明和交代清楚。

（6）没有则填写"无"。

6.6 其他安全措施和注意事项

根据工作现场的具体情况而采取的一些安全措施或有关安全注意事项。如：装设个人保安接地线；在杆下装设临时围栏；防止倒杆应设临时拉线；线路交跨处、邻近带电设备的安全距离提示；起重作业、高处作业、有限空间作业、电气试验作业、放线撤线作业等现场的安全注意事项；在道路上放置提醒来往车辆和行人注意安全的交通警示牌等。

工作票签发人签名、工作负责人签名

确认工作票 1～6.6 项无误后，工作票签发人和工作负责人在签名栏内签名，并在时间栏内填入相应时间。"双签发"时应履行同样手续。

6.7 其他安全措施和注意事项补充（由工作负责人或工作许可人填写）

工作负责人或工作许可人根据现场的实际情况，补充安全措施和注意事项。无补充内容时填写"无"。

7.【工作许可】

（1）工作许可人和工作负责人分别在各自收执的工作票上填写许可的线路或设备名称、许可方式、工作许可人、工作负责人、许可工作时间。

（2）同一时间、相同停电范围，有多家单位或同一单位的不同班组分别持票进行施工作业时，设备运维管理单位指派的工作许可人应为同一人。

（3）各工作许可人应在完成工作票所列由其负责的停电和装设接地线等安全措施后，方可发出许可工作的命令。

许可方式

（1）配网停电作业应采取现场当面许可。许可过程均应做好录音。

（2）填用配电第二种工作票的配电线路地面工作，可不履行工作许可手续。持电第二种工作票进入配电站所工作，应办理工作许可手续。

工作许可时间

工作许可时间不得早于计划工作开始时间。

8.【现场交底签名】

（1）工作班成员在明确了工作负责人和小组负责人交代的工作内容、人员分工、带电部位、现场布置的安全措施和工作的危险点及防范措施后，每个工作班成员在工作负责人所持工作票的本栏签名，不得代签。

（2）一张工作票多小组工作，使用工作任务单时，由各小组负责人在工作票上签名，其他小组成员分别在对应的工作任务单上签名。

9.【下令开始工作】

工作负责人确认工作票所列当前工作所需的安全措施一栏的时间，应为调度运维以及工作班所做的安全措施全部执行完毕之后，下令开始工作的时间。

10.【工作任务单登记】

若一张工作票下设多个小组工作，应将所有工作任务单编号、工作任务、小组负责人、工作许可时间、工作结束报告时间。没有则填写"无"。

小组负责人

小组负责人应具备工作负责人资格。

工作许可时间

工作许可时间不应在下令开始工作时间之前。

2024 年 05 月 25 日 10 时 12 分孙××离开（工作负责人签名：李××）

工作负责人签名： 李××

12. 工作票延期

有效期延长到＿＿＿＿年＿＿月＿＿日＿＿时＿＿分。

工作负责人签名：＿＿＿＿＿　　　　＿＿＿＿年＿＿月＿＿日＿＿时＿＿分

工作许可人签名：＿＿＿＿＿　　　　＿＿＿＿年＿＿月＿＿日＿＿时＿＿分

13. 每日开工和收工时间（使用一天的工作票不必填写）

收工时间	工作负责人	工作许可人	开工时间	工作许可人	工作负责人

14. 工作终结

14.1　工作班现场所装设接地线（接地刀闸）共 0 组、个人保安线共 0 组已全部拆除，工作班布置的其他安全措施已恢复，工作班人员已全部撤离现场，材料工具已清理完毕，杆塔、设备上已无遗留物。

14.2　工作终结报告

终结的线路或设备	报告方式	工作负责人	工作许可人	终结报告时间
秦淮花苑开关站秦淮花苑 1 号变压器	当面	王××	尹××	2024 年 05 月 25 日 11 时 40 分

15. 工作票终结

已拆除工作许可人现场所挂#01（0.4kV）（编号）接地线共 1 组；已拉开秦淮花苑开关站 112 间隔 1124 接地刀闸（编号）接地刀闸共 1 副。

工作票于 2024 年 05 月 25 日 12 时 00 分结束。

工作许可人： 尹××

工作结束报告时间

工作结束报告时间应在工作票终结时间之前。

11.【人员变更】工作负责人变动情况

（1）工作票签发人同意，在工作票上填写离去和变更的工作负责人姓名及变动时间，同时通知全体作业人员及工作许可人。

（2）工作票签发人无法当面办理，应通过电话通知工作许可人，由工作许可人和原工作负责人在各自所持工作票上填写工作负责人变更情况，并代工作票签发人签名。

（3）工作负责人的变动必须是在该工作票许可之后，如在工作票许可之前需变更工作负责人，则应由工作票签发人重新签发工作票。

工作人员变动情况

（1）班组人员每次发生变动，工作负责人要在工作票上即时注明变动情况（变更人员姓名、变更时间）并签名，不得最后一并签名。

（2）新增人员在明确了工作内容、人员分工、带电部位、现场安全措施和工作的危险点及防范措施，在工作负责人所持工作票第 8 栏签名确认后方可参加工作。

12.【工作票延期】

工作需延期，应在工作计划结束时间前由工作负责人向工作许可人提出申请，办理延期手续。对于需经调度许可的工作，工作许可人还应得到调度许可后，方可与工作负责人办理工作票延期手续。工作票只能延期一次。

13.【每日开工和收工时间（使用一天的工作票不必填写）】

（1）填写每日收工时间及次日开工时间，工作负责人、工作许可人分别签名确认。

（2）每日收工，工作负责人应得到小组负责人或全部工作班成员当日工作结束的报告，开好收工会并全部撤离工作现场后，向许可人汇报；次日复工时，工作负责人经许可人同意并重新复核安全措施无误后方可工作。

（3）涉及多名工作许可人的工作，各工作许可人均应与工作负责人分别填写。

14.【工作终结】

（1）填写拆除的所有工作接地线和个人保安线数量。

1）工作结束后，工作负责人（包括小组负责人）应检查工作地段的状况，确认没有遗留个人保安线和其他工具、材料，全部工作人员确已撤离，并经验收合格后方可命令拆除工作接地线等安全措施。

2）接地线拆除后，任何人不得再登杆工作或在设备上工作。

（2）工作终结报告。

1）工作终结后，工作负责人应及时报告工作许可人，若有其他单位的设备配合停电，还应及时通知配合停电设备运行管理单位的停电联系人。工作终结报告应当面进行。

2）报告结束后，工作许可人和工作负责人分别在各自收执的工作票上填写终结的线路或设备的名称、报告方式、工作负责人、工作许可人和终结报告时间，办理工作终结手续。工作一旦终结，任何工作人员不得进入工作现场。

15.【工作票终结】

（1）填写拆除由工作许可人负责装设的接地线和接地刀闸编号、数量，以及工作票的终结时间。确认接地线和接地刀闸都已经拆除后，工作许可人签名。

16. 负责监护

指定专责 监护人	被监护人	负责监护（地点及具体工作）
陈××	甲××、乙××、 孙××、杨××、 钱××	秦淮花苑开关站秦淮花苑 1 号变压器进行人工搬运、吊装工作

17. 其他事项

无。

（2）若不涉及接地线或接地刀闸，应在编号栏填"无"，在数量栏填"0"组（副），不得空白。

（3）拉开的接地刀闸编号栏应填写双重名称。

（4）工作票终结前，工作许可人在接到所有工作负责人的完工报告，实地检查确认停电范围内所有工作已结束，所有人员已撤离，所有接地线已拆除，与记录簿核对无误并做好记录后，方可下令拆除各侧安全措施。

（5）该项内容只需工作许可人所持票面填写。涉及多名工作许可人的工作票，各工作许可人负责各自所装设的接地线（接地刀闸）的拆除情况。

16.【负责监护】

（1）注明指定专责监护人、被监护人、负责监护地点及具体工作。如"指定专责监护人张三负责监护李四在 10kV×线×杆进行×工作"。

（2）对有触电危险、检修（施工）复杂容易发生事故的工作，如：在邻近带电线路和设备区域使用吊车、斗臂车等特种车辆的作业；有限空间作业等，应增设专责监护人，并确定其监护的人员和工作范围。

（3）该部分内容仅需在工作负责人所持工作票上填写。

17.【其他事项】

其他需要交代或需要记录的事项。例如：

（1）暂未拆除、继续使用的接地线由各工作许可人在各自所持工作票中备注。

（2）使用吊车的作业应在该栏注明吊车指挥人员。若在工作班成员栏目中已注明，则不需要在此填写。

3.7　环网柜二次设备调试

一、工作场景情况

（一）工作场景

10kV 合班线 11 号环网柜二次设备"三遥"调试、10kV 合班线 12 号环网柜二次设备"三遥"调试。

（二）工作任务

自动化调试：10kV 合班线 11 号环网柜，自动化遥控试验调试。10kV 合班线 12 号环网柜，自动化遥控试验调试。

（三）票种选择建议

配电第一种工作票。

（四）人员分工及安排

本次工作有 2 个作业地点。参与本次工作的共 5 人（含工作负责人），具体分工为：

作业点 1：10kV 合班线 11 号环网柜自动化调试。

王××（工作负责人）：负责工作的整体协调组织及作业现场安全监护。

刘××（工作班成员）：负责自动化调试相关接线工作。

皮××（工作班成员）：负责在电脑端进行操作，更改加量值等。

侯××、魏××（工作班成员）：负责与主站沟通，核对信号，做好记录。

作业点2：10kV合班线12号环网柜自动化调试。

王××（工作负责人）：负责工作的整体协调组织及作业现场安全监护。

刘××（工作班成员）：负责自动化调试相关接线工作。

皮××（工作班成员）：负责在电脑端进行操作，更改量值等。

侯××、魏××（工作班成员）：负责与主站沟通，核对信号，做好记录。

（五）场景接线图

环网柜二次设备调试场景接线图见图3-7。

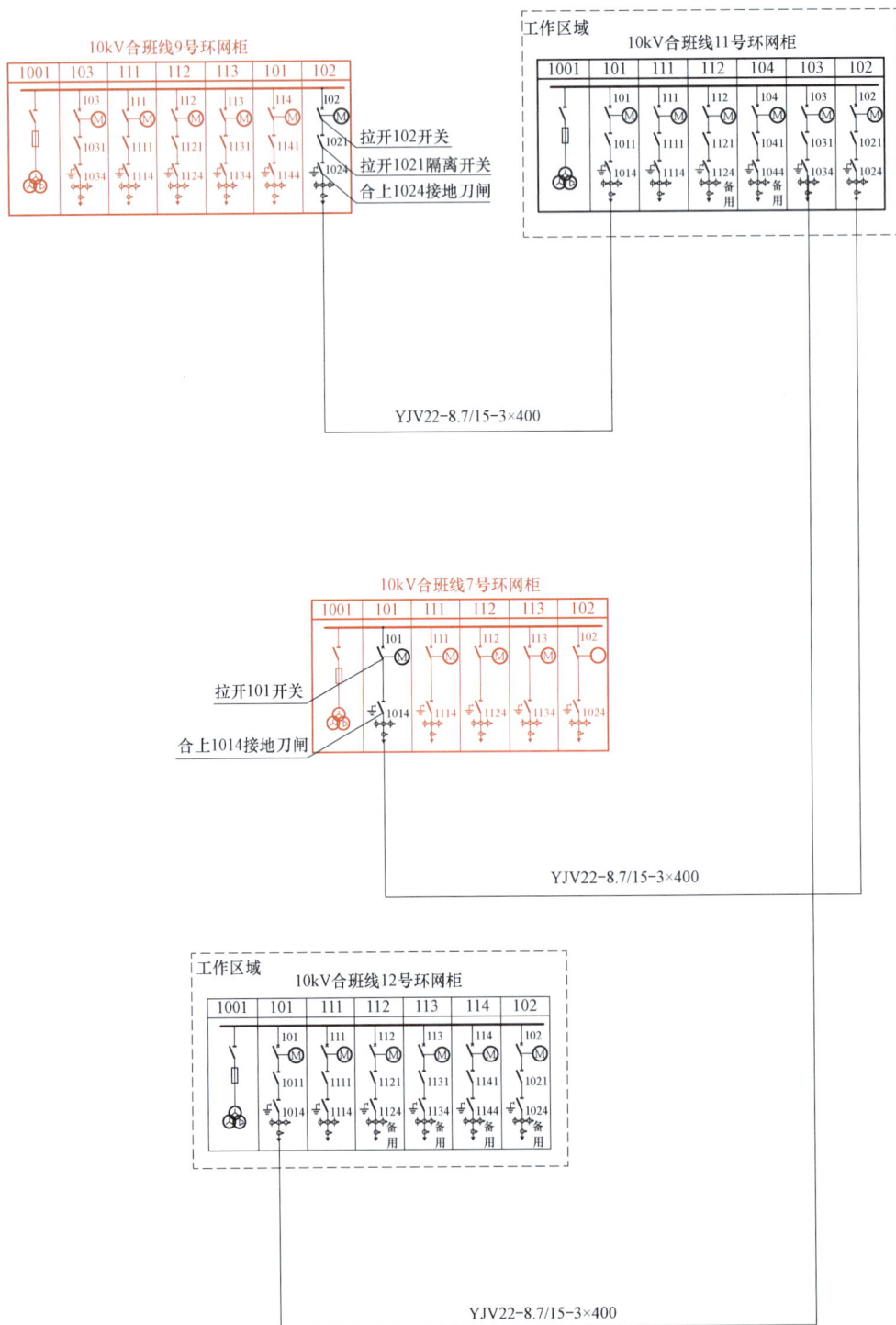

图3-7　环网柜二次设备调试场景接线图

二、工作票样例

配电第一种工作票

单　位：<u>配电运检中心</u>　　编　号：<u>配 I202403004</u>

1. 工作负责人：<u>王××</u>　　班　组：<u>二次运检班</u>

2. 工作班人员（不包括工作负责人）

<u>皮××、侯××、刘××、魏××</u>

共 <u>4</u> 人

3. 停电线路或设备名称（多回线路应注明双重称号）

<u>10kV 合班线 9 号环网柜 102 间隔至 10kV 合班线 11 号环网柜 101 间隔、</u>
<u>10kV 合班线 7 号环网柜 101 间隔至 10kV 合班线 11 号环网柜 102 间隔。</u>

4. 工作任务

工作地点（地段）或设备［注明变（配）电站、线路名称、设备双重名称及起止杆号等］	工作内容
10kV 合班线 11 号环网柜	自动化"三遥"调试
10kV 合班线 12 号环网柜	自动化"三遥"调试

5. 计划工作时间

自 <u>2024</u> 年 <u>03</u> 月 <u>31</u> 日 <u>07</u> 时 <u>45</u> 分至 <u>2024</u> 年 <u>03</u> 月 <u>31</u> 日 <u>13</u> 时 <u>30</u> 分。

6. 安全措施［应该为检修状态的线路、设备名称、应断开的断路器（开关）、隔离开关（刀闸）、熔断器，应合上的接地刀闸，应装设的接地线、绝缘隔板、遮栏（围栏）和标示牌等，装设的接地线应明确具体位置，必要时可附页绘图说明］

6.1	调控或运维人员［变（配）电站、发电厂等］应采取的安全措施	已执行
	（1）应拉开 10kV 合班线 9 号环网柜 102 开关、1021 隔离开关并加锁	√
	（2）应在 10kV 合班线 9 号环网柜 102 开关操作把手处悬挂"禁止合闸，线路有人工作"标示牌	√
	（3）应在 10kV 合班线 9 号环网柜 1021 隔离开关操作把手处悬挂"禁止合闸，线路有人工作"标示牌	√
	（4）应合上 10kV 合班线 9 号环网柜 1024 接地刀闸并加锁	√
	（5）应拉开 10kV 合班线 7 号环网柜 101 开关	√
	（6）应在 10kV 合班线 7 号环网柜 101 开关操作把手处悬挂"禁止合闸，线路有人工作"标示牌	√
	（7）应合上 10kV 合班线 7 号环网柜 1014 接地刀闸并加锁	√

6.2	工作班完成的安全措施	已执行
	（1）在 10kV 合班线 11 号环网柜施工现场设临时围栏，在临时围栏进出口处设"从此进出""在此工作"标示牌，并面向工作地点设"止步，高压危险"标示牌。在 10kV 合班线 11 号环网柜工作地点处设"在此工作"标示牌	√
	（2）在 10kV 合班线 12 号环网柜施工现场设临时围栏，在临时围栏进出口处设"从此进出""在此工作"标示牌，并面向工作地点设"止步，高压危险"标示牌。在 10kV 合班线 12 号环网柜工作地点处设"在此工作"标示牌	√

6.3　工作班装设（或拆除）的接地线

线路名称、设备双重名称、装设位置	接地线编号	装拆情况		
		装设人	监护人	装设时间
无				
		拆除人	监护人	拆除时间
		装设人	监护人	装设时间
		拆除人	监护人	拆除时间

（4）变（配）电站内和线路上均需采取安全措施时，为便于区分，应将变（配）电站内应采取的安全措施排在前面，线路上应采取的安全措施排在后面。

（5）涉及多个站所、多条线路和设备时，为避免混乱，各站所、线路和设备应逐一填写。例如：

1）变电站 A（如 110kV×变电站）：应断开×开关；应断×刀闸……

2）变电站 B（如 35kV×变电站）：应断开×开关；应断×刀闸……

3）10kV×线：应断开×开关；应在×装设接地线一组……

（6）变电站出线线路（电缆）工作涉及进线工作或借用变电站接地刀闸（接地线）作为工作班接地线的，则必须将变电站站内开关、刀闸、接地等安全措施列入工作票中，不涉及以上工作的只填写"确认 10kV××线路转为检修状态"。

（7）配电设备上熔断器在保持断开状态时，可采用熔断器拉开摘下熔管或熔断器拉开不摘下熔管的方式，在操作处悬挂"禁止合闸，线路有人工作！"标示牌即可。

（8）美式箱式变电站高压开关拉开后不需要加锁，欧式箱式变电站高压开关拉开后可以加锁。

（9）环网柜开关拉开后不需要再加锁，隔离开关（刀闸）及接地刀闸操作把手处应加锁。

（10）在低压用电设备上停电工作前，配电箱工作断开断路器，是否需要取下断路器熔丝应按现场实际情况确定，如配电箱断路器无熔丝的必须在配电箱门上加锁和悬挂标示牌。

已执行

以上安全措施完成后，工作负责人在接受许可时，应与工作许可人逐项核对确认并打"√"。

6.2 工作班完成的安全措施

（1）填写需要工作班操作停电的配电变压器及用户名称、应设设的遮栏（围栏）、交通警示牌等。如：应拉开 10kV×线×配电变压器低压侧开关；在综合配电箱柜门把手上悬挂"禁止合闸，线路有人工作！"标示牌；在×处装设围栏……没有则填写"无"。

（2）由工作班装设的工作接地线可仅在"6.3"栏填写。

已执行

安全措施完成后，工作负责人逐项核对确认并打"√"。

6.3 工作班装设（或拆除）的接地线

线路名称、设备双重名称、装设位置

（1）填写应装设工作接地线（包括 0.4kV）的确切位置、地点；如 10kV×线×号杆支线侧。

（2）各工作班工作地段两端和有可能送电到停电线路的分支线（包括用户）都要挂接地线。

（3）配合停电的交叉跨越或邻近线路，在线路的交叉跨越或邻近处附近应装设一组接地线；配合停电的同杆（塔）架设线路装设接地线要求与检修线路相同。

（4）工作地段无法装设工作接地线的，且与运维人员装设的接地线（接地刀闸）之间未连有断路器（开关）或熔断器，则运维人员装设的接地线（接地刀闸）可借用为工作接地线使用，不需要在本栏内再填写。

（5）若工作范围内均借用运维人员装设的接地线（接地刀闸）作为工作接地线使用，则本栏填写"无"。

接地线编号

（1）填写应装设的工作接地线（包括 0.4kV）的编号及电压等级。例：#01（10kV）。

6.4　配合停电线路应采取的安全措施	已执行
无	

6.5　保留或邻近的带电线路、设备

无。

6.6　其他安全措施和注意事项：

【防机械伤害】分合闸时，工作人员离开被试设备，防止现场开关设备储能机构故障导致的能量非正常释放，造成人身伤害。

工作票签发人签名：葛×× 　　　2024 年 03 月 29 日 16 时 44 分

工作票会签人签名：朱×× 　　　2024 年 03 月 30 日 09 时 14 分

工作负责人签名：王×× 　　　2024 年 03 月 30 日 11 时 20 分

6.7　其他安全措施和注意事项补充（由工作负责人或工作许可人填写）：

无。

7. 工作许可

许可的线路或设备	许可方式	工作许可人	工作负责人签名	工作许可时间
10kV 合班线 11 号环网柜	当面	郭××	王××	2024 年 03 月 31 日 09 时 15 分
10kV 合班线 12 号环网柜	当面	郭××	王××	2024 年 3 月 31 日 09 时 15 分

8. 现场交底，工作班成员确认工作负责人布置的工作任务、人员分工、安全措施和注意事项并签名：

皮××、侯××、刘××、魏××、刘××

9. 2024 年 03 月 31 日 09 时 25 分工作负责人确认工作票所列当前工作所需的安全措施全部执行完毕，下令开始工作。

（2）同一编号接地线不得重复。分段工作，同一编号的接地线可分段重复使用。

（3）接地线编号在装设好接地线后由工作负责人在现场填写。

装设人、拆除人、监护人

装设、拆除接地线应有人监护，工作负责人将装设人、拆除人和监护人由工作负责人现场填写在工作票上，监护人利用手机拍摄的照片或者打印工作票 6.3 栏目页作为书面依据，装设（拆除）接地线结束时，监护人及时向工作负责人汇报，由工作负责人在工作票上记下装设（拆除）时间。

装设时间、拆除时间

（1）工作负责人依据现场工作班成员装设或拆除接地线完毕的时间填写。装设时间应在工作许可并完成安全交底之后，下达开始工作命令之前；拆除时间工作终结时间之前。

（2）分段装设的接地线应根据工作区段转移情况逐段填写。

（3）接地线装、拆时间填写应采用 24 小时制，填写年、月、日、时、分，如：2024 年 07 月 31 日 14 时 06 分。

6.4 配合停电线路应采取的安全措施

填写由非调控或运维人员负责的配合停电的线路名称及应断开的断路器（开关）、隔离开关（刀闸）、熔断器，应合上的接地刀闸或应装设的操作接地线。没有则填写"无"。

6.5 保留或邻近的带电线路、设备

应注明工作地点或地段保留或邻近的带电线路、设备的电压等级、双重名称及杆（塔）号，主要填写以下内容：

（1）邻近或交叉跨越的带电线路、设备名称（双重称号）。

（2）发电厂、变电站出口停电线路两侧的邻近带电线路。

（3）与工作地段邻近、平行或交叉且有可能误登误触的带电线路及设备。

（4）拉开后一侧有电、一侧无电的配电设备。如柱上开关、闸刀、跌落式熔断器等。

（5）变（配）电站、开闭所内的配电设备工作，应填写工作地点及周围所保留的带电部位、带电设备名称。工作地点的低压交直流电源也应注明和交代清楚。

（6）没有则填写"无"。

6.6 其他安全措施和注意事项

根据工作现场的具体情况而采取的一些安全措施或有关安全注意事项。如：装设个人保安接地线；在杆下装设临时围栏；防止倒杆应设临时拉线；线路交跨处、临近带电设备的安全距离提示；起重作业、高处作业、有限空间作业、电气试验作业、放线撒线作业等现场的安全注意事项；在道路上放置提醒来往车辆和行人注意安全的交通警示牌等。

工作票签发人签名、工作负责人签名

确认工作票 1~6.6 项无误后，工作票签发人和工作负责人在签名栏内签名，并在时间栏内填入相应时间。"双签发"时应履行同样手续。

6.7 其他安全措施和注意事项补充（由工作负责人或工作许可人填写）

工作负责人或工作许可人根据现场的实际情况，补充安全措施和注意事项。无补充内容时填写"无"。

7.【工作许可】

（1）工作许可人和工作负责人分别在各自收执的工作票上填写许可的线路或设备名称、许可方式、工作许可人、工作负责人、许可工作时间。

10. 工作任务单登记

工作任务单编号	工作任务	小组负责人	工作许可时间	工作结束报告时间
无			＿＿年＿月＿日＿时＿分	＿＿年＿月＿日＿时＿分

11. 人员变更

11.1 工作负责人变动情况

原工作负责人＿＿＿＿＿离去，变更为工作负责人＿＿＿＿＿。

工作票签发人：＿＿＿＿　　　　　　　　＿＿＿年＿月＿日＿时＿分

原工作负责人签名确认：＿＿＿＿

新工作负责人签名确认：＿＿＿＿　　　　＿＿＿年＿月＿日＿时＿分

11.2 工作人员变动情况

<u>2024 年 03 月 31 日 10 时 12 分刘××加入（工作负责人签名：王××）</u>

<u>2024 年 03 月 31 日 10 时 09 分皮××离开（工作负责人签名：王××）</u>

工作负责人签名：<u>王××</u>

12. 工作票延期

有效期延长到＿＿＿年＿月＿日＿时＿分。

工作负责人签名：＿＿＿＿　　　　　　　＿＿＿年＿月＿日＿时＿分

工作许可人签名：＿＿＿＿　　　　　　　＿＿＿年＿月＿日＿时＿分

13. 每日开工和收工时间（使用一天的工作票不必填写）

收工时间	工作负责人	工作许可人	开工时间	工作许可人	工作负责人

（2）同一时间、相同停电范围，有多家单位或同一单位的不同班组分别持票进行施工作业时，设备运维管理单位指派的工作许可人应为同一人。

（3）各工作许可人应在完成工作票所列由其负责的停电和装设接地线等安全措施后，方可发出许可工作的命令。

许可方式

（1）配网停电作业应采取现场当面许可。许可过程均应做好录音。

（2）填用配电第二种工作票的配电线路地面工作，可不履行工作许可手续。持配电第二种工作票进入配电站所工作，应办理工作许可手续。

工作许可时间

工作许可时间不得早于计划工作开始时间。

8.【现场交底签名】

（1）工作班成员在明确了工作负责人和小组负责人交代的工作内容、人员分工、带电部位、现场布置的安全措施和工作的危险点及防范措施后，每个工作班成员在工作负责人所持工作票的本栏签名，不得代签。

（2）一张工作票多小组工作，使用工作任务单时，由各小组负责人在工作票上签名，其他小组成员分别在对应的工作任务单上签名。

9.【下令开始工作】

工作负责人确认工作票所列当前工作所需的安全措施一栏的时间，应为调度运维以及工作班所做的安全措施全部执行完毕之后，下令开始工作的时间。

10.【工作任务单登记】

若一张工作票下设多个小组工作，应将所有工作任务单编号、工作任务、小组负责人、工作许可时间、工作结束报告时间。没有则填"无"。

小组负责人

小组负责人应具备工作负责人资格。

工作许可时间

工作许可时间不应在下令开始工作时间之前。

工作结束报告时间

工作结束报告时间应在工作票终结时间之前。

11.【人员变更】工作负责人变动情况

（1）工作票签发人同意，在工作票上填写离去和变更的工作负责人姓名及变动时间，同时通知全体作业人员及工作许可人。

（2）工作票签发人无法当面办理，应通过电话通知工作许可人，由工作许可人和原工作负责人在各自所持工作票上填写工作负责人变更情况，并代工作票签发人签名。

（3）工作负责人的变动必须是在该工作票许可之后，如在工作票许可之前需变更工作负责人，则应由工作票签发人重新签发工作票。

工作人员变动情况

（1）班组人员每次发生变动，工作负责人要在工作票上即时注明变动情况（变更人员姓名、变更时间）并签名，不得最后一并签名。

（2）新增人员在明确了工作内容、人员分工、带电部位、现场安全措施和工作的危险点及防范措施，在工作负责人所持工作票第 8 栏签名确认后方可参加工作。

12.【工作票延期】

工作需延期，应在工作计划结束时间前由工作负责人向工作许可人提出申请，办理延期手续。对于需经调度许可的工作，工作许可人还应得到调度许可后，方可与工作负责人办理工作票延期手续。工作票只能延期一次。

13.【每日开工和收工时间（使用一天的工作票不必填写）】

14. 工作终结

14.1 工作班现场所装设接地线（接地刀闸）共 <u>0</u> 组、个人保安线共 <u>0</u> 组已全部拆除，工作班布置的其他安全措施已恢复，工作班人员已全部撤离现场，材料工具已清理完毕，杆塔、设备上已无遗留物。

14.2 工作终结报告

终结的线路或设备	报告方式	工作负责人	工作许可人	终结报告时间
10kV 合班线 11 号环网柜	当面	王××	郭××	2024 年 03 月 31 日 11 时 03 分
10kV 合班线 12 号环网柜	当面	王××	郭××	2024 年 03 月 31 日 11 时 03 分

15. 工作票终结

已拆除工作许可人现场所挂 <u>无</u> （编号）接地线共 <u>0</u> 组；已拉开 10kV 合班线 9 号环网柜 102 间隔 1024 接地刀闸、10kV 合班线 7 号环网柜 101 间隔 1014 接地刀闸（编号）接地刀闸共 <u>2</u> 副。

工作票于 <u>2024</u> 年 <u>03</u> 月 <u>31</u> 日 <u>11</u> 时 <u>20</u> 分结束。

工作许可人：<u>郭××</u>

16. 负责监护

指定专责监护人	被监护人	负责监护（地点及具体工作）
无		

17. 其他事项

无。

（1）填写每日收工时间及次日开工时间，工作负责人、工作许可人分别签名确认。

（2）每日收工，工作负责人应得到小组负责人或全部工作班成员当日工作结束的报告，开好收工会并全部撤离工作现场后，向许可人汇报；次日复工时，工作负责人应经许可人同意并重新复核安全措施无误后方可工作。

（3）涉及多名工作许可人的工作，各工作许可人均应与工作负责人分别填写。

14.【工作终结】

（1）填写拆除的所有工作接地线和个人保安线数量。

1）工作结束后，工作负责人（包括小组负责人）应检查工作地段的状况，确认没有遗留个人保安线和其他工具、材料，全部工作人员确已撤离，并经验收合格后方可命令拆除工作接地线等安全措施。

2）接地线拆除后，任何人不得再登杆工作或在设备上工作。

（2）工作终结报告。

1）工作终结后，工作负责人应及时报告工作许可人，若有其他单位的设备配合停电，还应及时通知配合停电设备运行管理单位的停电联系人。工作终结报告应当面进行。

2）报告结束后，工作许可人和工作负责人分别在各自收执的工作票上填写终结的线路或设备的名称、报告方式、工作负责人、工作许可人和终结报告时间，办理工作终结手续。工作一旦终结，任何工作人员不得进入工作现场。

15.【工作票终结】

（1）填写拆除由工作许可人负责装设的接地线和接地刀闸编号、数量，以及工作票的终结时间。确认接地线和接地刀闸都已经拆除后，工作许可人签名。

（2）若不涉及接地线或接地刀闸，应在编号栏填"无"，在数量栏填"0"组（副），不得空白。

（3）拉开的接地刀闸编号栏应填写双重名称。

（4）工作票终结前，工作许可人在接到所有工作负责人的完工报告，实地检查确认停电范围内所有工作已结束，所有人员已撤离，所有接地线已拆除，与记录簿核对无误并做好记录后，方可下令拆除各侧安全措施。

（5）该项内容只需工作许可人所持票面填写。涉及多名工作许可人的工作票，各工作许可人负责各自所装设的接地线（接地刀闸）的拆除情况。

16.【负责监护】

（1）注明指定专责监护人、被监护人、负责监护地点及具体工作。如"指定专责监护人张三负责监护李四在 10kV×线×杆进行×工作"。

（2）对有触电危险、检修（施工）复杂容易发生事故的工作，如：在邻近带电线路和设备区域使用吊车、斗臂车等特种车辆的作业；有限空间作业等，应增设专责监护人，并确定其监护的人员和工作范围。

（3）该部分内容仅需在工作负责人所持工作票上填写。

17.【其他事项】

其他需要交代或需要记录的事项。例如：

（1）暂未拆除、继续使用的接地线由各工作许可人在各自所持工作票中备注。

（2）使用吊车的作业应在该栏注明吊车指挥人员。若在工作班成员栏目中已注明，则不需要在此填写。

3.8 10kV 环网柜加装 DTU

一、工作场景情况

（一）工作场景

10kV 恒嘉路 1 号线 1 号环网柜加装 DTU。

（二）工作任务

电流互感器更换：10kV 恒嘉路 1 号线 1 号环网柜 101、111、112、102 间隔更换。

二次接线制作：10kV 恒嘉路 1 号线 1 号环网柜 101、111、112、102 间隔控制面板制作。

二次调试：10kV 恒嘉路 1 号线 1 号环网柜 101、111、112、102 间隔与主站二次调试。

（三）票种选择建议

配电第一种工作票。

（四）人员分工及安排

本次工作有 1 个作业地点：10kV 恒嘉路 1 号线 1 号环网柜。参与本次工作的共 5 人（含工作负责人），具体分工为：

李××（工作负责人）：负责工作的整体协调组织及作业现场安全监护。

陈××（工作班成员）：负责电流互感器工作。

孙××、陈××（工作班成员）：更换电流互感器。

王××、张××（工作班成员）：负责二次接线制作及调试工作。

（五）场景接线图

10kV 环网柜加装 DTU 场景接线图见图 3-8。

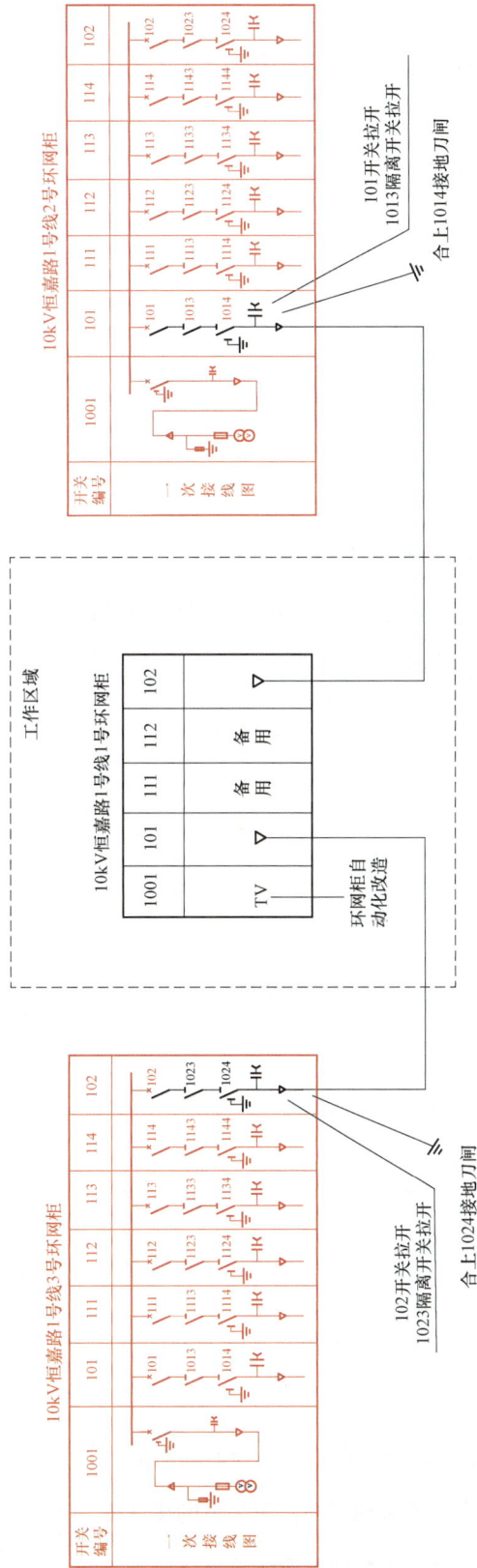

图 3-8　10kV环网柜加装DTU场景接线图

二、工作票样例

配 电 第 一 种 工 作 票

单 位：××××工程有限公司　　编 号：配Ⅰ202402003

1. 工作负责人： 李×× 　　　班 组：综合班组

2. 工作班人员（不包括工作负责人）

××××工程有限公司：陈××

××××工程有限公司：王××、张××、孙××

共 5 人

3. 停电线路或设备名称（多回线路应注明双重称号）

10kV 恒嘉路 1 号线 3 号环网柜 102 间隔至 10kV 恒嘉路 1 号线 1 号环网柜 101 间隔、10kV 恒嘉路 1 号线 2 号环网柜 101 间隔至 10kV 恒嘉路 1 号线 1 号环网柜 102 间隔。

4. 工作任务

工作地点（地段）或设备［注明变（配）电站、线路名称、设备双重名称及起止杆号等］	工作内容
10kV 恒嘉路 1 号线 1 号环网柜	环网柜自动化调试、更换电流互感器、二次接线制作

5. 计划工作时间

自 2024 年 02 月 06 日 08 时 00 分至 2024 年 02 月 06 日 12 时 00 分。

6. 安全措施［应该为检修状态的线路、设备名称、应断开的断路器（开关）、隔离开关（刀闸）、熔断器，应合上的接地刀闸，应装设的接地线、绝缘隔板、遮栏（围栏）和标示牌等，装设的接地线应明确具体位置，必要时可附页绘图说明］

6.1　调控或运维人员［变（配）电站、发电厂等］应采取的安全措施	已执行
（1）应拉开 10kV 恒嘉路 1 号线 3 号环网柜 102 开关、1023 隔离开关并加锁	√
（2）应在 10kV 恒嘉路 1 号线 3 号环网柜 102 开关操作处悬挂"禁止合闸，线路有人工作！"标示牌	√
（3）应在 10kV 恒嘉路 1 号线 3 号环网柜 1023 隔离开关操作处悬挂"禁止合闸，线路有人工作！"标示牌	√
（4）应合上 10kV 恒嘉路 1 号线 3 号环网柜 102 间隔 1024 接地刀闸并加锁	√
（5）应将 10kV 恒嘉路 1 号线 3 号环网柜 102 开关自动化装置由"远方"切至"就地"位置，将开关的电动操作机构电源空气开关拉开	√
（6）应拉开 10kV 恒嘉路 1 号线 2 号环网柜 101 开关、1013 隔离开关并加锁	√
（7）应在 10kV 恒嘉路 1 号线 2 号环网柜 101 开关操作处悬挂"禁止合闸，线路有人工作！"标示牌	√
（8）应在 10kV 恒嘉路 1 号线 2 号环网柜 1013 隔离开关操作处悬挂"禁止合闸，线路有人工作！"标示牌	√
（9）应合上 10kV 恒嘉路 1 号线 2 号环网柜 101 间隔 1014 接地刀闸并加锁	√
（10）应将 10kV 恒嘉路 1 号线 2 号环网柜 101 开关自动化装置由"远方"切至"就地"位置，将开关的电动操作机构电源空气开关拉开	√

6.2　工作班完成的安全措施	已执行
在 10kV 恒嘉路 1 号线 1 号环网柜周围设立临时围栏，面向围栏外面悬挂"止步、高压危险！"标示牌，并在出入口悬挂"在此工作！""从此进出！"标示牌	√

6.3　工作班装设（或拆除）的接地线

线路名称、设备双重名称、装设位置	接地线编号	装拆情况		
		装设人	监护人	装设时间
无				

安全措施排在前面，线路上应采取的安全措施排在后面。

（5）涉及多个站所、多条线路和设备时，为避免混乱，各站所、线路和设备应逐一填写。例如：

1）变电站 A（如 110kV×变电站）：应断开×开关；应断开×刀闸……

2）变电站 B（如 35kV×变电站）：应断开×开关；应断开×刀闸……

3）10kV×线：应断开×开关；应在×装设接地线一组……

（6）变电站出线线路（电缆）工作涉及进站工作或借用变电站接地刀闸（接地线）作为工作班接地线的，则必须将变电站站内开关、刀闸、接地等安全措施列入工作票中，不涉及以上工作的只填写"确认 10kV××线路转为检修状态"。

（7）配电设备上熔断器在保持断开状态时，可采用熔断器拉开摘下熔管或熔断器拉开不摘下熔管的方式，在操作处悬挂"禁止合闸，线路有人工作！"标示牌即可。

（8）美式箱式变电站高压开关拉开后不需要加锁，欧式箱式变电站高压开关拉开后可以加锁。

（9）环网柜开关拉开后不需要再加锁，隔离开关（刀闸）及接地刀闸操作把手处应加锁。

（10）在低压用电设备上停电工作前，配电箱工作断开断路器，是否需要取下断路器熔丝应按现场实际情况确定，如配电箱断路器无熔丝的必须在配电箱门上加锁和悬挂标示牌。

已执行

以上安全措施完成后，工作负责人在接受许可时，应与工作许可人逐项核对确认并打"√"。

6.2 工作班完成的安全措施

（1）填写需要工作班操作停电的配电变压器及用户名称、应装设的遮栏（围栏）、交通警示牌等。

如：应拉开 10kV×变配电变压器低压侧开关；在综合配电箱柜门把手上悬挂"禁止合闸，线路有人工作！"标示牌；在×处装设围栏……没有则填写"无"。

（2）由工作班装设的工作接地线可仅在"6.3"栏填写。

已执行

安全措施完成后，工作负责人逐项核对确认并打"√"。

6.3 工作班装设（或拆除）的接地线

线路名称、设备双重名称、装设位置

（1）填写应装设工作接地线（包括 0.4kV）的确切位置、地点；如 10kV××线×杆支线侧。

（2）各工作班工作地段两端和有可能送电至停电线路的分支线（包括用户）都要接地线。

（3）配合停电的交叉跨越或邻近线路，在线路的交叉跨越或邻近处附近应装设一组接地线；配合停电的同杆（塔）架设线路装设接地线要求与检修线路相同。

（4）工作地段无法装设工作接地线的，且与运维人员装设的接地线（接地刀闸）之间未连有断路器（开关）或熔断器，则运维人员装设的接地线（接地刀闸）可借用为工作接地线使用，不需要在本栏内再填写。

（5）若工作范围内均借用运维人员装设的接地线（接地刀闸）作为工作接地线使用，则本栏填写"无"。

接地线编号

（1）填写应装设的工作接地线（包括 0.4kV）的编号及电压等级。例：#01（10kV）。

（2）同一编号接地线不得重复。分段工作，同一编号的接地线可分段重复使用。

续表

6.3 工作班装设（或拆除）的接地线

线路名称、设备双重名称、装设位置	接地线编号	装拆情况		
无		拆除人	监护人	拆除时间
		装设人	监护人	装设时间
		拆除人	监护人	拆除时间

6.4　配合停电线路应采取的安全措施	已执行
无	

6.5　保留或邻近的带电线路、设备：

　　无。

6.6　其他安全措施和注意事项：

　　无。

工作票签发人签名：<u>郑××</u>　　　　<u>2024</u> 年 <u>02</u> 月 <u>04</u> 日 <u>14</u> 时 <u>10</u> 分

工作票会签人签名：<u>周××</u>　　　　<u>2024</u> 年 <u>02</u> 月 <u>04</u> 日 <u>14</u> 时 <u>40</u> 分

工作负责人签名：<u>李××</u>　　　　　<u>2024</u> 年 <u>02</u> 月 <u>04</u> 日 <u>16</u> 时 <u>08</u> 分

6.7　其他安全措施和注意事项补充（由工作负责人或工作许可人填写）：

　　无。

7. 工作许可

许可的线路或设备	许可方式	工作许可人	工作负责人签名	工作许可时间
10kV 恒嘉路 1 号线 1 号环网柜	当面	郑××	李××	2024 年 02 月 06 日 08 时 38 分

（3）接地线编号在装设好接地线后由工作负责人在现场填写。

装设人、拆除人、监护人

装设、拆除接地线应有人监护，工作负责人将装设人、拆除人和监护人由工作负责人现场填写在工作票上，监护人利用手机拍摄的照片或者打印工作票 6.3 栏目页作为书面依据，装设（拆除）接地线结束时，监护人及时向工作负责人汇报，由工作负责人在工作票上记下装设（拆除）时间。

装设时间、拆除时间

（1）工作负责人依据现场工作班成员装设或拆除接地线完毕的时间填写。装设时间应在工作许可并完成安全交底之后，下达开始工作命令之前；拆除时间工作终结时间之前。

（2）分段装设的接地线应根据工作区段转移情况逐段填写。

（3）接地线装、拆时间填写应采用 24 小时制，填写年、月、日、时、分，如：2024 年 07 月 31 日 14 时 06 分。

6.4 配合停电线路应采取的安全措施

填写由非调控或运维人员负责的配合停电的线路名称及应断开的断路器（开关）、隔离开关（刀闸）、熔断器，应合上的接地刀闸或应装设的操作接地线。没有则填写"无"。

6.5 保留或邻近的带电线路、设备

应注明工作地点或地段保留或邻近的带电线路、设备的电压等级、双重名称及杆（塔）号，主要填写以下内容：

（1）邻近或交叉跨越的带电线路、设备名称（双重称号）。

（2）发电厂、变电站出口停电线路两侧的邻近带电线路。

（3）与工作地段邻近、平行或交叉且有可能误登误触的带电线路及设备。

（4）拉开后一侧有电、一侧无电的配电设备。如柱上开关、闸刀、跌落式熔断器等。

（5）变（配）电站、开闭所内的配电设备工作，应填写工作地点及周围所保留的带电部位、带电设备名称。工作地点的低压交直流电源也应注明和交代清楚。

（6）没有则填写"无"。

6.6 其他安全措施和注意事项

根据工作现场的具体情况而采取的一些安全措施或有关安全注意事项。如：装设个人保安接地线；在杆上装设临时围栏；防止倒杆应设临时拉线；线路交叉处、邻近带电设备的安全距离提示；起重作业、高处作业、有限空间作业、电气试验作业、放线撤线作业等现场的安全注意事项；在道路上放置提醒来往车辆和行人注意安全的交通警示牌等。

工作票签发人签名、工作负责人签名

确认工作票 1～6.6 项无误后，工作票签发人和工作负责人在签名栏内签名，并在时间栏内填入相应时间。"双签发"时应履行同样手续。

6.7 其他安全措施和注意事项补充（由工作负责人或工作许可人填写）

工作负责人或工作许可人根据现场的实际情况，补充安全措施和注意事项。无补充内容时填写"无"。

7.【工作许可】

（1）工作许可人和工作负责人分别在各自收执的工作票上填写许可的线路或设备名称、许可方式、工作许可人、工作负责人、许可工作时间。

8. 现场交底，工作班成员确认工作负责人布置的工作任务、人员分工、安全措施和注意事项并签名：

　　陈××、王××、张××、孙××、冯×× _____

9. <u>2024</u> 年 <u>02</u> 月 <u>06</u> 日 <u>08</u> 时 <u>45</u> 分工作负责人确认工作票所列当前工作所需的安全措施全部执行完毕，下令开始工作。

10. 工作任务单登记

工作任务单编号	工作任务	小组负责人	工作许可时间	工作结束报告时间
无			____年__月__日__时__分	____年__月__日__时__分

11. 人员变更

11.1　工作负责人变动情况

　　原工作负责人_____离去，变更为工作负责人_____。

工作票签发人：_____　　　　　　____年__月__日__时__分

原工作负责人签名确认：_____

新工作负责人签名确认：_____　　　　____年__月__日__时__分

11.2　工作人员变动情况

<u>2024 年 02 月 06 日 10 时 14 分冯××加入　（工作负责人签名：李××）</u>

<u>2024 年 02 月 06 日 10 时 12 分王××离开　（工作负责人签名：李××）</u>

　　　　　　　　　　　　　　　　工作负责人签名：<u>李××</u>

12. 工作票延期

　　有效期延长到_____年__月__日__时__分。

工作负责人签名：_____　　　　　　____年__月__日__时__分

工作许可人签名：_____　　　　　　____年__月__日__时__分

（2）同一时间、相同停电范围，有多家单位或同一单位的不同班组分别持票进行施工作业时，设备运维管理单位指派的工作许可人应为同一人。

（3）各工作许可人应在完成工作票所列由其负责的停电和装设接地线等安全措施后，方可发出许可工作的命令。

许可方式

（1）配网停电作业应采取现场当面许可。许可过程均应做好录音。

（2）填用配电第二种工作票的配电线路地面工作，可不履行工作许可手续。持配电第二种工作票进入配电站所工作，应办理工作许可手续。

工作许可时间

工作许可时间不得早于计划工作开始时间。

8.【现场交底签名】

（1）工作班成员在明确了工作负责人和小组负责人交代的工作内容、人员分工、带电部位、现场布置的安全措施和工作的危险点及防范措施后，每个工作班成员在工作负责人所持工作票的本栏签名，不得代签。

（2）一张工作票多小组工作，使用工作任务单时，由各小组负责人在工作票上签名，其他小组成员分别在对应的工作任务单上签名。

9.【下令开始工作】

工作负责人确认工作票所列当前工作所需的安全措施一栏的时间，应为调度运维以及工作班所做的安措全部执行完毕之后，下令开始工作的时间。

10.【工作任务单登记】

若一张工作票下设多个小组工作，应将所有工作任务单编号、工作任务、小组负责人、工作许可时间、工作结束报告时间。没有则填"无"。

小组负责人

小组负责人应具备工作负责人资格。

工作许可时间

工作许可时间不应在下令开始工作时间之前。

工作结束报告时间

工作结束报告时间应在工作票终结时间之前。

11.【人员变更】工作负责人变动情况

（1）工作票签发人同意，在工作票上填写离去和变更的工作负责人姓名及变动时间，同时通知全体作业人员及工作许可人。

（2）工作票签发人无法当面办理，应通过电话通知工作许可人，由工作许可人和原工作负责人在各自所持工作票上填写工作负责人变更情况，并代工作票签发人签名。

（3）工作负责人的变动必须是在该工作票许可之后，如在工作票许可之前需变更工作负责人，则应由工作票签发人重新签发工作票。

工作人员变动情况

（1）班组人员每次发生变动，工作负责人要在工作票上即时注明变动情况（变更人员姓名、变更时间）并签名，不得最后一并签名。

（2）新增人员在明确了工作内容、人员分工、带电部位、现场安全措施和工作的危险点及防范措施，在工作负责人所持工作票第8栏签名确认后方可参加工作。

12.【工作票延期】

工作需延期，应在工作计划结束时间前由工作负责人向工作许可人提出申请，办理延期手续。对于需经调度许可的工作，工作许可人还应待得到调度许可后，方可与工作负责人办理工作票延期手续。工作票只能延期一次。

13. 每日开工和收工时间（使用一天的工作票不必填写）

收工时间	工作负责人	工作许可人	开工时间	工作许可人	工作负责人

14. 工作终结

14.1 工作班现场所装设接地线（接地刀闸）共 <u>0</u> 组、个人保安线共 <u>0</u> 组已全部拆除，工作班布置的其他安全措施已恢复，工作班人员已全部撤离现场，材料工具已清理完毕，杆塔、设备上已无遗留物。

14.2 工作终结报告

终结的线路或设备	报告方式	工作负责人	工作许可人	终结报告时间
10kV 恒嘉路 1 号线 1 号环网柜	当面	郑××	李××	2024 年 02 月 06 日 11 时 30 分

15. 工作票终结

已拆除工作许可人现场所挂 <u>无</u> （编号）接地线共 <u>0</u> 组；已拉开 <u>10kV 恒嘉路 1 号线 3 号环网柜 1024 接地刀闸、10kV 恒嘉路 1 号线 2 号环网柜 1014 接地刀闸</u>（编号）接地刀闸共 <u>2</u> 副。

工作票于 <u>2024</u> 年 <u>02</u> 月 <u>06</u> 日 <u>12</u> 时 <u>00</u> 分结束。

工作许可人：<u>李××</u>

16. 负责监护

指定专责监护人	被监护人	负责监护（地点及具体工作）
无		

17. 其他事项

　无。

3.9　低压配电箱及低压电缆更换

一、工作场景情况

（一）工作场景

10kV 安子桥线安潭 42-1 号杆安子桥配变低压配电箱及低压电缆更换。

（二）工作任务

低压电缆拆除：安子桥配变低压电缆拆除。

低压配电箱更换：安子桥配变低压配电箱拆除，新上配电箱。

新放电缆：敷设电缆、制作电缆头。

电缆搭接：电缆搭接。

（三）票种选择建议

配电第一种工作票。

（四）人员分工及安排

本次工作有 1 个作业地点：安子桥配变处，无需采取工作任务单。参与本次工作的共 12 人（含工作负责人），具体分工为：

谢××（工作负责人）：负责工作的整体协调组织及作业现场安全监护。

邓××、邓×、黄××、尹×、韩××、陶××、李××、陈××（工作班成员）：更换配电箱及电缆敷设、电缆头制作、电缆搭接，黄××、尹×、韩××在配变台架上进行杆上作业。

周××（专责监护人）：负责监护配电台架上作业人员与邻近带电体保持安全距离。

吴××（专责监护人）：负责监护邓××在安子桥配变 0.4kV 411 安子桥东线 001 杆上进行出线电缆更换、搭接工作。

郑××（专责监护人）：负责监护邓×在安子桥配变 0.4kV 412 安子桥西线 001 杆上进行出线电缆更换、搭接工作。

备注：10kV 安子桥线安潭 42-1 号杆线路及安子桥配变运维管理单位为配电班，安子桥配变低压电缆、低压配电箱及低压线路运维管理单位为供电所。

（五）场景接线图

低压配电箱、进出线电缆更换场景接线图见图 3-9。

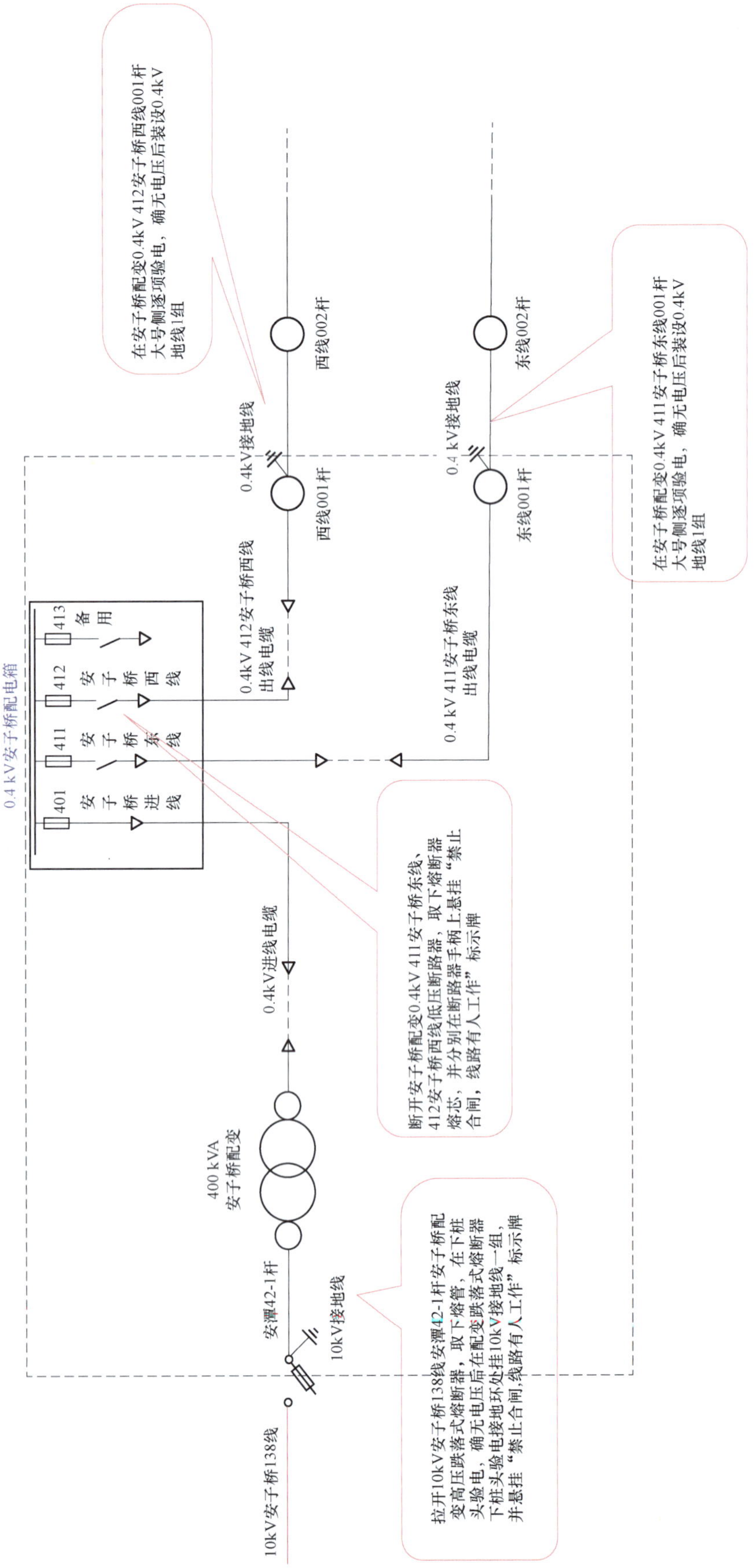

图 3-9　低压配电箱、进出线电缆更换场景接线图

二、工作票样例

配　电　第　一　种　工　作　票

单　位：××××工程有限公司　　　编　号：配Ⅰ202402001

1. 工作负责人：谢××　　　　**班　组：**综合班组

2. 工作班人员（不包括工作负责人）

邓××、邓×、黄××、尹×、韩××、陶××、李××、陈××、周××、吴××、郑××

共 11 人

3. 停电线路或设备名称（多回线路应注明双重称号）

10kV 安子桥线安子桥配变。

4. 工作任务

工作地点（地段）或设备［注明变（配）电站、线路名称、设备双重名称及起止杆号等］	工作内容
10kV 安子桥线安潭 42-1 号杆安子桥配变至安子桥配电箱	更换配电箱，更换进线电缆，电缆头制作搭接
安子桥配电箱至西线 001 杆	更换出线电缆
安子桥配电箱至东线 001 杆	更换出线电缆

5. 计划工作时间

自 2024 年 02 月 05 日 08 时 00 分至 2024 年 02 月 05 日 14 时 00 分。

6. 安全措施［应该为检修状态的线路、设备名称、应断开的断路器（开关）、隔离开关（刀闸）、熔断器，应合上的接地刀闸，应装设的接地线、绝缘隔板、遮栏（围栏）和标示牌等，装设的接地线应明确具体位置，必要时可附页绘图说明］

【票种选择】

本次作业为配电停电工作，使用配电第一种工作票，无需增持其他票种。

1.【班组】

对于包含工作负责人在内有两个及以上的班组人员共同进行的工作，应填写"综合班组"。

2.【工作班人员】

人员应取得准入资质，安排的人员应进行承载力分析，确保人数适当、充足；如有特种作业应安排具备相应资质的特种作业人员。不同单位需分行填写。

3.【停电线路或设备名称（多回线路应注明双重称号）】

（1）填写停电的配电线路电压等级、名称（多回线路应注明双重称号）、设备双重名称、起止杆号。

（2）填写停电的环网柜、开关站、箱式变电站等配电设备的电压等级、双重名称或停电范围。

（3）若全线（包括支线）停电，填写主线和支线。

（4）填写的配电线路名称、设备双重名称应与现场相符（包括电压等级）。

4.【工作任务】工作地点（地段）或设备［注明变（配）电站、线路名称、设备双重名称及起止杆号等］

（1）配电线路工作：填写工作线路（包括有工作的分支线路等）电压等级、名称（同杆双回或多回线路应注明线路位置称号）、工作地段起止杆号。

（2）配电设备工作：填写工作的变电站、环网柜、配电站、开关站等设备的电压等级、名称及检修工作区域和检修设备的双重名称，填写的设备名称应与现场相符（包括电压等级）。

工作内容

（1）工作内容应填写明确，术语规范，且不得超出相应停电申请单中的工作内容。

（2）应写明工作性质、内容［如：迁移、立杆、放线、更换架空地线、更换变压器、拆除（恢复）线路搭头等］。

（3）工作内容应填写完整，不得省略。消缺工作应写明消缺具体内容（例如处理×耐张搭头，更换×避雷器等），不得以维修、消缺等模糊词语涵盖工作内容。

（4）变（配）电站内和线路上均有工作时，为便于区分，应将变（配）电站的工作地点、工作内容排在前面，线路工作地点及内容排在站所工作的后面。

（5）不同工作地点的工作，应分行填写；工作地点与工作内容应一一对应。

5.【计划工作时间】

填写计划检修起始时间和结束时间，该时间应在调度批准的检修时间段内。

6.【安全措施】6.1 调控或运维人员［变（配）电站、发电厂等］应采取的安全措施

（1）填写涉及的变（配）电站或线路名称以及由调控或运维人员操作的各侧（包括变电站、配电站、用户站、各分支线路）断路器（开关）、隔离开关（刀闸）、熔断器，自动化设备控制电源、操作电源。

（2）填写变（配）电站内、线路上应合接地刀闸或应装接地线、应装绝缘挡板的编号和确切位置。

（3）填写变（配）电站内应装设遮栏以及应挂标示牌的名称和地点以及防止二次回路误碰等措施。

（4）变（配）电站内和线路上均需采取安全措施时，为便于区分，应将变（配）电站内应采取的

6.1　调控或运维人员［变（配）电站、发电厂等］应采取的安全措施	已执行
（1）应拉开安子桥配变配电箱内 0.4kV 411 安子桥东线、0.4kV 412 安子桥西线断路器（开关），取下出线熔断器熔芯，在 0.4kV 411 安子桥东线、0.4kV 412 安子桥西线断路器（开关）手柄处分别各挂一块"禁止合闸，线路有人工作！"标示牌	√
（2）应拉开 10kV 安子桥线安潭 42-1 号杆安子桥配变高压侧跌落式熔断器熔管	√
（3）在 10kV 安子桥线安潭 42-1 号杆安子桥配变高压侧跌落式熔断器下桩头验电，验明无电压后，在安子桥配变跌落式熔断器下桩头验电接地环处挂 10kV 高压接地线一组，编号：#01（10kV）	√
（4）应在 10kV 安子桥线安潭 42-1 号杆安子桥配变高压侧跌落式熔断器下桩头挂"禁止合闸，线路有人工作"标示牌	√
（5）应在安子桥配变 0.4kV 411 安子桥东线 001 杆大号侧逐相验电，确无电压后挂低压接地线 1 组，编号：#01（0.4kV）	√
（6）应在安子桥配变 0.4kV 412 安子桥西线 001 杆大号侧逐相验电，确无电压后挂低压接地线 1 组，编号：#02（0.4kV）	√

6.2　工作班完成的安全措施	已执行
在安子桥配变台架作业点周围设置围栏，并在围栏进出口处上悬挂"在此工作""从此进出"标示牌，在围栏四周向外挂"止步，高压危险"标示牌	√

6.3　工作班装设（或拆除）的接地线

线路名称、设备双重名称、装设位置	接地线编号	装拆情况		
		装设人	监护人	装设时间
无				
		拆除人	监护人	拆除时间

安全措施排在前面，线路上应采取的安全措施排在后面。

（5）涉及多个站所、多条线路和设备时，为避免混乱，各站所、线路和设备应逐一填写。例如：

1）变电站 A（如 110kV×变电站）：应断开×开关；应断开×刀闸……

2）变电站 B（如 35kV×变电站）：应断开×开关；应断开×刀闸……

3）10kV×线：应断开×开关；应在×装设接地线一组……

（6）变电站出线线路（电缆）工作涉及进出工作或借用变电站接地刀闸（接地线）作为工作班接地线的，则必将将变电站站内开关、刀闸、接地等安全措施列入工作票中，不涉及以上工作的只填写"确认 10kV××线路转为检修状态"。

（7）配电设备上熔断器在保持断开状态时，可采用熔断器拉开摘下熔管或熔断器拉开不摘下熔管的方式，在操作处悬挂"禁止合闸，线路有人工作！"标示牌即可。

（8）美式箱式变电站高压开关拉开后不需要加锁，欧式箱式变电站高压开关拉开后可以加锁。

（9）环网柜开关拉开后不需要再加锁，隔离开关（刀闸）及接地刀闸操作把手处应加锁。

（10）在低压用电设备上停电工作前，配电箱工作断开断路器，是否需要取下断路器熔丝应按现场实际情况确定，如配电箱断路器无熔丝的必须在配电箱箱门上加锁和悬挂标示牌。

已执行

以上安全措施完成后，工作负责人在接受许可时，应与工作许可人逐项核对确认并打"√"。

6.2 工作班完成的安全措施

（1）填写需要工作班操作停电的配电变压器及用户名称、应装设的遮栏（围栏）、交通警示牌等。

如：应拉开 10kV××线×配电变压器低压侧开关；在综合配电箱柜门把手上悬挂"禁止合闸，线路有人工作！"标示牌；在×处装设围栏……没有则填写"无"。

（2）由工作班装设的工作接地线可仅在"6.3"栏填写。

已执行

安全措施完成后，工作负责人逐项核对确认并打"√"。

6.3 工作班装设（或拆除）的接地线

线路名称、设备双重名称、装设位置

（1）填写应装设工作接地线（包括 0.4kV）的确切位置、地点；如 10kV××号杆支线侧。

（2）各工作班工作地段两端和有可能送电到停电线路的分支线（包括用户）都要接接地线。

（3）配合停电的交叉跨越或邻近线路，在线路的交叉跨越或邻近处附近应装设一组接地线；配合停电的同杆（塔）架设线路装设接地线要求与检修线路相同。

（4）工作地段无法装设工作接地线的，且与运维人员设设的接地线（接地刀闸）之间未连有断路器（开关）或熔断器，则运维人员装设的接地线（接地刀闸）可借用为工作接地线使用，不需要在本栏中再填写。

（5）若工作范围内均借用运维人员装设的接地线（接地刀闸）作为工作接地线使用，则本栏填写"无"。

接地线编号

（1）填写应装设的工作接地线（包括 0.4kV）的编号及电压等级。例：#01（10kV）。

续表

6.3	工作班装设（或拆除）的接地线		
线路名称、设备双重名称、装设位置	接地线编号	装拆情况	

		装设人	监护人	装设时间
		拆除人	监护人	拆除时间

6.4　配合停电应采取的安全措施	已执行
无	

6.5　保留或邻近的带电线路、设备：

10kV 安子桥线安潭 42-1 号杆安子桥配变跌落式熔断器上桩头及以上线路保持带电。

6.6　其他安全措施和注意事项：

（1）【安全距离】工作时与邻近带电部分保持安全距离：10kV 大于 0.7m，设专人监护。

（2）【高处作业】作业人员登杆前认真核对杆（塔）号，应检查登杆工具、电杆横向裂纹和金具锈蚀等情况。登杆、转移过程中不得失去保护。杆上作业正确使用安全带。上杆后应检查横担和其他构件牢固情况，上下传递物件应用绳索拴牢传递，禁止上下抛物。

（3）【防物体打击】作业人员佩戴好安全帽等个人安全防护措施，箱体在搬运、安装时应缓慢进行，确保安装过程中不发生倾倒、挤压。

工作票签发人签名：高×× 　　2024 年 02 月 04 日 14 时 10 分

工作票会签人签名：苏××（供电所）　2024 年 02 月 04 日 14 时 40 分

工作票会签人签名：赵××（配电班）　2024 年 02 月 04 日 15 时 10 分

工作负责人签名：谢×× 　　2024 年 02 月 04 日 16 时 08 分

6.7　其他安全措施和注意事项补充（由工作负责人或工作许可人填写）：

无。

（2）同一编号接地线不得重复。分段工作，同一编号的接地线可分段重复使用。

（3）接地线编号在装设接地线后由工作负责人在现场填写。

装设人、拆除人、监护人

装设、拆除接地线应有人监护，工作负责人将装设人、拆除人和监护人由工作负责人现场填写在工作票上，监护人利用手机拍摄的照片或者打印工作票 6.3 栏目页作为书面依据，装设（拆除）接地线结束时，监护人及时向工作负责人汇报，由工作负责人在工作票上记下装设（拆除）时间。

装设时间、拆除时间

（1）工作负责人依据现场工作班成员装设或拆除接地线完毕的时间填写。装设时间应在工作许可并完成安全交底之后，下达开始工作命令之前；拆除时间工作终结时间之前。

（2）分段装设的接地线应根据工作区段转移情况逐段填写。

（3）接地线装、拆时间填写应采用 24 小时制，填写年、月、日、时、分，如：2024 年 07 月 31 日 14 时 06 分。

6.4 配合停电线路应采取的安全措施

填写由非调控或运维人员负责的配合停电的线路名称及应断开的断路器（开关）、隔离开关（刀闸）、熔断器，应合上的接地刀闸或应装设的操作接地线。没有则填写"无"。

6.5 保留或邻近的带电线路、设备

应注明工作地点或地段保留或邻近的带电线路、设备的电压等级、双重名称及杆（塔）号，主要填写以下内容：

（1）邻近或交叉跨越的带电线路、设备名称（双重称号）。

（2）发电厂、变电站出口停电线路两侧的邻近带电线路。

（3）与工作地段邻近、平行或交叉且有可能误登误触的带电线路及设备。

（4）拉开后一侧有电、一侧无电的配电设备。如柱上开关、闸刀、跌落式熔断器等。

（5）变（配）电站、开关站内的配电设备工作，应填写工作地点及周围所保留的带电部位、带电设备名称。工作地点的低压交直流电源也应注明和交代清楚。

（6）没有则填写"无"。

6.6 其他安全措施和注意事项

根据工作现场的具体情况而采取的一些安全措施或有关安全注意事项。如：装设个人保安接地线；在杆上装设临时遮栏；防止倒杆应设临时拉线；线路交叉处、邻近带电设备的安全距离提示；起重作业、高处作业、有限空间作业、电气试验作业、放线撤线作业等现场的安全注意事项；在道路上放置提醒来往车辆和行人注意安全的交通警示牌等。

工作票签发人签名、工作负责人签名

确认工作票 1～6.6 项无误后，工作票签发人和工作负责人在签名栏内签名，并在时间栏内填入相应时间。"双签发"时应履行同样手续。

6.7 其他安全措施和注意事项补充（由工作负责人或工作许可人填写）

工作负责人或工作许可人根据现场的实际情况，补充安全措施和注意事项。无补充内容时填写"无"。

7. 工作许可

许可的线路或设备	许可方式	工作许可人	工作负责人签名	工作许可时间
安子桥配电箱至东线001杆	当面	陈××	谢××	2024 年 02 月 05 日 08 时 30 分
安子桥配电箱至西线001杆	当面	陈××	谢××	2024 年 02 月 05 日 08 时 30 分
10kV 安子桥线安潭42-1 号杆安子桥配变至安子桥配电箱	当面	董×	谢××	2024 年 02 月 05 日 08 时 33 分

8. 现场交底，工作班成员确认工作负责人布置的工作任务、人员分工、安全措施和注意事项并签名：

邓××、邓×、黄××、尹×、韩××、陶×× 李××、陈××、周××、吴××、郑××、张××

9. <u>2024</u> 年 <u>02</u> 月 <u>05</u> 日 <u>08</u> 时 <u>45</u> 分工作负责人确认工作票所列当前工作所需的安全措施全部执行完毕，下令开始工作。

10. 工作任务单登记

工作任务单编号	工作任务	小组负责人	工作许可时间	工作结束报告时间
无			____年__月__日__时__分	____年__月__日__时__分

11. 人员变更

11.1 工作负责人变动情况

原工作负责人_____离去，变更为工作负责人_____。

工作票签发人：_____   ____年__月__日__时__分

原工作负责人签名确认：_____

新工作负责人签名确认：_____   ____年__月__日__时__分

7.【工作许可】

（1）工作许可人和工作负责人分别在各自收执的工作票上填写许可的线路或设备名称、许可方式、工作许可人、工作负责人、许可工作时间。

（2）同一时间、相同停电范围，有多家单位或同一单位的不同班组分别持票进行施工作业时，设备运维管理单位指派的工作许可人应为同一人。

（3）各工作许可人应在完成工作票所列其负责的停电和装设接地线等安全措施后，方可发出许可工作的命令。

许可方式

（1）配网停电作业应采取现场当面许可。许可过程均应做好录音。

（2）填用配电第二种工作票的配电线路地面工作，可不履行工作许可手续。持配电第二种工作票进入配电站所工作，应办理工作许可手续。

工作许可时间

工作许可时间不得早于计划工作开始时间。

8.【现场交底签名】

（1）工作班成员在明确了工作负责人和小组负责人交代的工作内容、人员分工、带电部位、现场布置的安全措施和工作的危险点及防范措施后，每个工作班成员在工作负责人所持工作票的本栏签名，不得代签。

（2）一张工作票多小组工作，使用工作任务单时，由各小组负责人在工作票上签名，其他小组成员分别在对应的工作任务单上签名。

9.【下令开始工作】

工作负责人确认工作票所列当前工作所需的安全措施一栏的时间，应为调度运维以及工作班所做的安措全部执行完毕之后，下令开始工作的时间。

10.【工作任务单登记】

若一张工作票下设多个小组工作，应将所有工作任务单编号、工作任务、小组负责人、工作许可时间、工作结束报告时间。没有则填"无"。

小组负责人

小组负责人应具备工作负责人资格。

工作许可时间

工作许可时间不应在下令开始工作时间之前。

工作结束报告时间

工作结束报告时间应在工作票终结时间之前。

11.【人员变更】工作负责人变动情况

（1）工作票签发人同意，在工作票上填写离去和变更的工作负责人姓名及变动时间，同时通知全体作业人员及工作许可人。

（2）工作票签发人无法当面办理，应通过电话通知工作许可人，由工作许可人和原工作负责人在各自所持工作票上填写工作负责人变更情况，并代工作票签发人签名。

（3）工作负责人的变动必须是在该工作票许可之后，如在工作票许可之前需变更工作负责人，则应由工作票签发人重新签发工作票。

工作人员变动情况

（1）班组人员每次发生变动，工作负责人要在工作票上即时注明变动情况（变更人员姓名、变更时间）并签名，不得最后一并签名。

（2）新增人员在明确了工作内容、人员分工、带电部位、现场安全措施和工作的危险点及防范措施，在工作负责人所持工作票第8栏签名确认后方可参加工作。

11.2　工作人员变动情况

<u>2024 年 02 月 05 日 09 时 10 分　张××加入（工作负责人签名：谢××）</u>

工作负责人签名：谢××

12. 工作票延期

有效期延长到_____年___月___日___时___分。

工作负责人签名：_____　　　　　_____年___月___日___时___分

工作许可人签名：_____　　　　　_____年___月___日___时___分

12.【工作票延期】
工作需延期，应在工作计划结束时间前由工作负责人向工作许可人提出申请，办理延期手续。对于需经调度许可的工作，工作许可人还应得到调度许可后，方可与工作负责人办理工作票延期手续。工作票只能延期一次。

13. 每日开工和收工时间（使用一天的工作票不必填写）

收工时间	工作负责人	工作许可人	开工时间	工作许可人	工作负责人

13.【每日开工和收工时间（使用一天的工作票不必填写）】
（1）填写每日收工时间及次日开工时间，工作负责人、工作许可人分别签名确认。
（2）每日收工，工作负责人应得到小组负责人或全部工作班成员当日工作结束的报告，开好收工会并全部撤离工作现场后，向许可人汇报；次日复工时，工作负责人应经许可人同意并重新复核安全措施无误后方可工作。
（3）涉及多名工作许可人的工作，各工作许可人均应与工作负责人分别填写。

14. 工作终结

14.1　工作班现场所装设接地线（接地刀闸）共 0 组、个人保安线共 0 组已全部拆除，工作班布置的其他安全措施已恢复，工作班人员已全部撤离现场，材料工具已清理完毕，杆塔、设备上已无遗留物。

14.2　工作终结报告

终结的线路或设备	报告方式	工作负责人	工作许可人	终结报告时间
10kV 安子桥线安潭 42-1 号杆安子桥配变至安子桥配电箱	当面	谢××	董×	2024 年 02 月 05 日 13 时 27 分
安子桥配电箱至东线 001 杆	当面	谢××	陈××	2024 年 02 月 05 日 13 时 28 分
安子桥配电箱至西线 001 杆	当面	谢××	陈××	2024 年 02 月 05 日 13 时 28 分

14.【工作终结】
（1）填写拆除的所有工作接地线和个人保安线数量。
1）工作结束后，工作负责人（包括小组负责人）应检查工作地段的状况，确认没有遗留个人保安线和其他工具、材料，全部工作人员确已撤离，并经验收合格后方可命令拆除工作接地线等安全措施。
2）接地线拆除后，任何人不得再登杆工作或在设备上工作。
（2）工作终结报告。
1）工作终结后，工作负责人应及时报告工作许可人，若有其他单位的设备配合停电，还应及时通知配合停电设备运行管理单位的停电联系人。工作终结报告应当面进行。
2）报告结束后，工作许可人和工作负责人分别在各自收执的工作票上填写终结的线路或设备的名称、报告方式、工作负责人、工作许可人和终结报告时间，办理工作终结手续。工作一旦终结，任何工作人员不得进入工作现场。

15. 工作票终结

已拆除工作许可人现场所挂#01（10kV）［#01（0.4kV）、#02（0.4kV）］（编号）接地线共 1（2）组；已拉开 无 （编号）接地刀闸共 0 副。

工作票于 2024 年 02 月 05 日 14 时 00 分结束。

工作许可人：董××（陈××）

16. 负责监护

指定专责监护人	被监护人	负责监护（地点及具体工作）
周××	黄××、尹×、韩××	在安子桥配变台架上更换出线电缆及配电箱过程中与跌落式熔断器上桩头保持安全距离
吴××	邓××	在安子桥配变 0.4kV 411 安子桥东线 001 杆上进行出线电缆更换、搭接工作
郑××	邓×	在安子桥配变 0.4kV 412 安子桥西线 001 杆上进行出线电缆更换、搭接工作

17. 其他事项

无。

15.【工作票终结】
（1）填写拆除由工作许可人负责装设的接地线和接地刀闸编号、数量，以及工作票的终结时间。确认接地线和接地刀闸都已经拆除后，工作许可人签名。
（2）若不涉及接地线或接地刀闸，应在编号栏填"无"，在数量栏填"0"组（副），不得空白。
（3）拉开的接地刀闸编号栏应填写双重名称。
（4）工作票终结前，工作许可人在接到所有工作负责人的完工报告，实地检查确认停电范围内所有工作已结束，所有人员已撤离，所有接地线已拆除，与记录簿核对无误并做好记录后，方可下令拆除各侧安全措施。
（5）该项内容只需工作许可人所持票面填写。涉及多名工作许可人的工作票，各工作许可人负责各自所装设的接地线（接地刀闸）的拆除情况。

16.【负责监护】
（1）注明指定专责监护人、被监护人、负责监护地点及具体工作。如"指定专责监护人张三负责监护李四在 10kV×线×杆进行×工作"。
（2）对有触电危险、检修（施工）复杂容易发生事故的工作，如：在邻近带电线路和设备区域使用吊车、斗臂车等特种车辆的作业；有限空间作业等，应增设专责监护人，并确定其监护的人员和工作范围。
（3）该部分内容仅需在工作负责人所持工作票上填写。

17.【其他事项】
其他需要交代或需要记录的事项。例如：
（1）暂未拆除、继续使用的接地线由各工作许可人在各自所持工作票中备注。
（2）使用吊车的作业应在该栏注明吊车指挥人员。若在工作班成员栏目中已注明，则不需要在此填写。

3.10　箱式变电站低压开关更换

一、工作场景情况

（一）工作场景
10kV 坟头线东郊小镇 17 号箱式变电站更换 401 低压开关。

（二）工作任务
10kV 坟头线东郊小镇 17 号箱式变电站更换 401 低压开关。

（三）票种选择建议
配电第一种工作票。

（四）人员分工及安排

本次工作有 1 个作业地点：10kV 坟头线东郊小镇 17 号箱式变电站。参与本次工作的共 3 人（含工作负责人），具体分工为：

李××（工作负责人）：负责工作的整体协调组织及作业现场安全监护。

陈××（工作班成员）：负责更换东郊小镇 17 号箱式变电站 401 低压开关。

王××（工作班成员）：负责辅助更换东郊小镇 17 号箱式变电站 401 低压开关。

备注：10kV 坟头线东郊小镇 17 号箱式变电站高、低压设备运维管理单位为城区配电运检班。

（五）场景接线图

箱式变电站低压开关更换场景接线图见图 3-10。

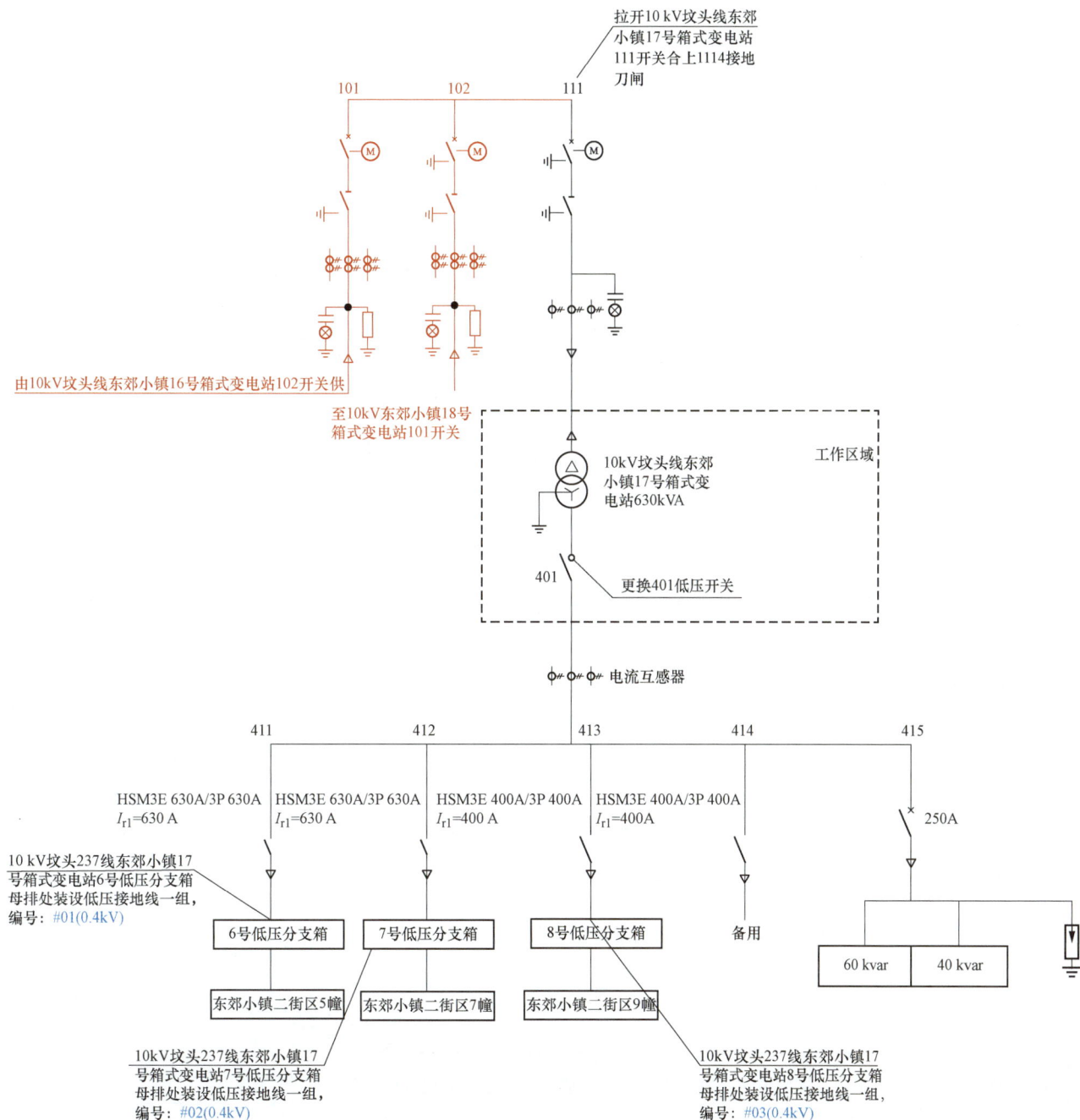

图 3-10　箱式变电站低压开关更换场景接线图

二、工作票样例

配电第一种工作票

单　位：××××工程有限公司　　　编　号：配I202402002

1. 工作负责人：李××　　　　　班　组：综合班组

2. 工作班人员（不包括工作负责人）

××××工程有限公司：陈××

××××工程有限公司：王××

共 2 人

3. 停电线路或设备名称（多回线路应注明双重称号）

10kV 坟头线东郊小镇 17 号箱式变电站。

4. 工作任务

工作地点（地段）或设备［注明变（配）电站、线路名称、设备双重名称及起止杆号等］	工作内容
10kV 坟头线东郊小镇 17 号箱式变电站低压室	更换 401 低压开关

5. 计划工作时间

自 2024 年 05 月 18 日 08 时 00 分 至 2024 年 05 月 18 日 12 时 00 分。

6. 安全措施［应该为检修状态的线路、设备名称、应断开的断路器（开关）、隔离开关（刀闸）、熔断器，应合上的接地刀闸，应装设的接地线、绝缘隔板、遮栏（围栏）和标示牌等，装设的接地线应明确具体位置，必要时可附页绘图说明］

6.1 调控或运维人员［变（配）电站、发电厂等］应采取的安全措施	已执行
10kV 坟头线东郊小镇 17 号箱式变电站	√

【票种选择】

本次作业为配电停电工作，使用配电第一种工作票，无需增持其他票种。

1.【班组】

对于包含工作负责人在内有两个及以上的班组人员共同进行的工作，应填写"综合班组"。

2.【工作班人员】

人员应取得准入资质，安排的人员应进行承载力分析，确保人数适当、充足；如有特种作业应安排具备相应资质的特种作业人员。不同单位需分行填写。

3.【停电线路或设备名称（多回线路应注明双重称号）】

（1）填写停电的配电线路电压等级、名称（多回线路应注明双重称号）、设备双重名称、起止杆号。

（2）填写停电的环网柜、开关站、箱式变电站等配电设备的电压等级、双重名称或停电范围。

（3）若全线（包括支线）停电，填写主线和支线。

（4）填写的配电线路名称、设备双重名称应与现场相符（包括电压等级）。

4.【工作任务】工作地点（地段）或设备［注明变（配）电站、线路名称、设备双重名称及起止杆号等］

（1）配电线路工作：填写工作线路（包括有工作的分支线路等）电压等级、名称（同杆双回或多回线路应注明线路位置称号）、工作地段起止杆号。

（2）配电设备工作：填写工作的变电站、环网柜、配电站、开关站等设备的电压等级、名称及检修工作区域和检修设备的双重名称，填写的设备名称应与现场相符（包括电压等级）。

工作内容

（1）工作内容应填写明确，术语规范，且不得超出相应停电申请单中的工作内容。

（2）应写明工作性质、内容［如：迁移、立杆、放线、更换架空地线、更换变压器、拆除（恢复）线路搭头等］。

（3）工作内容应填写完整，不得省略。消缺工作应写明消缺具体内容（例如处理×耐张搭头，更换×避雷器等），不得以维修、消缺等模糊词语涵盖工作内容。

（4）变（配）电站内和线路上均有工作时，为便于区分，应将变（配）电站的工作地点、工作内容排在前面，线路工作地点及内容排在站所工作的后面。

（5）不同工作地点的工作，应分行填写；工作地点与工作内容应一一对应。

5.【计划工作时间】

填写计划检修起始时间和结束时间，该时间应在调度批准的检修时间段内。

6.【安全措施】6.1 调控或运维人员［变（配）电站、发电厂等］应采取的安全措施

（1）填写涉及的变（配）电站或线路名称以及由调控或运维人员操作的各侧（包括变电站、配电站、用户侧、各分支线路）断路器（开关）、隔离开关（刀闸）、熔断器，自动化设备控制电源、操作电源。

（2）填写变（配）电站内、线路上应合接地刀闸或应装接地线、应装绝缘挡板的编号和确切位置。

（3）填写变（配）电站内应装设遮栏以及应挂标示牌的名称和地点以及应防止二次回路误碰等措施。

（4）变（配）电站内和线路上均需采取安全措施时，为便于区分，应将变（配）电站内应采取的

续表

6.1　调控或运维人员［变（配）电站、发电厂等］应采取的安全措施	已执行
1）应拉开 111 开关并加锁	√
2）应在 111 开关操作处悬挂"禁止合闸，线路有人工作！"标示牌	√
3）应合上 111 间隔 1114 接地刀闸并加锁	√
4）应拉开东郊小镇 17 号箱式变电站 411 低压出线开关并悬挂"禁止合闸，有人工作！"标示牌	√
5）应在 6 号低压分支箱母排处装设低压接地线一组#01（0.4kV）	√
6）应拉开东郊小镇 17 号箱式变电站 412 低压出线开关并悬挂"禁止合闸，有人工作！"标示牌	√
7）应在 7 号低压分支箱母排处装设低压接地线一组#02（0.4kV）	√
8）应拉开东郊小镇 17 号箱式变电站 415 低压出线开关并悬挂"禁止合闸，有人工作！"标示牌	√
9）应拉开东郊小镇 17 号箱式变电站 413 低压出线开关并悬挂"禁止合闸，有人工作！"标示牌	√
10）应在 8 号低压分支箱母排处装设低压接地线一组#03（0.4kV）	√

6.2　工作班完成的安全措施	已执行
（1）在 10kV 坟头线东郊小镇 17 号箱式变电站工作地点周围设安全围栏，在围栏上悬挂"止步，高压危险"标示牌，并在出入口悬挂"从此进出""在此工作"标示牌	√
（2）在 10kV 坟头线东郊小镇 17 号箱式变电站低压室 401 低压开关工作地点设置"在此工作"标示牌	√

6.3　工作班装设（或拆除）的接地线

线路名称、设备双重名称、装设位置	接地线编号	装拆情况		
无		装设人	监护人	装设时间
		拆除人	监护人	拆除时间

安全措施排在前面，线路上应采取的安全措施排在后面。

（5）涉及多个站所、多条线路和设备时，为避免混乱，各站所、线路和设备应逐一填写。例如：

1）变电站 A（如 110kV×变电站）：应断开×开关；应断开×刀闸……

2）变电站 B（如 35kV×变电站）：应断开×开关；应断开×刀闸……

3）10kV×线：应断开×开关；应在×装设接地线一组……

（6）变电站出线线路（电缆）工作涉及进站工作或借用变电站接地刀闸（接地线）作为工作班接地线的，则必须将变电站内开关、刀闸、接地等安全措施列入工作票中，不涉及以上工作的只填写"确认 10kV××线路转为检修状态"。

（7）配电设备上熔断器在保持断开状态时，可采用熔断器拉开摘下熔管或熔断器拉开不摘下熔管的方式，在操作处悬挂"禁止合闸，线路有人工作！"标示牌即可。

（8）美式箱式变电站高压开关拉开后不需要加锁，欧式箱式变电站高压开关拉开后可以加锁。

（9）环网柜开关拉开后不需要再加锁，隔离开关（刀闸）及接地刀闸操作把手处应加锁。

（10）在低压用电设备上停电工作前，配电箱工作断开断路器，是否需要取下断路器熔丝应按现场实际情况确定，如配电箱断路器无熔丝的必须在配电箱门上加锁和悬挂标示牌。

已执行

以上安全措施完成后，工作负责人在接受许可时，应与工作许可人逐项核对确认并打"√"。

6.2 工作班完成的安全措施

（1）填写需要工作班操作停电的配电变压器及用户名称、应装设的遮栏（围栏）、交通警示牌等。

如：应拉开 10kV×线×配电变压器低压侧开关；在综合配电箱柜门把手上悬挂"禁止合闸，线路有人工作！"标示牌；在×处装设围栏……没有则填写"无"。

（2）由工作班装设的工作接地线可仅在"6.3"栏填写。

已执行

安全措施完成后，工作负责人逐项核对确认并打"√"。

6.3 工作班装设（或拆除）的接地线

线路名称、设备双重名称、装设位置

（1）填写应装设工作接地线（包括 0.4kV）的确切位置、地点，如 10kV×线×号杆支线侧。

（2）各工作班工作地段两端和有可能送电到停电线路的分支线（包括用户）都要挂接地线。

（3）配合停电的交叉跨越或邻近线路，在线路的交叉跨越或邻近处附近应装设一组接地线；配合停电的同杆（塔）架设线路装设接地线要求与检修线路相同。

（4）工作地点无法装设工作接地线的，且与运维人员装设的接地线（接地刀闸）之间未连有断路器（开关）或熔断器，则运维人员装设的接地线（接地刀闸）可借用为工作接地线使用，不需要在本栏内再填写。

（5）若工作范围内均借用运维人员装设的接地线（接地刀闸）作为工作接地线使用，则本栏填写"无"。

接地线编号

（1）填写应装设的工作接地线（包括 0.4kV）的编号及电压等级。例：#01（10kV）。

（2）同一编号接地线不得重复。分段工作，同一编号的接地线可分段重复使用。

续表

6.3 工作班装设（或拆除）的接地线

线路名称、设备双重名称、装设位置	接地线编号	装拆情况		
		装设人	监护人	装设时间
		拆除人	监护人	拆除时间
		装设人	监护人	装设时间
		拆除人	监护人	拆除时间

6.4 配合停电线路应采取的安全措施	已执行
无	

6.5 保留或邻近的带电线路、设备：

10kV 坟头线东郊小镇 17 号箱式变电站 111 间隔相邻的 102 及 111 间隔母线侧带电运行。

6.6 其他安全措施和注意事项：

【电容放电】需将电源与电容断开，使用专用工具，将其连接到电容两端数秒钟，直到电容完全充分放电。

工作票签发人签名：邓××   2024 年 05 月 17 日 14 时 10 分

工作票会签人签名：周××   2024 年 05 月 17 日 14 时 40 分

工作负责人签名：李××   2024 年 05 月 17 日 16 时 08 分

6.7 其他安全措施和注意事项补充（由工作负责人或工作许可人填写）：

无。

7. 工作许可

许可的线路或设备	许可方式	工作许可人	工作负责人签名	工作许可时间
10kV 坟头线东郊小镇 17 号箱式变电站低压室	当面	郑××	李××	2024 年 05 月 18 日 8 时 25 分

（3）接地线编号在装设好接地线后由工作负责人在现场填写。

装设人、拆除人、监护人

装设、拆除接地线应有人监护，工作负责人将装设人、拆除人和监护人由工作负责人现场填写在工作票上，监护人利用手机拍摄的照片或者打印工作票 6.3 栏目页作为书面依据，装设（拆除）接地线结束时，监护人及时向工作负责人汇报，由工作负责人在工作票上记下装设（拆除）时间。

装设时间、拆除时间

（1）工作负责人依据现场工作班成员装设或拆除接地线完毕的时间填写。装设时间应在工作许可并完成安全交底之后，下达开始工作命令之前；拆除时间工作终结时间之前。

（2）分段装设的接地线应根据工作区段转移情况逐段填写。

（3）接地线装、拆时间填写应采用 24 小时制，填写年、月、日、时、分，如：2024 年 07 月 31 日 14 时 06 分。

6.4 配合停电线路应采取的安全措施

填写由非调控或运维人员负责的配合停电的线路名称及应断开的断路器（开关）、隔离开关（刀闸）、熔断器，应合上的接地刀闸或应装设的操作接地线。没有则填写"无"。

6.5 保留或邻近的带电线路、设备

应注明工作地点或地段保留或邻近的带电线路、设备的电压等级、双重名称及杆（塔）号，主要填写以下内容：

（1）邻近或交叉跨越的带电线路、设备名称（双重称号）。

（2）发电厂、变电站出口停电线路两侧的邻近带电线路。

（3）与工作地段邻近、平行或交叉且有可能误登误触的带电线路及设备。

（4）拉开后一侧有电、一侧无电的配电设备。如柱上开关、闸刀、跌落式熔断器等。

（5）变（配）电站、开闭所内的配电设备工作，应填写工作地点及周围所保留的带电部位、带电设备名称。工作地点的低压交直流电源也应注明和交代清楚。

（6）没有则填写"无"。

6.6 其他安全措施和注意事项

根据工作现场的具体情况而采取的一些安全措施或有关安全注意事项。如：装设个人保安接地线；在杆下装设临时围栏；防止倒杆应设临时拉线；线路交跨处、邻近带电设备的安全距离提示；起重作业、高处作业、有限空间作业、电气试验作业、放线撤线作业等现场的安全注意事项；在道路上放置提醒来往车辆和行人注意安全的交通警示牌等。

工作票签发人签名、工作负责人签名

确认工作票 1～6.6 项无误后，工作票签发人和工作负责人在签名栏内签名，并在时间栏内填入相应时间。"双签发"时应履行同样手续。

6.7 其他安全措施和注意事项补充（由工作负责人或工作许可人填写）

工作负责人或工作许可人根据现场的实际情况，补充安全措施和注意事项。无补充内容时填写"无"。

7.【工作许可】

（1）工作许可人和工作负责人分别在各自收执的工作票上填写许可的线路或设备名称、许可方式、工作许可人、工作负责人、许可工作时间。

（2）同一时间、相同停电范围，有多家单位或同一单位的不同班组分别持票进行施工作业时，设备运维管理单位指派的工作许可人应为同一人。

8. 现场交底，工作班成员确认工作负责人布置的工作任务、人员分工、安全措施和注意事项并签名：

　　陈××、王××、王××

9. <u>2024</u> 年<u>05</u> 月<u>18</u> 日<u>08</u> 时<u>40</u> 分工作负责人确认工作票所列当前工作所需的安全措施全部执行完毕，下令开始工作。

10. 工作任务单登记

工作任务单编号	工作任务	小组负责人	工作许可时间	工作结束报告时间
无			____年__月__日 __时__分	____年__月__日 __时__分

11. 人员变更

11.1 工作负责人变动情况

　　原工作负责人_____离去，变更为工作负责人_____。

工作票签发人：_____　　　　　____年__月__日__时__分

原工作负责人签名确认：_____

新工作负责人签名确认：_____　　　　____年　月　日　__时__分

11.2 工作人员变动情况

2024 年 05 月 18 日 08 时 52 分王××加入　（工作负责人签名：李××）

　　　　　　　　　　　工作负责人签名：<u>李××</u>

12. 工作票延期

　　有效期延长到_____年__月__日__时__分。

工作负责人签名：_____　　　　____年__月__日__时__分

工作许可人签名：_____　　　　____年__月__日__时__分

（3）各工作许可人应在完成工作票所列由其负责的停电和装设接地线等安全措施后，方可发出许可工作的命令。

许可方式

（1）配网停电作业应采取现场当面许可。许可过程均应做好录音。

（2）填用配电第二种工作票的配电线路地面工作，可不履行工作许可手续。持配电第二种工作票进入配电站所工作，应办理工作许可手续。

工作许可时间

工作许可时间不得早于计划工作开始时间。

8.【现场交底签名】

（1）工作班成员在明确了工作负责人和小组负责人交代的工作内容、人员分工、带电部位、现场布置的安全措施和工作的危险点及防范措施后，每个工作班成员在工作负责人所持工作票的本栏签名，不得代签。

（2）一张工作票多小组工作，使用工作任务单时，由各小组负责人在工作票上签名，其他小组成员分别在对应的工作任务单上签名。

9.【下令开始工作】

工作负责人确认工作票所列当前工作所需的安全措施一栏的时间，应为调度运维以及工作班所做的安全措施全部执行完毕之后，下令开始工作的时间。

10.【工作任务单登记】

若一张工作票下设多个小组工作，应将所有工作任务单编号、工作任务、小组负责人、工作许可时间、工作结束报告时间。没有则填"无"。

小组负责人

小组负责人应具备工作负责人资格。

工作许可时间

工作许可时间不应在下令开始工作时间之前。

工作结束报告时间

工作结束报告时间应在工作票终结时间之前。

11.【人员变更】工作负责人变动情况

（1）工作票签发人同意，在工作票上填写离去和变更的工作负责人姓名及变动时间，同时通知全体作业人员及工作许可人。

（2）工作票签发人无法当面办理，应通过电话通知工作许可人，由工作许可人和原工作负责人在各自所持工作票上填写工作负责人变更情况，并代工作票签发人签名。

（3）工作负责人的变动必须是在该工作票许可之后，如在工作票许可之前需变更工作负责人，则应由工作票签发人重新签发工作票。

工作人员变动情况

（1）班组人员每次发生变动，工作负责人要在工作票上即时注明变动情况（变更人员姓名、变更时间）并签名，不得最后一并签名。

（2）新增人员在明确了工作内容、人员分工、带电部位、现场安全措施和工作的危险点及防范措施，在工作负责人所持工作票第8栏签名确认后方可参加工作。

12.【工作票延期】

工作需延期，应在工作计划结束时间前由工作负责人向工作许可人提出申请，办理延期手续。对于需经调度许可的工作，工作许可人还应得到调度许可后，方可与工作负责人办理工作票延期手续。工作票只能延期一次。

13. 每日开工和收工时间（使用一天的工作票不必填写）

收工时间	工作负责人	工作许可人	开工时间	工作许可人	工作负责人

14. 工作终结

14.1 工作班现场所装设接地线（接地刀闸）共 <u>0</u> 组、个人保安线共 <u>0</u> 组已全部拆除，工作班布置的其他安全措施已恢复，工作班人员已全部撤离现场，材料工具已清理完毕，杆塔、设备上已无遗留物。

14.2 工作终结报告

终结的线路或设备	报告方式	工作负责人	工作许可人	终结报告时间
10kV 坟头线东郊小镇 17 号箱式变电站低压室	当面	李××	郑××	2024 年 05 月 18 日 10 时 46 分

15. 工作票终结

已拆除工作许可人现场所挂#01（0.4kV）、#02（0.4kV）、#03（0.4kV）（编号）接地线共 <u>3</u> 组；已拉开 <u>10kV 坟头线东郊小镇 17 号箱式变电站 111 间隔 1114</u>（编号）接地刀闸共 <u>1</u> 副。

工作票于 <u>2024</u> 年 <u>05</u> 月 <u>18</u> 日 <u>11</u> 时 <u>00</u> 分结束。

工作许可人：郑××

16. 负责监护

指定专责监护人	被监护人	负责监护（地点及具体工作）
无		

17. 其他事项

无。

13.【每日开工和收工时间（使用一天的工作票不必填写）】

（1）填写每日收工时间及次日开工时间，工作负责人、工作许可人分别签名确认。

（2）每日收工，工作负责人应得到小组负责人或全部工作班成员当日工作结束的报告，开好收工会并全部撤离工作现场后，向许可人汇报；次日复工时，工作负责人应经许可人同意并重新复核安全措施无误后方可工作。

（3）涉及多名工作许可人的工作，各工作许可人均应与工作负责人分别填写。

14.【工作终结】

（1）填写拆除的所有工作接地线和个人保安线数量。

1）工作结束后，工作负责人（包括小组负责人）应检查工作地段的状况，确认没有遗留个人保安线和其他工具、材料，全部工作人员确已撤离，并经验收合格后方可命令拆除工作接地线等安全措施。

2）接地线拆除后，任何人不得再登杆工作或在设备上工作。

（2）工作终结报告。

1）工作终结后，工作负责人应及时报告工作许可人，若有其他单位的设备配合停电，还应及时通知配合停电设备运行管理单位的停电联系人。工作终结报告应当面进行。

2）报告结束后，工作许可人和工作负责人分别在各自收执的工作票上填写终结的线路或设备的名称、报告方式、工作负责人、工作许可人和终结报告时间，办理工作终结手续。工作一旦终结，任何工作人员不得进入工作现场。

15.【工作票终结】

（1）填写拆除由工作许可人负责装设的接地线和接地刀闸编号、数量，以及工作票的终结时间。确认接地线和接地刀闸都已经拆除后，工作许可人签名。

（2）若不涉及接地线或接地刀闸，应在编号栏填"无"，在数量栏填"0"组（副），不得空白。

（3）拉开的接地刀闸编号栏应填写双重名称。

（4）工作票终结前，工作许可人在接到所有工作负责人的完工报告，实地检查确认停电范围内所有工作已结束，所有人员已撤离，所有接地线已拆除，与记录簿核对无误并做好记录后，方可下令拆除各侧安全措施。

（5）该项内容只需工作许可人所持票面填写。涉及多名工作许可人的工作票，各工作许可人负责各自所装设的接地线（接地刀闸）的拆除情况。

16.【负责监护】

（1）注明指定专责监护人、被监护人、负责监护地点及具体工作。如"指定专责监护人张三负责监护李四在 10kV×线×杆进行×工作"。

（2）对有触电危险、检修（施工）复杂容易发生事故的工作，如：在邻近带电线路和设备区域使用吊车、斗臂车等特种车辆的作业；有限空间作业等，应增设专责监护人，并确定其监护的人员和工作范围。

（3）该部分内容仅需在工作负责人所持工作票中填写。

17.【其他事项】

其他需要交代或需要记录的事项。例如：

（1）暂未拆除、继续使用的接地线由各工作许可人在各自所持工作票中备注。

（2）使用吊车的作业应在该栏注明吊车指挥人员。若在工作班成员栏目中已注明，则不需要在此填写。

3.11　低压配电柜更换

一、工作场景情况

（一）工作场景

10kV 屏鸿 113 线天鸿苑 1 号配电房 411 低压配电柜更换。

（二）工作任务

终端拆除：10kV 屏鸿 113 线天鸿苑 1 号配电房 411 低压配电柜电缆终端拆除并落入电缆沟中。

低压配电柜更换：10kV 屏鸿 113 线天鸿苑 1 号配电房 411 低压配电柜处，拆除旧低压配电柜，安装新低压配电柜。

电缆搭接：10kV 屏鸿 113 线天鸿苑 1 号配电房 411 低压配电柜电缆头搭接。

（三）票种选择建议

低压工作票。

（四）人员分工及安排

本次工作有 1 个作业地点：10kV 屏鸿 113 线天鸿苑 1 号配电房 411 低压配电柜，可以设置专责监护人。本张工作票选择设置专责监护人。参与本次工作的共 10 人（含工作负责人），具体分工为：

李××（工作负责人）：负责工作的整体协调组织及作业现场安全监护。

陈××（专责监护人）：负责对钱××进行电缆沟中气体检测及通风工作进行监护。

杨××、王××（工作班成员）：负责进行 10kV 屏鸿 113 线天鸿苑 1 号配电房 411 低压配电柜电缆终端拆除并落入电缆沟中、新上低压配电柜电缆终端搭接。

张××、甲××、孙××、乙××、赵××（工作班成员）：负责进行 10kV 屏鸿 113 线天鸿苑 1 号配电房 411 低压配电柜更换工作。

备注：如低压配电柜需要切割、电焊，需配合使用动火工作票。

（五）场景接线图

低压配电柜更换场景接线图见图 3-11。

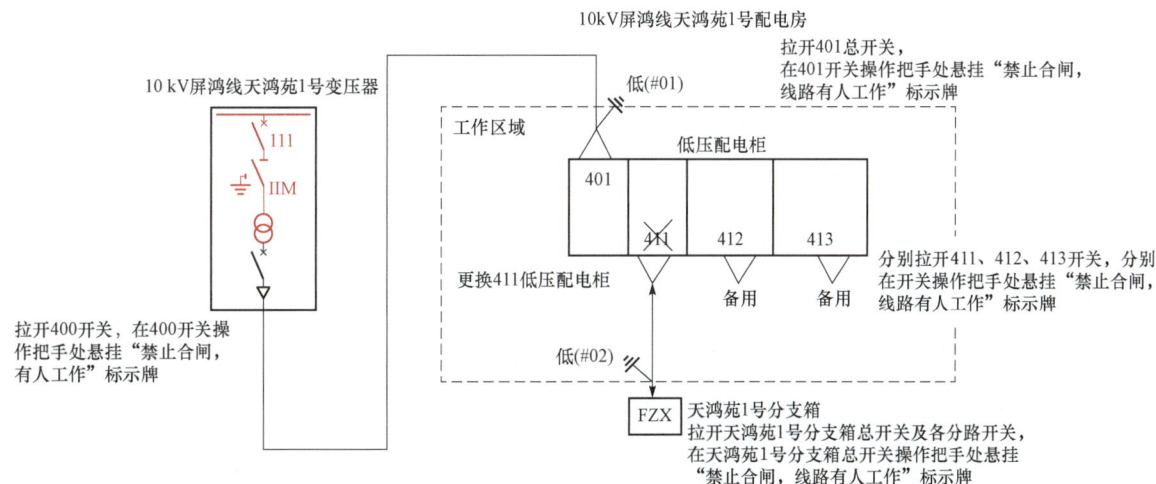

图 3-11　低压配电柜更换场景接线图

二、工作票样例

<table>
<tr><td>

低 压 工 作 票

单　位：×××工程有限公司　　**编　号：**DY202411001

1. 工作负责人：李××　　　　　**班　组：**综合班组

2. 工作班成员（不包括工作负责人）

　×××工程有限公司：陈××

　×××工程有限公司：王××、张××、孙××、赵××、杨××、甲××、乙××、钱××

共 9 人

3. 工作的线路名称、设备双重名称、工作任务

　10kV 屏鸿线天鸿苑 1 号变：411 低压配电柜更换、原低压电缆拆除落至电缆沟中、搭接、孔洞封堵。

4. 计划工作时间

　自 2024 年 05 月 05 日 08 时 00 分至 2024 年 05 月 05 日 12 时 00 分。

5. 安全措施（必要时可附页绘图说明）

5.1　工作的条件和应采取的安全措施（停电、接地、隔离和装设的安全遮拦、围栏、标示牌等）

　（1）检查确认天鸿苑 1 号变 400 总开关已拉开，在 400 开关操作把手处悬挂"禁止合闸，线路有人工作！"标示牌。

　（2）检查确认天鸿苑 1 号变低压配电柜 401 总开关已拉开，在 401 总开关操作把手处悬挂"禁止合闸，线路有人工作！"标示牌。

　（3）检查确认天鸿苑低压配电柜 411、412、413 开关已拉开，在 411、412、413 开关操作把手处悬挂"禁止合闸，线路有人工作！"标示牌。

　（4）检查确认 400V 天鸿苑 1 号分支箱总开及各分路开关已拉开。

　（5）应在 400V 天鸿苑 1 号分支箱总开关操作把手处悬挂"禁止合闸，线路有人工作！"标示牌。

</td></tr>
</table>

【票种选择】
本次作业为配电低压工作，使用配电低压工作票，无需增持其他票种。

1.【班组】
对于包含工作负责人在内有两个及以上的班组人员共同进行的工作，应填写"综合班组"。

2.【工作班成员】
人员应取得准入资质，安排的人员应进行承载力分析，确保人数适当、充足；如有特种作业应安排具备相应资质的特种作业人员。不同单位需分行填写。

3.【工作的线路名称、设备双重名称、工作任务】
（1）填写工作线路（包括有工作的分支线路等）电压等级、双重名称（同杆双回或多回线路应注明线路位置称号）、工作地段起止杆号及对应的工作内容。
（2）工作内容应填写明确，术语规范。必须将所有工作内容填全，不得省略。

4.【计划工作时间】
填写计划检修起始时间和结束时间，该时间应在调度批准的检修时间段内。

5.【安全措施】5.1 工作的条件和应采取的安全措施
（1）填写应改为检修状态的线路或设备双重名称，以及应采取的停电、接地、隔离和装设的安全遮拦、围栏、标示牌等措施。
（2）由工作许可人完成的安全措施填写"检查确认……"或"应……"；由工作班完成的安全措施填写具体操作内容。

（6）应在天鸿苑 1 号配电房 401 开关柜进线电缆侧逐相验电，确无电压后在进线电缆头处装设低压接地线一组#01（0.4kV）。

（7）应在 400V 天鸿苑 1 号分支箱进线电缆侧逐相验电，确无电压后在进线电缆头处装设低压接地线一组#02（0.4kV）。

（8）在天鸿苑 1 号配电房天鸿苑低压配电柜 411 开关柜工作地点四周设置安全围栏悬挂"止步，高压危险！"标示牌，并在出入口悬挂"从此进出""在此工作"标示牌；在天鸿苑 1 号配电房 411 低压配电柜门前设"在此工作！"标示牌。

5.2　保留带电部位

10kV 屏鸿 113 线天鸿苑 1 号配电房 1 号变压器带电运行。

5.3　其他安全措施和注意事项

（1）【防触电】工作人员在验电及装设接地线过程中应戴绝缘手套。

（2）【安全距离】工作时与邻近的带电部分保持安全距离：10kV 大于 0.7m。

（3）【有限空间作业】未经通风和检测合格，任何人员不得进入有限空间作业。检测的时间不得早于作业开始前 30min。设置警示牌，配置安全防护装备、应急救援装备，经气体检测合格后施工人员方可进入工作并设专人监护，作业过程中应保持持续通风。

（4）【起重作业】人工起吊、搬运时，统一指挥，起吊前应先试行起吊，确认无异常方可起吊。起吊过程中，在吊臂和起吊物下方禁止有人行走或停留，在起重工作区域内禁止工作无关人员行走或停留。起重时与 10kV 带电部分保持 2.0m 安全距离。

5.4　应装设的接地线

线路名称或设备双重名称和装设位置	接地线编号	装设时间	拆除时间
无			

工作票签发人签名： 吴×× 　2024 年 05 月 03 日 09 时 10 分

工作票会签人签名： 严××（配电班）　2024 年 05 月 03 日 11 时 40 分

工作负责人签名： 李×× 　2024 年 05 月 04 日 08 时 18 分

5.2 保留的带电部位
应注明工作地点或地段保留的带电线路、设备的名称及杆号，包括同杆架设、平行、交叉跨越的线路名称。配电线路、分接箱中断开的开关、刀闸带电侧等均应在工作票中注明。没有则填"无"。

5.3 其他安全措施和注意事项
填写需要特别说明的安全注意事项。没有则填写"无"。

5.4 应装设的接地线
线路名称、设备双重名称、装设位置
填写应装设工作接地线的确切位置、地点；如 0.4kV×线×号杆加号侧。
（1）各工作班工作地段两端和有可能送到停电线路的分支线（包括用户）都要接接地线。
（2）配合停电线路上的接地线，可以只在停电检修线路工作地点附近安装一组；在需要升降线时应挂两组接地线。
（3）该栏仅需要填写工作班装设的接地线。
接地线编号
填写应装设接地线的编号。分段工作，同一编号的接地线可分段重复使用。接地线编号栏在挂好接地线后由工作负责人在现场填写。
装设时间、拆除时间
工作负责人依据现场工作班成员装设或拆除接地线完毕的时间填写。分段装设的接地线根据工作区段转移情况逐段填写。
工作票签发人、工作负责人签名
对上述工作任务、安全措施及注意事项确认无误后，工作票签发人、工作负责人签名并填写相应时间。"双签发"时应履行同样手续。

6. 工作许可

6.1 现场补充的安全措施

无。

6.2 确认本工作票安全措施正确完备，许可工作开始

许可的线路或设备	许可方式	工作许可人	工作负责人签名	工作许可时间
天鸿苑 1 号变 411 低压配电柜	当面	吕××	李××	2024 年 05 月 05 日 08 时 12 分

7. 现场交底，工作班成员确认工作负责人布置的工作任务、人员分工、安全措施和注意事项并签名：

陈××、杨××、王××、张××、孙××、赵××、钱××、甲××、乙××

8. <u>2024</u> 年 <u>05</u> 月 <u>05</u> 日 <u>08</u> 时 <u>18</u> 分工作负责人确认工作票所列安全措施全部执行完毕，下令开始工作。

9. 每日开工和收工时间（使用一天的工作票不必填写）

收工时间	工作负责人	工作许可人	开工时间	工作许可人	工作负责人

10. 工作票延期

有效期延长到＿＿＿＿年＿＿月＿＿日＿＿时＿＿分。

工作负责人签名：＿＿＿＿　　　　＿＿＿＿年＿＿月＿＿日＿＿时＿＿分

工作许可人签名：＿＿＿＿　　　　＿＿＿＿年＿＿月＿＿日＿＿时＿＿分

11. 工作终结

工作班现场所装设接地线（接地刀闸）共 <u>0</u> 组、个人保安线共 <u>0</u> 组已全

6.【工作许可】6.1 现场补充的安全措施

工作负责人或工作许可人根据现场的实际情况，补充其他安全措施和注意事项。无补充内容时填"无"。

6.2 确认本工作票安全措施正确完备，许可工作开始

工作许可人和工作负责人在工作票上填写许可方式、许可工作时间，并分别签名。

7.【现场交底签名】

工作班成员在明确了工作负责人交代的工作内容、人员分工、带电部位、现场布置的安全措施和工作的危险点及防范措施后，每个工作班成员在工作负责人所持的工作票本栏签名（空间不足时，可在开工会记录上签名或另附页；签名只需一处），不得代签。

8.【下令开始工作】

工作负责人确认工作票所列当前工作所需的安全措施全部执行完毕之后，下令开始工作的时间。

9.【每日开工和收工时间】

（1）填写每日收工时间及次日开工时间，工作负责人、工作许可人分别签名确认。

（2）每日收工，工作负责人应得到小组负责人或全部工作班成员当日工作结束的报告，开好收工会并全部撤离工作现场后，向许可人汇报；次日复工时，工作负责人应经许可人同意并重新复核安全措施无误后方可工作。

（3）涉及多名工作许可人的工作，各工作许可人均应与工作负责人分别填写。

10.【工作票延期】

工作需延期，应在工作计划结束时间前由工作负责人向工作许可人提出申请，办理延期手续。对于需经调度许可的工作，工作许可人还应得到调度许可后，方可与工作负责人办理工作票延期手续。工作票只能延期一次。

11.【工作终结】

所有工作结束，由工作负责人检查所有工作班装设的安全措施已拆除，材料工具已清理，现场作业正确完工，向工作许可人报告工作终结。

部拆除，工作班布置的其他安全措施已恢复，工作班人员已全部撤离现场，工具、材料已清理完毕，杆塔、设备上已无遗留物。

工作负责人签名：李×× 　　工作许可人签名：吕××

工作终结时间：2024 年 05 月 05 日 11 时 35 分

12. 备注

　　无。

12.【备注】
填写工作负责人、工作班成员、专责监护人变动信息，吊车作业指挥人员信息等其他需要说明的事项。

3.12　低压线及进户线更换

一、工作场景情况

（一）工作场景

北尚庄 1 号配变 0.4kV 411 北尚庄东线 002～006 杆更换低压导线及进户线。

（二）工作任务

低压导线更换：北尚庄 1 号配变 0.4kV 411 北尚庄东线 002～006 杆更换导线。

进户线更换：北尚庄 1 号配变 0.4kV 411 北尚庄东线 006 杆更换进户线。

（三）票种选择建议

低压工作票。

（四）人员分工及安排

本次工作有 3 个作业地点，放撤线工作应设置专人指挥，其余工作负责人可以兼顾，故未设置专责监护人。参与本次工作的共 17 人（含工作负责人），具体分工为：

赵××（工作负责人）：负责工作的整体协调组织及作业现场安全监护。

作业点 1：放线点，0.4kV 411 北尚庄东线 002 杆附近。

李××、王××（工作班成员）：放线工作。

孙×（工作班成员）：负责指挥放撤线工作，及全程跟踪新线旧线连接点。

作业点 2：0.4kV 411 北尚庄东线 002～006 杆。

邓××、陶××、尹×、韩××、黄××（工作班成员）：杆上作业人员，负责更换低压导线、紧线、绑扎、搭接导线等工作。

肖××、郑××、周××、苗××、白××（工作班成员）：杆下辅助人员。

作业点 3：0.4kV 411 北尚庄东线 006 杆、用户接入点。

王×、吴××、钱××（工作班成员）：撤线工作、更换低压进户线。

（五）场景接线图

低压线及进户线更改场景接线图见图 3-12。

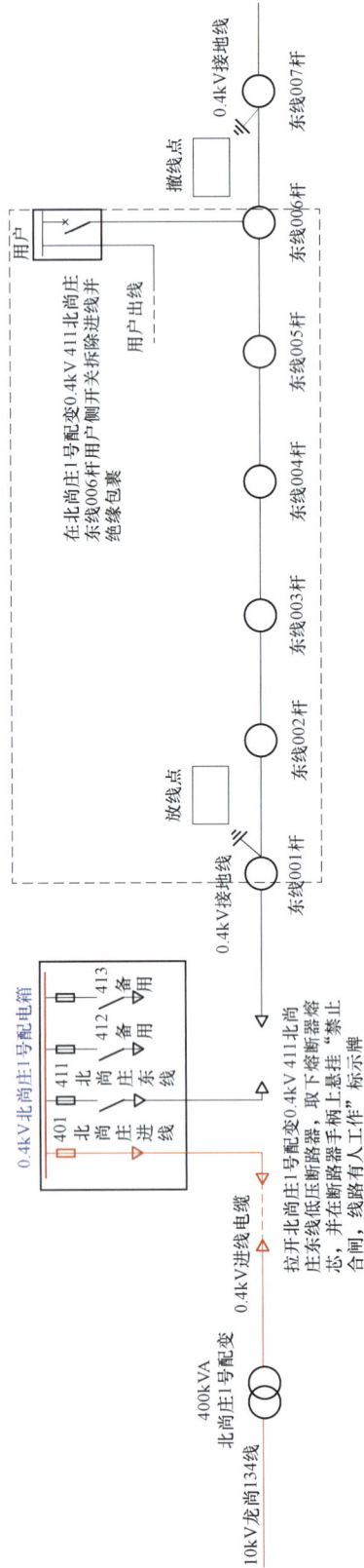

图 3-12 低压线及进户线更改场景接线图

二、工作票样例

低　压　工　作　票

单　位：××××工程有限公司　　　编　号：DY202402001

1. 工作负责人：赵××　　　　班　组：综合班组

2. 工作班成员（不包括工作负责人）

李××、王××、邓××、尹×、韩××、黄××、陶××、王×、吴××、钱××、孙×、肖××、郑××、周××、苗××、白××

共 **16** 人

3. 工作的线路名称、设备双重名称、工作任务

10kV 龙尚 134 线北尚庄 1 号配变 0.4kV 411 北尚庄东线 002～006 杆导线及 006 杆进户线更换。

4. 计划工作时间

自 2024 年 02 月 18 日 08 时 00 分至 2024 年 02 月 18 日 11 时 30 分。

5. 安全措施（必要时可附页绘图说明）

5.1　工作的条件和应采取的安全措施（停电、接地、隔离和装设的安全遮拦、围栏、标示牌等）

（1）应拉开 10kV 龙尚 134 线北尚庄 1 号配变 0.4kV 411 北尚庄东线 006 杆用户低压计量箱总进线开关，拆除用户侧引线并做绝缘包裹，悬挂"禁止合闸，线路有人工作！"标示牌。

（2）应拉开北尚庄 1 号配变 0.4kV 411 北尚庄东线低压断路器，熔断器熔芯已取下，在配电箱柜门上加锁，并将"禁止合闸，线路有人工作！"标示牌悬挂在开关操作把手处。

（3）应在北尚庄 1 号配变 0.4kV 411 北尚庄东线 001 杆大号侧挂 0.4kV 接地线 1 组，编号：#01（0.4kV）。

（4）应在北尚庄 1 号配变 0.4kV 411 北尚庄东线 007 杆验电，确无电压后在 007 杆小号侧挂 0.4kV 接地线 1 组，编号：#02（0.4kV）。

（5）在各作业地点周围设置围栏，并在出入口处上悬挂"在此工作！""从此进出！"标示牌，在作业点四周"止步，高压危险！"警示标示牌。

5.2 保留带电部位

无。

5.3 其他安全措施和注意事项

（1）【防低压触电】作业人员作业前认真核对设备名称及编号；作业过程中必须在接地线保护范围内作业。

（2）【高处作业】作业人员登杆前认真核对杆（塔）号，应检查登杆工具、电杆横向裂纹和金具锈蚀等情况。登杆、转移过程中不得失去保护。杆上作业正确使用安全带。上杆后应检查横担和其他构件牢固情况，上下传递物件应用绳索拴牢传递，禁止上下抛物。

（3）【撤放导线】拆除杆上导线前应检查杆根做好防止倒杆措施。紧线与撤线时，作业人员不应站在或跨在已受力的牵引绳、导线的内角侧，架空线的垂直下方，禁止采用突然剪断导线的做法松线。应设专人指挥放撤线工作，及全程跟踪新线旧线连接点。

5.4 应装设的接地线

线路名称或设备双重名称和装设位置	接地线编号	装设时间	拆除时间
无			

工作票签发人签名：苏××   2024 年 02 月 17 日 09 时 13 分

工作票会签人签名：高×   2024 年 02 月 17 日 11 时 06 分

工作负责人签名：赵××   2024 年 02 月 17 日 15 时 47 分

6. 工作许可

6.1 现场补充的安全措施

无。

6.2 确认本工作票安全措施正确完备，许可工作开始

许可的线路或设备	许可方式	工作许可人	工作负责人签名	工作许可时间
北尚庄 1 号配变 0.4kV 411 北尚庄东线 002～006 杆	当面	陈×	赵××	2024 年 02 月 18 日 08 时 25 分

5.2 保留的带电部位
应注明工作地点或地段保留的带电线路、设备的名称及杆号，包括同杆架设、平行、交叉跨越的线路名称。配电线路、分接箱中断开的开关、刀闸带电侧等均应在工作票中注明。没有则填"无"。

5.3 其他安全措施和注意事项
填写需要特别说明的安全注意事项。没有则填写"无"。

5.4 应装设的接地线
线路名称、设备双重名称、装设位置
填写应装设工作接地线的确切位置、地点；如 0.4kV×线×号杆加号侧。
（1）各工作班工作地段两端和有可能送电到停电线路的分支线（包括用户）都要接接地线。
（2）配合停电线路上的接地线，可以只在停电检修线路工作地点附近安装一组；在需要升降线时应挂两组接地线。
（3）该栏仅需要填写工作班装设的接地线。
接地线编号
填写应装设接地线的编号。分段工作，同一编号的接地线可分段重复使用。接地线编号栏在挂好接地线后由工作负责人在现场填写。
装设时间、拆除时间
工作负责人依据现场工作班成员装设或拆除接地线完毕的时间填写。分段装设的接地线应根据工作区段转移情况逐段填写。
工作票签发人、工作负责人签名
对上述工作任务、安全措施及注意事项确认无误后，工作票签发人、工作负责人签名并填写相应时间。"双签发"时应履行同样手续。

6.【工作许可】6.1 现场补充的安全措施
工作负责人或工作许可人根据现场的实际情况，补充其他安全措施和注意事项。无补充内容时填"无"。

6.2 确认本工作票安全措施正确完备，许可工作开始
工作许可人和工作负责人在工作票上填写许可方式、许可工作时间，并分别签名。

7. 现场交底，工作班成员确认工作负责人布置的工作任务、人员分工、安全措施和注意事项并签名：

李××、王××、邓××、尹×、韩×、黄××、陶××、王×、吴××、钱××、孙×、肖××、郑××、周××、苗××、白××

8. <u>2024</u> 年<u>02</u>月<u>18</u>日<u>08</u>时<u>28</u>分工作负责人确认工作票所列安全措施全部执行完毕，下令开始工作。

9. 每日开工和收工时间（使用一天的工作票不必填写）

收工时间	工作负责人	工作许可人	开工时间	工作许可人	工作负责人

10. 工作票延期

有效期延长到＿＿＿＿年＿＿月＿＿日＿＿时＿＿分。

工作负责人签名：＿＿＿＿＿　　　　　　＿＿＿＿＿年＿＿月＿＿日＿＿时＿＿分

工作许可人签名：＿＿＿＿＿　　　　　　＿＿＿＿＿年＿＿月＿＿日＿＿时＿＿分

11. 工作终结

工作班现场所装设接地线（接地刀闸）共<u>0</u>组、个人保安线共<u>0</u>组已全部拆除，工作班布置的其他安全措施已恢复，工作班人员已全部撤离现场，工具、材料已清理完毕，杆塔、设备上已无遗留物。

工作负责人签名 <u>赵××</u>　　　　　　工作许可人签名 <u>陈×</u>

工作终结时间 <u>2024</u> 年 <u>02</u> 月 <u>18</u> 日 <u>11</u> 时 <u>19</u> 分

12. 备注

无。

3.13　低压电缆分支箱更换

一、工作场景情况

（一）工作场景

汤山中学南配变 0.4kV 411 汤山中学南东线 1 号分支箱更换。

（二）工作任务

低压电缆分支箱拆除：拆除汤山中学南配变 0.4kV 411 汤山中学南东线 1 号原分支箱。

低压电缆分支箱更换：安装汤山中学南配变 0.4kV 411 汤山中学南东线 1 号新分支箱。

电缆搭接：搭接分支箱内进出线电缆。

（三）票种选择建议

低压工作票和配电二级动火工作票。

（四）人员分工及安排

本次工作有 1 个作业地点：0.4kV 411 汤山中学南东线 1 号分支箱，无需采取工作任务单或设置专责监护人。本次工作存在接地扁铁焊接、打磨工作，需开动火工作票。参与本次工作的共 9 人（含工作负责人），具体分工为：

杜××（工作负责人）：负责工作的整体协调组织及作业现场安全监护。

邓××、邓×、尹×、韩××、黄×（工作班成员）：更换分支箱、电缆复装。

蒋××（动火工作负责人）：负责动火工作的整体协调组织。

韩××（工作班成员）：接地体焊接打磨。

尚××（专责监护人）：负责监护韩××进行动火作业。

（五）场景接线图

低压电缆分支箱更换场景接线图见图 3-13。

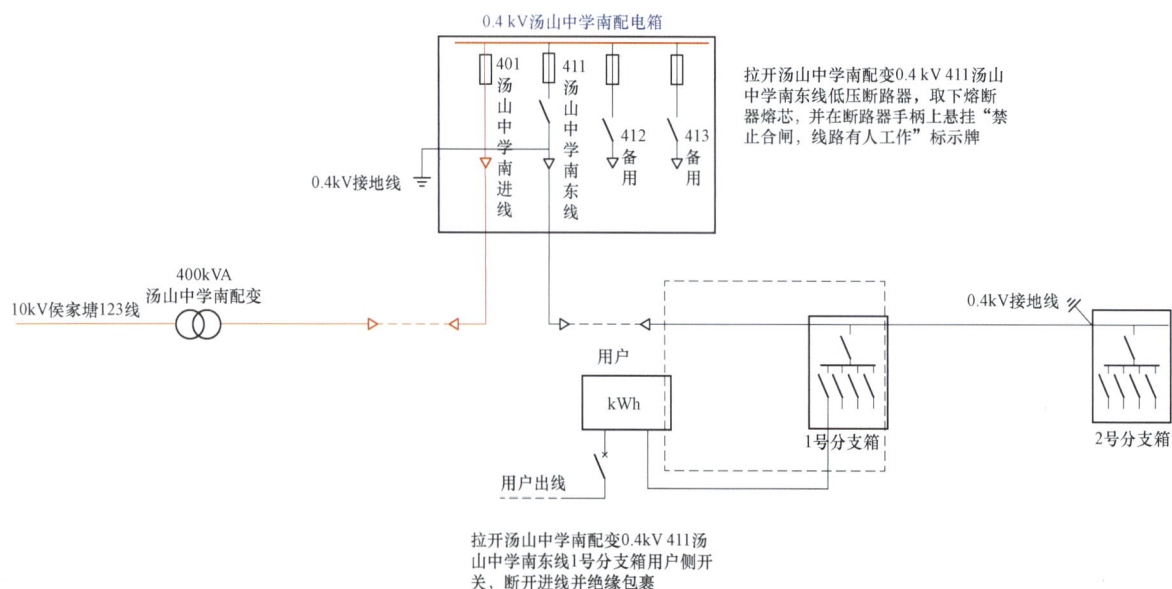

图 3-13　低压电缆分支箱更换场景接线图

二、工作票样例

低 压 工 作 票

单　位：××××工程有限公司　　编　号：DY202411001

1. 工作负责人： 杜×× 　　　　**班　组：** 综合班组

2. 工作班成员（不包括工作负责人）

邓××、邓×、尹×、韩××、黄×、蒋××、韩××、尚××

共 _8_ 人

3. 工作的线路名称、设备双重名称、工作任务

10kV 侯家塘线汤山中学南配变 0.4kV 411 汤山中学南东线 1 号分支箱更换。

4. 计划工作时间

自 2024 年 03 月 04 日 08 时 00 分至 2024 年 03 月 04 日 16 时 00 分。

5. 安全措施（必要时可附页绘图说明）

5.1　工作的条件和应采取的安全措施（停电、接地、隔离和装设的安全遮拦、围栏、标示牌等）

（1）拉开汤山中学南配变 0.4kV 411 汤山中学南东线 1 号分支箱低压用户侧总开关，拆除进线后进行绝缘包裹。

（2）拉开汤山中学南配变 0.4kV 411 汤山中学南东线 2 号分支箱进线开关。

（3）检查确认汤山中学南配变低压配电箱内 0.4kV 411 汤山中学南东线低压断路器（开关）已拉开，取下熔断器熔芯，在 0.4kV 411 汤山中学南东线低压断路器处上悬挂"禁止合闸，线路有人工作"标示牌。

（4）检查确认汤山中学南配变 0.4kV 411 汤山中学南东线低压断路器（开关）处装设低压接地线一组，编号：#01（0.4kV）。

（5）在汤山中学南配变 0.4kV 411 汤山中学南东线 2 号分支箱进线电缆处逐相验电，确无电压后在进线电缆头处装设低压接地线一组，编号：

【票种选择】

本次作业为配电低压工作，使用配电低压工作票，无需增持其他票种。

1.【班组】

对于包含工作负责人在内有两个及以上的班组人员共同进行的工作，应填写"综合班组"。

2.【工作班成员】

人员应取得准入资质，安排的人员应进行承载力分析，确保人数适当、充足；如有特种作业应安排具备相应资质的特种作业人员。不同单位需分行填写。

3.【工作的线路名称、设备双重名称、工作任务】

（1）填写工作线路（包括有工作的分支线路等）电压等级、双重名称（同杆双回或多回线路应注明线路位置称号）、工作地段起止杆号及对应的工作内容。

（2）工作内容应填写明确，术语规范。必须将所有工作内容填全，不得省略。

4.【计划工作时间】

填写计划检修起始时间和结束时间，该时间应在调度批准的检修时间段内。

5.【安全措施】5.1 工作的条件和应采取的安全措施

（1）填写应改为检修状态的线路或设备双重名称，以及应采取的停电、接地、隔离和装设的安全遮栏、围栏、标示牌等措施。

（2）由工作许可人完成的安全措施填写"检查确认……"或"应……"；由工作班完成的安全措施填写具体操作内容。

5.2 保留的带电部位

应注明工作地点或地段保留的带电线路、设备的名称及杆号，包括同杆架设、平行、交叉跨越的线路名称。配电线路、分接箱中断开的开关、刀闸带电侧等均应在工作票中注明。没有则填"无"。

5.3 其他安全措施和注意事项

填写需要特别说明的安全注意事项。没有则填写"无"。

5.4 应装设的接地线

线路名称、设备双重名称、装设位置

填写应装设工作接地线的确切位置、地点；如 0.4kV×号杆加号侧。

（1）各工作班工作地段两端和有可能送电到停电线路的分支线（包括用户）都要接接地线。

（2）配合停电线路上的接地线，可以只在停电检修路线工作地点附近安装一组；在需要升降线时应挂两组接地线。

（3）该栏仅需要填写工作班装设的接地线。

#02（0.4kV）。

（6）在作业点周围设置围栏，在围栏出入口上悬挂"在此工作""从此进出"标示牌，在围栏四周悬挂"止步，高压危险"。

5.2 保留带电部位

无。

5.3 其他安全措施和注意事项

（1）【防触电】工作人员在验电及装设接地线过程中应戴绝缘手套。

（2）【倒送电】为防止倒送电，作业人员必须在接地线保护范围内作业，拆除用户侧断路器出线后，应进行绝缘包裹。

5.4 应装设的接地线

线路名称或设备双重名称和装设位置	接地线编号	装设时间	拆除时间
汤山中学南配变 0.4kV 411 汤山中学南东线 2 号分支箱进线电缆头	#02（0.4kV）	2024 年 03 月 04 日 08 时 28 分	2024 年 03 月 04 日 15 时 16 分

工作票签发人签名：苏××　　　　2024 年 03 月 03 日 09 时 31 分

工作票会签人签名：高×　　　　　2024 年 03 月 03 日 10 时 45 分

工作负责人签名：杜××　　　　　2024 年 03 月 03 日 15 时 21 分

6. 工作许可

6.1 现场补充的安全措施

无。

6.2 确认本工作票安全措施正确完备，许可工作开始

许可的线路或设备	许可方式	工作许可人	工作负责人	工作许可时间
汤山中学南配变 0.4kV 411 汤山中学南东线 2 号分支箱进线电缆头	当面	姜××	杜××	2024 年 03 月 04 日 08 时 28 分

7. 现场交底，工作班成员确认工作负责人布置的工作任务、人员分工、安

接地线编号
填写应设装接地线的编号。分段工作，同一编号的接地线可分段重复使用。接地线编号栏在挂好接地线后由工作负责人在现场填写。

装设时间、拆除时间
工作负责人依据现场工作班成员装设或拆除接地线完毕的时间填写。分段设装的接地线应根据工作区段转移情况逐段填写。

工作票签发人、工作负责人签名
对上述工作任务、安全措施及注意事项确认无误后，工作票签发人、工作负责人签名并填写相应时间。"双签发"时应履行同样手续。

6.【工作许可】6.1 现场补充的安全措施
工作负责人或工作许可人根据现场的实际情况，补充其他安全措施和注意事项。无补充内容时填"无"。

6.2 确认本工作票安全措施正确完备，许可工作开始
工作许可人和工作负责人在工作票上填写许可方式、许可工作时间，并分别签名。

7.【现场交底签名】
工作班成员在明确了工作负责人交代的工作内容、人员分工、带电部位、现场布置的安全措施和工作的危险点及防范措施后，每个工作班成员

全措施和注意事项并签名：

　　邓××、邓×、尹×、韩××、黄×、蒋××、韩××、尚××

8. **2024** 年 **03** 月 **04** 日 **08** 时 **30** 分工作负责人确认工作票所列安全措施全部执行完毕，下令开始工作。

9. 工作票延期

　　有效期延长到_____年___月___日___时___分。

　　工作负责人签名：_____　　　　　　　　_____年___月___日___时___分

　　工作许可人签名：_____　　　　　　　　_____年___月___日___时___分

10. 工作终结

　　工作班现场所装设接地线（接地刀闸）共 **1** 组、个人保安线共 **0** 组已全部拆除，工作班布置的其他安全措施已恢复，工作班人员已全部撤离现场，工具、材料已清理完毕，杆塔、设备上已无遗留物。

　　工作负责人签名：杜×× 　　**工作许可人签名：**姜××

　　工作终结时间：2024 年 03 月 04 日 15 时 30 分

11. 备注

　　无。

配电二级动火工作票

单位（车间）：××××工程有限公司　　　　编　号：配 D202411001

1. 动火工作负责人：蒋×× 　　　　班　组：综合班组

2. 动火执行人：韩××

3. 动火地点及设备名称

　　汤山中学南配变 0.4kV411 汤山中学南东线 1 号分支箱。

4. 动火工作内容（必要时可附页绘图说明）

分支箱、接地扁铁切割、焊接、打磨工作。

5. 动火方式

切割、焊接、打磨。

（动火方式可填写焊接、切割、打磨、电钻、使用喷灯等）

6. 申请动火时间

自 2024 年 03 月 04 日 09 时 00 分至 2024 年 03 月 04 日 15 时 00 分。

7. （设备管理方）动火作业应采取的安全措施

明确动火作业地点，确保动火设备与运行设备隔绝。

8. （动火作业方）动火作业应采取的安全措施

（1）动火前应清除动火现场及周围的易燃易爆物品并配备足够合格的消防器材。

（2）动火作业现场的通排风应良好，露天作业，风力达 5 级以上、雨雪天时应采取防风防雨雪措施。

（3）电动工具使用前，应检查确认电线、接地或接零完好；检查确认工具的金属外壳可靠接地；连接电动机械及电动工具的电气回路应单独设开关或插座，并装设剩余电流动作保护装置。

（4）动火作业时应设专人监护。

（5）动火工作地点四周装设临时安全围栏，并在工作地点四周装设临时安全围栏，在围栏进出口处悬挂"在此工作""从此进出"标示牌，围栏向外悬挂"止步，高压危险！"标示牌。

（6）动火结束后，应清理现场确无残留火种后，确认无误后方可离开。

动火工作票签发人签名：高× 签发日期 2024 年 03 月 03 日 10 时 45 分

动火工作票会签人签名：肖× 签发日期 2024 年 03 月 03 日 12 时 40 分

消防人员签名：尚×× 安监人员签名：伊××

分管生产的领导或技术负责人（总工程师）签名：刘××

【申请动火时间】在正式开工时间之后，在工作终结之前。

【设备管理单位应做的安全措施】填写由设备管理单位采取的安全措施。

【动火作业人员应做的安全措施】填写由动火执行人采取的安全措施。

9. 确认上述安全措施已全部执行

动火工作负责人签名：<u>蒋××</u>　　　运维许可人签名：<u>万××</u>

许可时间 <u>2024</u> 年 <u>03</u> 月 <u>04</u> 日 <u>09</u> 时 <u>15</u> 分

【安全措施确认】动火工作负责人有义务检查确认所列安全措施全部执行完成后，向运维许可人申请许可。

10. 应配备的消防设施和采取的消防措施、安全措施已符合要求。可燃性、易爆气体含量或粉尘浓度测定合格。

（动火作业方）消防监护人签名：<u>尚××</u>

（动火作业方）安监人员签名：<u>伊××</u>

动火工作负责人签名：<u>蒋××</u>　　　动火执行人签名：<u>韩××</u>

许可动火时间 <u>2024</u> 年 <u>03</u> 月 <u>04</u> 日 <u>09</u> 时 <u>18</u> 分

【许可动火确认】在许可后消防监护人和安检人员应再次确认现场配备的设施和采取的措施符合要求，经检测合格后方可许可动火。

11. 动火工作终结

动火工作于 <u>2024</u> 年 <u>03</u> 月 <u>04</u> 日 <u>14</u> 时 <u>55</u> 分结束，材料、工具已清理完毕，现场确无残留火种，参与现场动火工作的有关人员已全部撤离，动火工作已结束。

动火执行人签名：<u>韩××</u>（动火作业方）　　　消防监护人签名：<u>尚××</u>

动火工作负责人签名：<u>蒋××</u>　　　运维许可人签名：<u>万××</u>

【工作终结】动火工作结束，由动火执行人清理现场，确认无残留火种，经动火消防监护人，动火工作负责人检查无误后，向运维许可人报告动火工作终结。

12. 备注

（1）对应的检修工作票、工作任务单和事故应急抢修单编号 <u>DY202411001</u>。

（2）其他事项。<u>指定尚××监护韩××在汤山中学南配变 0.4kV 411 汤山中学南东线 1 号分支箱进行动火作业。</u>

【备注】
（1）填写动火作业对应的工作票、工作任务单和事故应急抢修单编号。
（2）明确监护人监护对象、作业地点、作业内容。

3.14　杆上变压器低压开关更换

一、工作场景情况

（一）工作场景

10kV 安基山 111 线安青支线 06～11 号杆沿村西 400kVA 配变低压开关更换。

（二）工作任务

低压开关更换：10kV 安基山 111 线安青支线 06～11 号杆沿村西 400kVA 配变低压开关更换。

（三）票种选择建议

配电故障紧急抢修单。

（四）人员分工及安排

本次工作有 1 个作业地点：10kV 安基山 111 线安青支线 06～11 号杆沿村西 400kVA 配变。参与本次工作的共 4 人（含工作负责人），具体分工为：

吴×（工作负责人）：负责工作的整体协调组织，在抢修工作时进行监护。

李××（工作班成员）：杆上拆除及更换配变低压开关。

王××（工作班成员）：杆上辅助作业工作。

张××（工作班成员）：地面辅助作业工作。

（五）场景接线图

杆上变压器低压开关更换场景接线图见图 3-14。

拉开10kV安基山线安青支线06~11号杆沿村西400kVA配变低压侧开关。

拉开10kV安基山111线安青支线06~11号杆沿村西400kVA配变高压侧跌落式熔断器并取下熔芯。

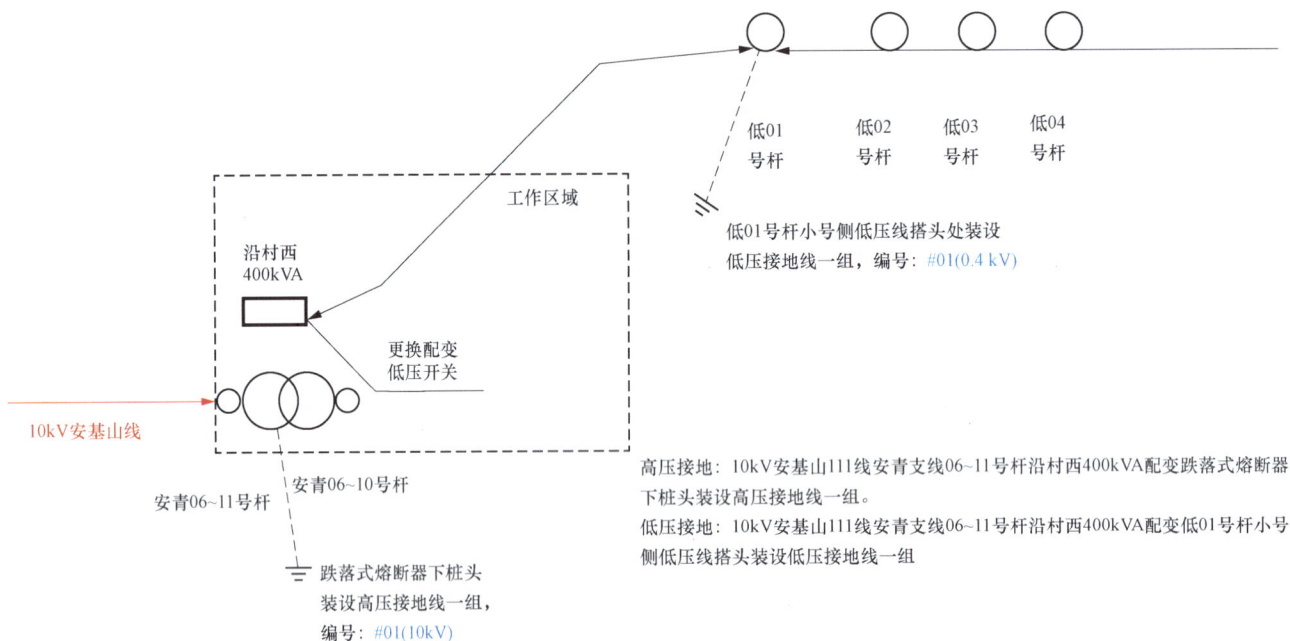

图 3-14　杆上变压器低压开关更换场景接线图

二、工作票样例

配电故障紧急抢修单

单　位　配电运检中心　　　　编　号　配电 20240517

1. 抢修工作负责人　吴×（代维）　　班　组　××低压二班（代维）

2. 抢修班人员（不包括抢修工作负责人）

王××、张××、李××

共 _3_ 人

3. 抢修工作任务

工作地点或设备［注明变（配）电站、线路名称、设备双重名称及起止杆号］	工作内容
10kV 安基山 111 线安青支线 06～11 号杆沿村西 400kVA 配变	低压开关更换

4. 安全措施

内容	安全措施
由调控、运维人员完成的线路间隔名称、状态（检修、热备用、冷备用）	无
现场应断开的断路器（开关）、隔离开关（刀闸）、熔断器	拉开 10kV 安基山 111 线安青支线 06～11 号杆沿村西 400kVA 配变低压侧开关
	拉开 10kV 安基山 111 线安青支线 06～11 号杆沿村西 400kVA 配变高压侧跌落式熔断器并悬挂"禁止合闸，有人工作！"标示牌
应装设的遮栏（围栏）及悬挂的标示牌	在沿村西 400kVA 配变低压配电箱四周设临时围栏，悬挂"止步，高压危险！"标示牌，并在临时围栏进出口设"从此进出！""在此工作！"标示牌，在低压配电箱低压开关上悬挂"在此工作！"标示牌。在沿村西 400kVA 配变上悬挂"禁止攀登，高压危险！"标示牌

续表

内容	安全措施			
10kV 安基山线安青支线 06～11 号杆沿村西 400kVA 配变跌落式熔断器下桩头	#01（10kV）	装设人	监护人	装设时间
		张××	李××	2024 年 05 月 17 日 09 时 20 分
		拆除人	监护人	拆除时间
		张××	李××	2024 年 05 月 17 日 11 时 10 分
10kV 安基山 111 线安青支线 06～11 号杆沿村西 400kVA 配变低 01 号杆小号侧	#01（0.4kV）	装设人	监护人	装设时间
		张××	李××	2024 年 05 月 17 日 09 时 25 分
		拆除人	监护人	拆除时间
		张××	李××	2024 年 05 月 17 日 11 时 05 分
保留带电部位及其他安全注意事项	10kV 安基山 111 线与安青支线 06～11 号杆沿村西 400kVA 配变跌落式熔断器上桩头带电，工作人员与带电设备保持安全距离 10kV 不小于 0.7m			

【保留带电部位及其他安全注意事项】填写工作地点及周围保留的带电部位、带电设备名称。没有则填写"无"。

5. 上述 1～4 项由抢修工作负责人吴×根据抢修任务布置人高××的指令，并根据现场勘察情况填写。

【抢修任务布置人】由班组具备三种人资质班组长的主业人员担任。

6. 许可抢修时间：<u>2024</u> 年 <u>05</u> 月 <u>17</u> 日 <u>09</u> 时 <u>15</u> 分，工作许可人：<u>陈××</u>

【工作许可人】由班组具备三种人资质班组主业人员担任，工作许可人签名确认抢修许可时间。

7. <u>2024</u> 年 <u>05</u> 月 <u>17</u> 日 <u>09</u> 时 <u>30</u> 分工作负责人确认故障紧急抢修单所列安全措施全部执行完毕，下令开始工作。

8. 抢修结束汇报：本抢修工作于 <u>2024</u> 年 <u>05</u> 月 <u>17</u> 日 <u>11</u> 时 <u>15</u> 分结束。抢修班人员已全部撤离，材料、工具已清理完毕，故障紧急抢修单已终结。

现场设备状况及保留安全措施：

　　抢修现场更换设备已全部完工，经检查全部合格，抢修班自行装设的高压接地线 1 组、低压接地线 1 组已全部拆除，所有人员全部撤离现场，开好收工会。

　　工作许可人：陈××

　　抢修工作负责人：吴×　　填写时间：2024 年 05 月 17 日 11 时 21 分

9. 备注

　　无。

3.15　高压开关柜更换

一、工作场景情况

（一）工作场景

东鸿苑 1 号开关站 Ⅰ 段母线 111 间隔高压柜更换。

（二）工作任务

电缆终端拆除：东鸿苑 1 号开关站 Ⅰ 段母线 111 间隔处，电缆终端拆除。

高压柜更换：东鸿苑 1 号开关站 Ⅰ 段母线 111 间隔处，拆除旧高压柜，安装新高压柜。

电缆终端搭接：东鸿苑 1 号开关站 Ⅰ 段母线 111 间隔处，电缆终端搭接。

（三）票种选择建议

配电第一种工作票。

（四）人员分工及安排

本次工作有 1 个作业地点：东鸿苑 1 号开关站。参与本次工作的共 11 人（含工作负责人），具体分工为：

李××（工作负责人）：负责工作的整体协调组织及作业现场安全监护。

王××、张××（工作班成员）：电缆终端拆、搭工作。

孙××、赵××、袁××、戴××、（工作班成员）：负责拆除旧高压柜，安装新高压柜。

其他人做地面辅助工作。

（五）场景接线图

高压开关柜更换场景接线图见图 3-15。

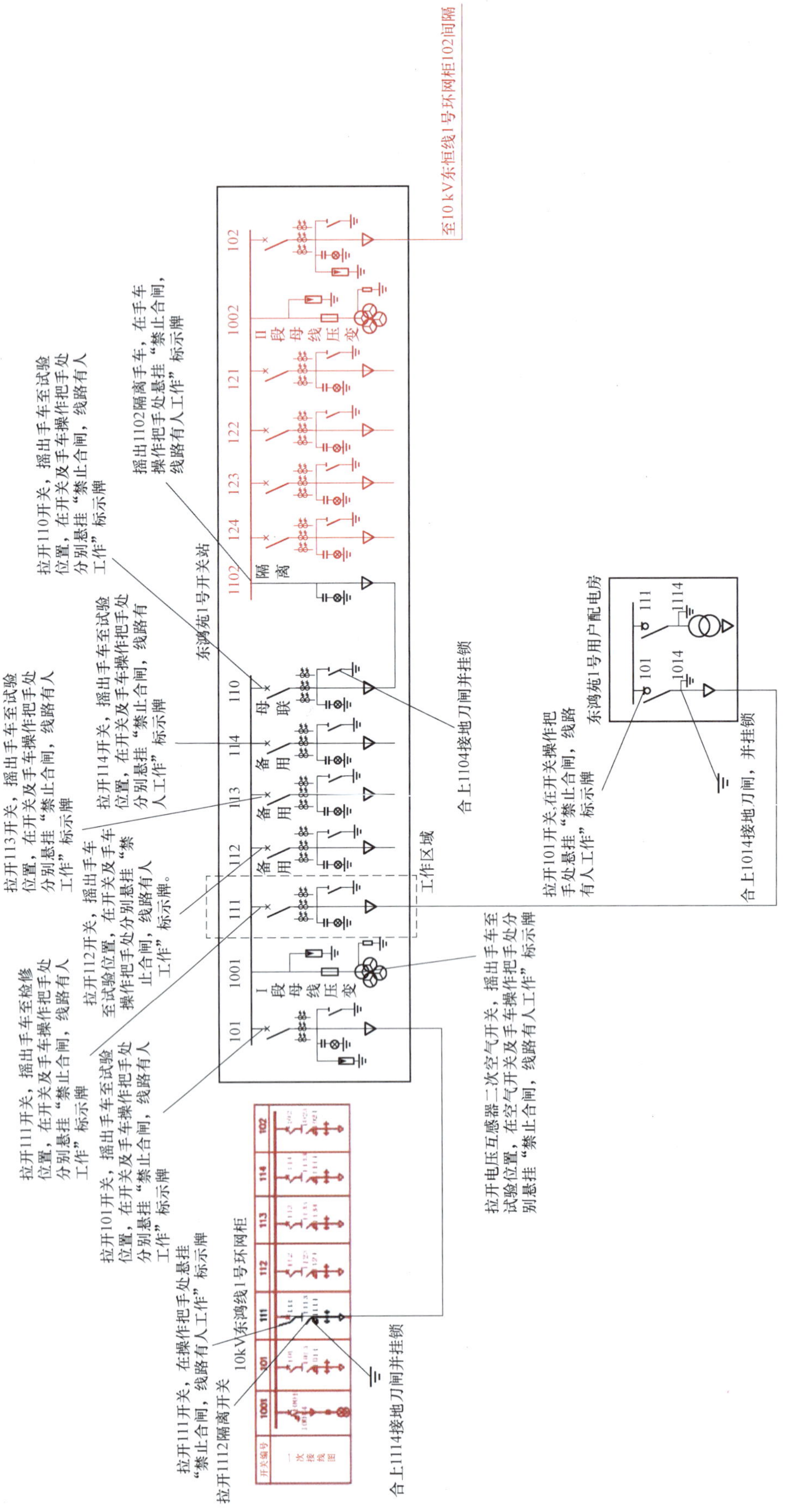

图 3-15 高压开关柜更换场景接线图

二、工作票样例

配电第一种工作票

单　位：××××工程有限公司　　编　号：配 I 202402002

1. 工作负责人：李××　　　　班　组：综合班组

2. 工作班人员（不包括工作负责人）

××××工程有限公司：陈××

××××工程有限公司：王××、张××、孙××、赵××、杨××、甲××、乙××、袁××、戴××

共 _10_ 人

3. 停电线路或设备名称（多回线路应注明双重称号）

10kV 东鸿线 1 号环网柜 111 间隔至 10kV 东鸿线东鸿苑 1 号开关站 101 间隔、10kV 东鸿线东鸿苑 1 号开关站 111 间隔至东鸿苑 1 号用户配电房 1001 开关、10kV 东鸿苑 1 号开关站 1102 隔离手车至 110 开关。

4. 工作任务

工作地点（地段）或设备［注明变（配）电站、线路名称、设备双重名称及起止杆号等］	工作内容
10kV 东鸿线东鸿苑 1 号开关站 111 开关柜	更换开关柜和电缆终端拆、搭

5. 计划工作时间

自 2024 年 02 月 05 日 08 时 00 分 至 2024 年 02 月 05 日 13 时 00 分。

6. 安全措施［应该为检修状态的线路、设备名称、应断开的断路器（开关）、隔离开关（刀闸）、熔断器，应合上的接地刀闸，应装设的接地线、绝缘隔板、遮栏（围栏）和标示牌等，装设的接地线应明确具体位置，必

【票种选择】

本次作业为配电停电工作，使用配电第一种工作票，无需增持其他票种。

1.【班组】

对于包含工作负责人在内有两个及以上的班组人员共同进行的工作，应填写"综合班组"。

2.【工作班人员】

人员应取得准入资质，安排的人员应进行承载力分析，确保人数适当、充足；如有特种作业应安排具备相应资质的特种作业人员。不同单位需分行填写。

3.【停电线路或设备名称（多回线路应注明双重称号）】

（1）填写停电的配电线路电压等级、名称（多回线路应注明双重称号）、设备双重名称、起止杆号。

（2）填写停电的环网柜、开关站、箱式变电站等配电设备的电压等级、双重名称或停电范围。

（3）若全线（包括支线）停电，填写主线和支线。

（4）填写的配电线路名称、设备双重名称应与现场相符（包括电压等级）。

4.【工作任务】工作地点（地段）或设备［注明变（配）电站、线路名称、设备双重名称及起止杆号等］

（1）配电线路工作：填写工作线路（包括有工作的分支线路等）电压等级、名称（同杆双回或多回线路应注明线路位置称号）、工作地段起止杆号。

（2）配电设备工作：填写工作的变电站、环网柜、配电站、开关站等设备的电压等级、名称及检修工作区域和检修设备的双重名称，填写的设备名称应与现场相符（包括电压等级）。

工作内容

（1）工作内容应填写明确，术语规范，且不得超出相应停电申请单中的工作内容。

（2）应写明工作性质、内容［如：迁移、立杆、放线、更换架空地线、更换变压器、拆除（恢复）线路搭头等］。

（3）工作内容应填写完整，不得省略。消缺工作应写明消缺具体内容（例如处理×耐张搭头，更换×避雷器等），不得以维修、消缺等模糊词语涵盖工作内容。

（4）变（配）电站内和线路上均有工作时，为便于区分，应将变（配）电站的工作地点、工作内容排在前面，线路工作地点及内容排在站所工作的后面。

（5）不同工作地点的工作，应分行填写；工作地点与工作内容应一一对应。

5.【计划工作时间】

填写计划检修起始时间和结束时间，该时间应在调度批准的检修时间段内。

要时可附页绘图说明]

6.1　调控或运维人员（变配电站、发电厂等）应采取的安全措施	已执行
（1）应拉开 10kV 东鸿线 1 号环网柜 111 开关，在开关操作把手处悬挂"禁止合闸，线路有人工作！"标示牌	√
（2）应拉开东鸿苑 1 号开关站 101、112、113、114、110 开关并将手车分别摇至试验位置；在开关及手车操作把手处分别悬挂"禁止合闸，线路有人工作！"标示牌	√
（3）应将东鸿苑 1 号开关站 1102 隔离手车摇至试验位置，在手车操作处悬挂"禁止合闸，线路有人工作！"标示牌	√
（4）应拉开东鸿苑 1 号开关站 111 开关并将手车摇至检修位置；在开关及手车操作把手处分别悬挂"禁止合闸，线路有人工作！"标示牌	√
（5）应合上东鸿苑 1 号开关站 110 开关柜 1104 接地刀闸并加锁	√
（6）应拉开东鸿苑 1 号开关站 1001 电压互感器二次空气开关并将手车遥至试验位置，在 1001 电压互感器二次空气开关及手车操作把手处分别悬挂"禁止合闸，线路有人工作！"标示牌	√
（7）应合上 10kV 东鸿线 1 号环网柜 111 开关柜 1114 接地刀闸并加锁	√

6.2　工作班完成的安全措施	已执行
（1）拉开东鸿苑 1 号用户配电房 101 开关，在开关操作把手处悬挂"禁止合闸，线路有人工作！"标示牌	√
（2）合上东鸿苑 1 号用户配电房 101 开关柜 1014 接地刀闸并加锁	√
（3）在东鸿苑 1 号开关站Ⅰ段母线至 111 间隔工作点设置安全围栏，面向工作地点设"止步、高压危险！"标示牌，并在临时围栏出入口悬挂"在此工作！""从此进出！"标示牌。在东鸿苑 1 号开闭所 111 开关柜门前设"在此工作！"标示牌	√

6.【安全措施】6.1 调控或运维人员［变（配）电站、发电厂等］应采取的安全措施

（1）填写涉及的变（配）电站或线路名称以及由调控或运维人员操作的各侧（包括变电站、配电站、用户站、各分支线路）断路器（开关）、隔离开关（刀闸）、熔断器，自动化设备控制电源、操作电源。

（2）填写变（配）电站内、线路上应合接地刀闸或应装接地线、应装绝缘挡板的编号和确切位置。

（3）填写变（配）电站内应装设遮栏以及应挂标示牌的名称和地点以及防止二次回路误碰等措施。

（4）变（配）电站内和线路上均需采取安全措施时，为便于区分，应将变（配）电站内应采取的安全措施排在前面，线路上应采取的安全措施排在后面。

（5）涉及多个站所、多条线路和设备时，为避免混乱，各站所、线路和设备应逐一填写。例如：

1）变电站 A（如 110kV×变电站）：应断开×开关；应断×刀闸……

2）变电站 B（如 35kV×变电站）：应断开×开关；应断×刀闸……

3）10kV×线：应断×开关；应在×装设接地线一组……

（6）变电站出线线路（电缆）工作涉及进站工作或借用变电站接地刀闸（接地线）作为工作班接地线的，则必须将变电站站内开关、刀闸、接地等安全措施列入工作票中，不涉及以上工作的只填写"确认 10kV××线路转为检修状态"。

（7）配电设备上熔断器在保持断开状态时，可采用熔断器拉下摘下熔管或熔断器拉开不摘中熔管的方式，在操作处悬挂"禁止合闸，线路有人工作！"标示牌即可。

（8）美式箱式变电站高压开关拉开后不需要加锁，欧式箱式变电站高压开关拉开后可以加锁。

（9）环网柜开关拉开后不需要再加锁，隔离开关（刀闸）及接地刀闸操作把手处应加锁。

（10）在低压用电设备上停电工作前，配电箱工作断开断路器，是否需要取下断路器熔丝应按现场实际情况确定，如配电箱断路器无熔丝的必须在配电箱门上加锁和悬挂标示牌。

已执行

以上安全措施完成后，工作负责人在接受许可时，应与工作许可人逐项核对确认并打"√"。

6.2 工作班完成的安全措施

（1）填写需要工作班操作停电的配电变压器及用户名称、应装设的遮栏（围栏）、交通警示牌等。

如：应拉开 10kV×线×配电变压器低压侧开关；在综合配电箱柜门把手上悬挂"禁止合闸，线路有人工作！"标示牌；在×处装设围栏……没有则填写"无"。

（2）由工作班装设的工作接地线可仅在"6.3"栏填写。

已执行

安全措施完成后，工作负责人逐项核对确认并打"√"。

6.3　工作班装设（或拆除）的接地线			
线路名称、设备双重名称、装设位置	接地线编号	装拆情况	
东鸿苑 1 号用户配电房 101 间隔	1014	装设人	监护人	装设时间
		王××	杨××	2024 年 02 月 05 日 08 时 40 分
		拆除人	监护人	拆除时间
		张××	杨××	2024 年 02 月 05 日 12 时 40 分
		装设人	监护人	装设时间
		拆除人	监护人	拆除时间

6.4　配合停电线路应采取的安全措施	已执行
无	

6.5　保留或邻近的带电线路、设备：

10kV 东鸿苑 1 号开关站 1102 间隔母线侧带电。

6.6　其他安全措施和注意事项：

（1）【安全距离】工作时与邻近的带电部分保持安全距离：10kV 大于 0.7m。

（2）【人工搬运】人工搬运时，应统一指挥，防止设备倾倒造成机械伤害。

（3）【验电及装拆接地线】负责人得到许可人停电许可工作命令后，安排工作班成员持书面依据，现场核对线路名称或设备双重名称正确，核对接地线（接地刀闸）装设位置正确，正确进行验电、接地工作。使用的安全工器具应经检测合格并在有效期内，装设、拆除接地线应有人监护。

工作票签发人签名： 郑××　　　　　　2024 年 02 月 03 日 14 时 10 分

工作票会签人签名： 周××（配电运检一班）

　　　　　　　　　　　　　　　　2024 年 02 月 03 日 14 时 40 分

工作负责人签名： 李××　　　　　　2024 年 02 月 03 日 16 时 08 分

6.3 工作班装设（或拆除）的接地线

线路名称、设备双重名称、装设位置

（1）填写应装设工作接地线（包括 0.4kV）的确切位置、地点；如 10kV×线×号杆支线侧。

（2）各工作班工作地段两端和有可能送电到停电线路的分支线（包括用户）都要挂接地线。

（3）配合停电的交叉跨越或邻近线路，在线路的交叉跨越或邻近处附近应装设一组接地线；配合停电的同杆（塔）架线路装设接地要求与检修线路相同。

（4）工作地段无法装设工作接地线的，且与运维人员装设的接地线（接地刀闸）之间未连有断路器（开关）或熔断器，则运维人员装设的接地线（接地刀闸）可借用为工作接地线使用，不需要在本栏中再填写。

（5）若工作范围内均借用运维人员装设的接地线（接地刀闸）作为工作接地线使用，则本栏填写"无"。

接地线编号

（1）填写应装设的工作接地线（包括 0.4kV）的编号及电压等级。例：#01（10kV）。

（2）同一编号接地线不得重复。分段工作，同一编号的接地线可分段重复使用。

（3）接地线编号在装设好接地线后由工作负责人在现场填写。

装设人、拆除人、监护人

装设、拆除接地线应有人监护，工作负责人将装设人、拆除人和监护人由工作负责人现场填写在工作票上，监护人利用手机拍摄的照片或者打印工作票 6.3 栏目页作为书面依据，装设（拆除）接地线结束时，监护人及时向工作负责人汇报，由工作负责人在工作票上记下装设（拆除）时间。

装设时间、拆除时间

（1）工作负责人依据现场工作班成员装设或拆除接地线完毕的时间填写。装设时间应在工作许可并完成安全交底之后，下达开始工作命令之前；拆除时间工作终结时间之前。

（2）分段装设的接地线应根据工作区段转移情况逐段填写。

（3）接地线装、拆时间填写应采用 24 小时制，填写年、月、日、时、分，如：2024 年 07 月 31 日 14 时 06 分。

6.4 配合停电线路应采取的安全措施

填写由非调控或运维人员负责的配合停电的线路名称及应断开的断路器（开关）、隔离开关（刀闸）、熔断器，应合上的接地刀闸或应装设的操作接地线。没有则填写"无"。

6.5 保留或邻近的带电线路、设备

应注明工作地点或地段保留或邻近的带电线路、设备的电压等级、双重名称及杆（塔）号，主要填写以下内容：

（1）邻近或交叉跨越的带电线路、设备名称（双重称号）。

（2）发电厂、变电站出口停电线路两侧的邻近带电线路。

（3）与工作地段邻近、平行或交叉且有可能误登误触的带电线路及设备。

（4）拉开后一侧有电、一侧无电的配电设备。如柱上开关、闸刀、跌落式熔断器等。

（5）变（配）电站、开关站内的配电设备工作，应填写工作地点及周围所保留的带电部位、带电设备名称。工作地点的低压交直流电源也应注明和交代清楚。

（6）没有则填写"无"。

6.7　其他安全措施和注意事项补充（由工作负责人或工作许可人填写）：

无。

7. 工作许可

许可的线路或设备	许可方式	工作许可人	工作负责人签名	工作许可时间
10kV 东鸿线东鸿苑 1 号开关站 111 开关柜	当面	郑××	李××	2024 年 02 月 05 日 08 时 31 分

8. 现场交底，工作班成员确认工作负责人布置的工作任务、人员分工、安全措施和注意事项并签名：

陈××、杨××、王××、张××、孙××、赵××、甲××、乙××、袁××、戴××

9. <u>2024</u> 年 <u>02</u> 月 <u>05</u> 日 <u>08</u> 时 <u>45</u> 分工作负责人确认工作票所列当前工作所需的安全措施全部执行完毕，下令开始工作。

10. 工作任务单登记

工作任务单编号	工作任务	小组负责人	工作许可时间	工作结束报告时间
无			____ 年 ___ 月 __ 日 __ 时 ___ 分	____ 年 ___ 月 __ 日 __ 时 ___ 分

11. 人员变更

11.1　工作负责人变动情况

原工作负责人_____离去，变更为工作负责人_____。

工作票签发人：_____　　　　　　　____ 年 ___ 月 ___ 日 ___ 时 ___ 分

原工作负责人签名确认：_____

新工作负责人签名确认：_____　　　　____ 年 ___ 月 ___ 日 ___ 时 ___ 分

11.2　工作人员变动情况

<u>2024 年 02 月 05 日 10 时 14 分</u> 张××加入（工作负责人签名：李××）

根据工作现场的具体情况而采取的一些安全措施或有关安全注意事项。如：装设个人保安接地线；在杆下装设临时围栏；防止倒杆应设临时拉线；线路交跨处、临近带电设备的安全距离提示；起重作业、高处作业、有限空间作业、电气试验作业、放线撤线作业等现场的安全注意事项；在道路上放置提醒来往车辆和行人注意安全的交通警示牌等。

工作票签发人签名、工作负责人签名

确认工作票 1～6.6 项无误后，工作票签发人和工作负责人在签名栏内签名，并在时间栏内填入相应时间。"双签发"时应履行同样手续。

6.7 其他安全措施和注意事项补充（由工作负责人或工作许可人填写）

工作负责人或工作许可人根据现场的实际情况，补充安全措施和注意事项。无补充内容时填写"无"。

7.【工作许可】

（1）工作许可人和工作负责人分别在各自收执的工作票上填写许可的线路或设备名称、许可方式、工作许可人、工作负责人、许可工作时间。

（2）同一时间、相同停电范围，有多家单位或同一单位的不同班组分别持票进行施工作业时，设备运维管理单位指派的工作许可人应为同一人。

（3）各工作许可人应在完成工作票所列其负责的停电和装设接地线等安全措施后，方可发出许可工作的命令。

许可方式

（1）配网停电作业应采取现场当面许可。许可过程均应做好录音。

（2）填用配电第二种工作票的配电线路地面工作，可不履行工作许可手续。持配电第二种工作票进入配电站所工作，应办理工作许可手续。

工作许可时间

工作许可时间不得早于计划工作开始时间。

8.【现场交底签名】

（1）工作班成员在明确了工作负责人和小组负责人交代的工作内容、人员分工、带电部位、现场布置的安全措施和工作的危险点及防范措施后，每个工作班成员在工作负责人所持工作票的本栏签名，不得代签。

（2）一张工作票多小组工作，使用工作任务单时，由各小组负责人在工作票上签名，其他小组成员分别在对应的工作任务单上签名。

9.【下令开始工作】

工作负责人确认工作票所列当前工作所需的安全措施一栏的时间，应为调度运维以及工作班所做的安全措施全部执行完毕之后，下令开始工作的时间。

10.【工作任务单登记】

若一张工作票下设多个小组工作，应将所有工作任务单编号、工作任务、小组负责人、工作许可时间、工作结束报告时间。没有则填"无"。

小组负责人

小组负责人应具备工作负责人资格。

工作许可时间

工作许可时间不应在下令开始工作时间之前。

工作结束报告时间

工作结束报告时间应在工作票终结时间之前。

11.【人员变更】工作负责人变动情况

（1）工作票签发人同意，在工作票上填写离去和变更的工作负责人姓名及变动时间，同时通知全体作业人员及工作许可人。

2024 年 02 月 05 日 10 时 12 分　张××离开（工作负责人签名：李××）

工作负责人签名：_李××_

12. 工作票延期

有效期延长到_____年___月___日___时___分。

工作负责人签名：_____　　　　　　　　　_____年___月___日___时___分

工作许可人签名：_____　　　　　　　　　_____年___月___日___时___分

13. 每日开工和收工时间（使用一天的工作票不必填写）

收工时间	工作负责人	工作许可人	开工时间	工作许可人	工作负责人

14. 工作终结

14.1　工作班现场所装设接地线（接地刀闸）共_1_组、个人保安线共_0_组已全部拆除，工作班布置的其他安全措施已恢复，工作班人员已全部撤离现场，材料工具已清理完毕，杆塔、设备上已无遗留物。

14.2　工作终结报告：

终结的线路或设备	报告方式	工作负责人	工作许可人	终结报告时间
10kV 东鸿线东鸿苑 1 号开闭所 111 开关柜	当面	李××	郑××	2024 年 02 月 05 日 12 时 30 分

15. 工作票终结

已拆除工作许可人现场所挂_无_（编号）接地线共_0_组；已拉开_东鸿苑 1_号开关站 110 间隔 1104 接地刀闸、10kV 东鸿线_1_号环网柜 111 间隔 1114 接地刀闸（编号）接地刀闸共_2_副。

工作票于_2024_年_02_月_05_日_13_时_00_分结束。

工作许可人：_郑××_

（2）工作票签发人无法当面办理，应通过电话通知工作许可人，由工作许可人和原工作负责人在各自所持工作票上填写工作负责人变更情况，并代工作票签发人签名。

（3）工作负责人的变动必须是在该工作票许可之后，如在工作票许可之前需变更工作负责人，则应由工作票签发人重新签发工作票。

工作人员变动情况

（1）班组人员每次发生变动，工作负责人要在工作票上即时注明变动情况（变更人员姓名、变更时间）并签名，不得最后一并签名。

（2）新增人员在明确了工作内容、人员分工、带电部位、现场安全措施和工作的危险点及防范措施，在工作负责人所持工作票第 8 栏签名确认后方可参加工作。

13.【工作票延期】

工作需延期，应在工作计划结束时间前由工作负责人向工作许可人提出申请，办理延期手续。对于需经调度许可的工作，工作许可人还应得到调度许可后，方可与工作负责人办理工作票延期手续。工作票只能延期一次。

13.【每日开工和收工时间】

（1）填写每日收工时间及次日开工时间，工作负责人、工作许可人分别签名确认。

（2）每日收工，工作负责人应得到小组负责人或全部工作班成员当日工作结束的报告，开好收工会并全部撤离工作现场后，向许可人汇报；次日复工时，工作负责人应经许可人同意并重新复核安全措施无误后方可工作。

（3）涉及多名工作许可人的工作，各工作许可人均应与工作负责人分别填写。

14.【工作终结】

（1）填写拆除的所有工作接地线和个人保安线数量。

1）工作结束后，工作负责人（包括小组负责人）应检查工作地段的状况，确认没有遗留个人保安线和其他工具、材料，全部工作人员确已撤离，并经验收合格后方可命令拆除工作接地线等安全措施。

2）接地线拆除后，任何人不得再登杆工作或在设备上工作。

（2）工作终结报告。

1）工作终结后，工作负责人应及时报告工作许可人，若有其他单位的设备配合停电，还应及时通知配合停电设备运行管理单位的停电联系人。工作终结报告应当面进行。

2）报告结束后，工作许可人和工作负责人分别在各自收执的工作票上填写终结的线路或设备的名称、报告方式、工作负责人、工作许可人和终结报告时间，办理工作终结手续。工作一旦终结，任何工作人员不得进入工作现场。

15.【工作票终结】

（1）填写拆除由工作许可人负责装设的接地线和接地刀闸编号、数量，以及工作票的终结时间。确认接地线和接地刀闸都已经拆除后，工作许可人签名。

（2）若不涉及接地线或接地刀闸，应在编号栏填"无"，在数量栏填"0"组（副），不得空白。

（3）拉开的接地刀闸编号栏应填写双重名称。

（4）工作票终结前，工作许可人在接到所有工作负责人的完工报告，实地检查确认停电范围内所有工作已结束，所有人员已撤离，所有接地线已拆除，与记录簿核对无误并做好记录后，方可下令拆除各侧安全措施。

16. 负责监护

指定专责监护人	被监护人	负责监护（地点及具体工作）
无		

17. 其他事项

无。

3.16　配电变压器更换低压母线槽

一、工作场景情况

（一）工作场景

10kV文昌巷112线科巷2号配电室1号配电变压器更换低压母线槽。

（二）工作任务

低压母线槽拆除：10kV文昌巷112线科巷2号配电室1号配电变压器更换科巷2幢1～3层低压母线槽拆除。

低压母线槽安装：10kV文昌巷112线科巷2号配电室1号配电变压器更换科巷2幢1～3层低压母线槽安装。

（三）票种选择建议

低压工作票。

（四）人员分工及安排

参与本次工作的共4人（含工作负责人），具体分工为：

赵××（工作负责人）：负责工作的整体协调组织及作业现场安全监护。

王××、周××、刘××（工作班成员）：低压母线槽拆除、低压母线槽安装。

（五）场景接线图

配电变压器更换低压母线槽场景接线图见图3-16。

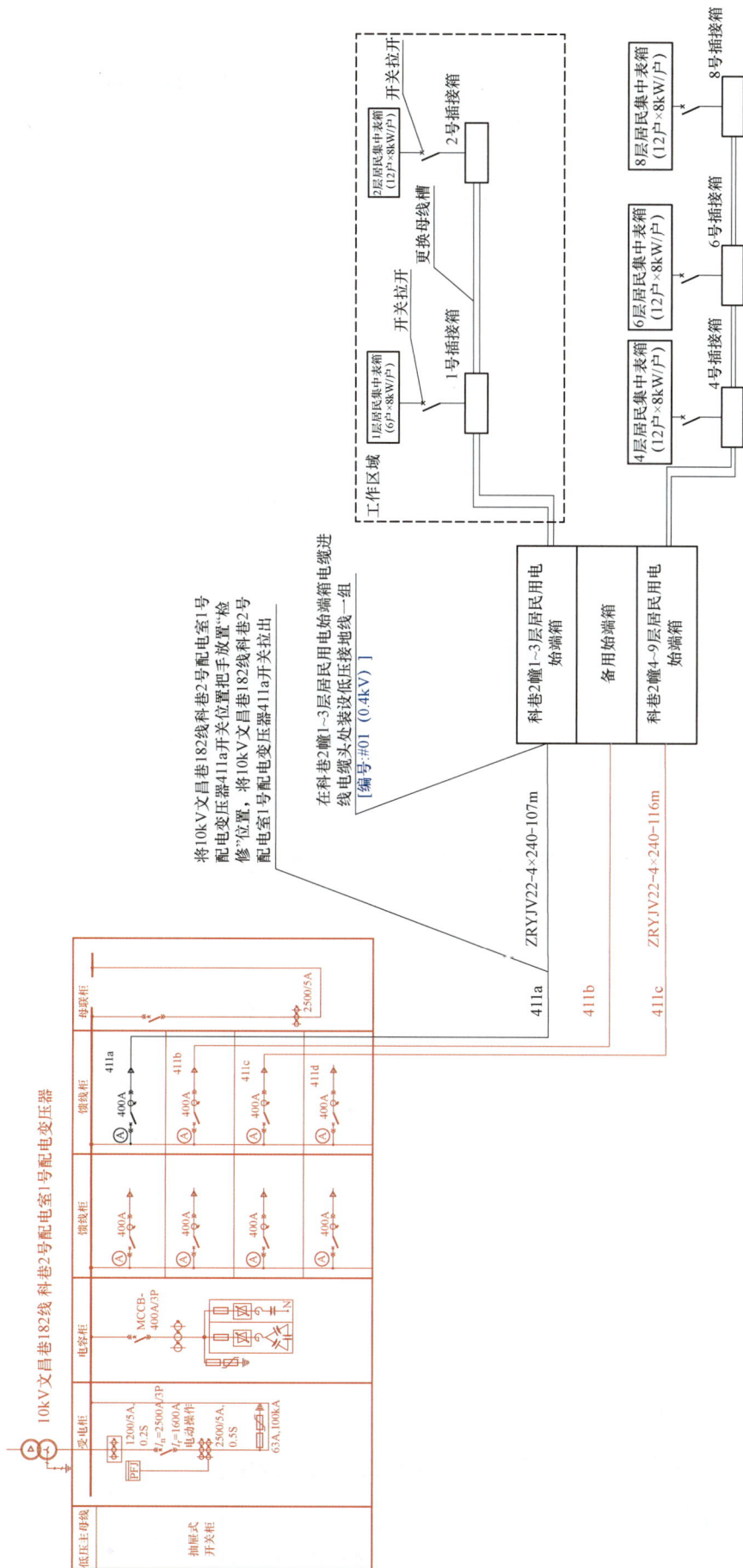

图 3-16 配电变压器更换低压母线槽场景接线图

二、工作票样例

低 压 工 作 票

单　位：<u>配电运检中心</u>　　　编　号：<u>DY202405001</u>

1. 工作负责人：<u>赵××</u>　　　班　组：<u>综合班组</u>

2. 工作班成员（不包括工作负责人）

<u>××××工程有限公司：刘××、王××、周××</u>

共 <u>3</u> 人

3. 工作的线路名称、设备双重名称、工作任务

<u>10kV 文昌巷线科巷 2 号配电室 1 号配电变压器更换科巷 2 幢 1～3 层低压母线槽。</u>

4. 计划工作时间

<u>自 2024 年 05 月 18 日 08 时 00 分</u>至 <u>2024 年 05 月 18 日 11 时 00 分</u>。

5. 安全措施（必要时可附页绘图说明）

5.1 工作的条件和应采取的安全措施（停电、接地、隔离和装设的安全遮栏、围栏、标示牌等）

（1）应将 10kV 文昌巷 112 线科巷 2 号配电室 1 号配电变压器 411a 开关位置把手放置"检修"位置并拉出。

（2）应在 10kV 文昌巷 112 线科巷 2 号配电室 1 号配电变压器 411a 开关操作处悬挂"禁止合闸，线路有人工作"标示牌。

（3）应在科巷 2 幢 1～3 层居民用电始端箱电缆进线电缆头处装设低压接地线一组，编号：#01（0.4kV）。

（4）应拉开科巷 2 幢 1F 插接箱开关、拉开科巷 2 幢 2F 插接箱开关。

（5）应在科巷 2 幢 1F 插接箱开关、科巷 2 幢 2F 插接箱开关操作处悬挂"禁止合闸，线路有人工作"标示牌。

（6）应将科巷 2 幢 1F 插接箱、科巷 2 幢 2F 插接箱与母线槽拆除连接。

（7）在 10kV 文昌巷 112 线科巷 2 号配电室 1 号配电变压器母线槽更换

施工现场悬挂"止步，高压危险！"标示牌。在 10kV 文昌巷 112 线科巷 2 号配电室 1 号配电变压器母线槽更换工作地点处设"在此工作！"标示牌。

5.2 保留带电部位

无。

5.3 其他安全措施和注意事项

无。

5.4 应装设的接地线

线路名称或设备双重名称和装设位置	接地线编号	装设时间	拆除时间
无			

工作票签发人签名：许××   2024 年 05 月 17 日 09 时 06 分

工作负责人签名：赵××   2024 年 05 月 17 日 10 时 42 分

6. 工作许可

6.1 现场补充的安全措施

无。

6.2 确认本工作票安全措施正确完备，许可工作开始

许可的线路或设备	许可方式	工作许可人	工作负责人签名	工作许可时间
10kV 文昌巷线科巷 2 号配电室 1 号配电变压器	当面	胡××	赵××	2024 年 5 月 18 日 8 时 15 分

7. 现场交底，工作班成员确认工作负责人布置的工作任务、人员分工、安全措施和注意事项并签名：

刘××、王××、周××

8. 2024 年 05 月 18 日 08 时 30 分工作负责人确认工作票所列安全措施全部执行完毕，下令开始工作。

5.2 保留的带电部位
应注明工作地点或地段保留的带电线路、设备的名称及杆号，包括同杆架设、平行、交叉跨越的线路名称。配电线路、分接箱中断开的开关、刀闸带电侧等均应在工作票中注明。没有则填"无"。

5.3 其他安全措施和注意事项
填写需要特别说明的安全注意事项。没有则填写"无"。

5.4 应装设的接地线
线路名称、设备双重名称、装设位置
填写应装设工作接地线的确切位置、地点；如 0.4kV×线×号杆加号侧。
（1）各工作班工作地段两端和有可能送电到停电线路的分支线（包括用户）都要挂地线。
（2）配合停电线路上的接地线，可以在停电检修线路工作地点附近安装一组；在需要升降线时应挂两组接地线。
（3）该栏仅需要填写工作班装设的接地线。
接地线编号
填写应装设接地线的编号。分段工作，同一编号的接地线可分段重复使用。接地线编号栏在挂好接地线后由工作负责人在现场填写。
装设时间、拆除时间
工作负责人依据现场工作班成员装设或拆除接地线完毕的时间填写。分段装设的接地线应根据工作区段转移情况逐段填写。
工作票签发人、工作负责人签名
对上述工作任务、安全措施及注意事项确认无误后，工作票签发人、工作负责人签名并填写相应时间。"双签发"时应履行同样手续。

6.【工作许可】6.1 现场补充的安全措施
工作负责人或工作许可人根据现场的实际情况，补充其他安全措施和注意事项。无补充内容时填"无"。

6.2 确认本工作票安全措施正确完备，许可工作开始
工作许可人和工作负责人在工作票上填写许可方式、许可工作时间，并分别签名。

7.【现场交底签名】
工作班成员在明确了工作负责人交代的工作内容、人员分工、带电部位、现场布置的安全措施和工作的危险点及防范措施后，每个工作班成员在工作负责人所持的工作票本栏签名（空间不足时，可在开工会记录上签名或另附页；签名只需一处），不得代签。

8.【下令开始工作】
工作负责人确认工作票所列当前工作所需的安全措施全部执行完毕之后，下令开始工作的时间。

9. 工作票延期

有效期延长到_____年___月___日___时___分。

工作负责人签名：_____　　　　　　　　_____年___月___日___时___分

工作许可人签名：_____　　　　　　　　_____年___月___日___时___分

10. 工作终结

工作班现场所装设接地线（接地刀闸）共 0 组、个人保安线共 0 组已全部拆除，工作班布置的其他安全措施已恢复，工作班人员已全部撤离现场，工具、材料已清理完毕，杆塔、设备上已无遗留物。

工作负责人签名：赵××　　　工作许可人签名：胡××

工作终结时间：2024 年 05 月 18 日 10 时 32 分

11. 备注

无。

3.17　10kV 洲岛和园 2 号开关站无线设备安装

一、工作场景情况

（一）工作场景

10kV 洲岛和园 2 号开关站无线设备安装调测。

（二）工作任务

10kV 洲岛和园 2 号开关站 BBU 设备安装调测。

（三）票种选择建议

配电第二种工作票。

（四）人员分工及安排

本次工作有 1 个作业地点。参与本次工作的共 3 人（含工作负责人），具体分工为：

冯××（工作负责人）：负责工作的整体协调组织，在施工时进行监护。

纪××、丁××（工作班成员）：负责 BBU 设备安装调测。

（五）场景接线图

无。

二、工作票样例

配电第二种工作票

单　位：××××股份有限公司　　　　编　　号：PD202106001

1. 工作负责人（监护人）： 冯××　　　　班　组：通信班

2. 工作班人员（不包括工作负责人）

××××股份有限公司：纪××、丁××

共　2　人

3. 工作任务

工作地点或设备［注明变（配）电站、线路名称、设备双重名称及起止杆号］	工作内容
10kV 洲岛和园 2 号开关站	BBU 设备安装调测

4. 计划工作时间

自 2021 年 06 月 07 日 09 时 00 分至 2021 年 06 月 07 日 18 时 00 分。

5. 工作条件和安全措施（必要时可附页绘图说明）

（1）【开收工会】开工前开好开工会，工作负责人（监护人）应向全体作业人员交代作业任务、作业分工、安全措施和注意事项，明确施工中的危险点和应采取的安全措施，做好安全技术交底，并履行签字确认手续后，方可下达作业命令。

（2）【安全措施布置】在 CRAN 机柜施工位置处设安全围栏，在围栏上向内悬挂适量的"止步，高压危险"标示牌，并在围栏入口处挂"从此进出""在此工作"标示牌。

（3）【安全距离】严格保持与带电设备保持足够距离，10kV 不小于

【票种选择】本次作业为配电不停电工作，使用配电第二种工作票，无需增持其他票种。

【单位】

（1）本公司进行的工作，填写工作负责人所在的单位名称。

（2）外单位来本公司进行的工作，填写施工单位名称（例如：华东送变电公司到×供电公司进行线路工作，"单位"栏目应填写"华东送变电公司"）。

【编号】

（1）工作票的编号，同一单位（部门）同一类型的工作票应统一编号，不得重号。

（2）计算机开票时，单位和编号由系统自动生成。

（3）当工作票打印有续页时，在每张续页右上方填写工作票编号。

1.【工作负责人】

填写执行该工作的负责人姓名。

【班组】

应填写工作负责人所在班组名称。对于两个及以上班组共同进行的工作，则班组名称填写"综合班组"。

2.【工作班人员】

（1）应将工作班人员全部填写，然后注明"共×人"。

（2）使用工作任务单时，工作票的工作班成员栏内，可填写"小组负责人姓名等××人"，然后注明"共×人"。

（3）参与该项工作的设备厂家协作人员、临时工等其他人员也应包括在"工作班人员"中，应写清每个人员的名字，注明总人数，不同性质的人员应分行填写。在工作中应按规定对这些人员实施监护。

（4）工作负责人（监护人）不包括在工作票总人数"共×人"之内。

3.【工作任务】

工作地点或设备［注明变（配）电站、线路名称、设备双重名称及起止杆号］

（1）配电线路工作：填写工作线路（包括有工作的分支线路等）电压等级、双重名称（同杆双回或多回线路应注明线路位置称号）、工作地段起止杆号。

（2）配电设备工作：填写工作的环网柜、配电站、开关站等名称，检修工作地点及检修设备的双重名称，填写的设备名称应与现场相符（包括电压等级）。

工作内容

填写应清晰准确，术语规范。工作地点与工作内容应一一对应。

4.【计划工作时间】

填写已批准的检修期限。

用阿拉伯数字填写，月、日、时、分使用双位数字和 24 小时制；若无特殊说明，以下要求相同。

5.【工作条件和安全措施】

根据工作任务和作业方式填写相应的工作条件和安全措施，注明邻近及保留带电设备名称。

工作票签发人签名、会签人签名、工作负责人签名

确认工作票 1～5 项无误后工作票签发人和工作负责人在签名栏内签名，并在时间栏内填入时间。

0.7m。

　（4）【文明施工】施工人员进入施工现场严禁吸烟并按要求着工作服、正确佩戴安全帽、佩戴胸牌，工作结束后，清理好工作现场。

工作票签发人签名：<u>王××</u>　　　<u>2021</u>年<u>06</u>月<u>06</u>日<u>08</u>时<u>00</u>分

工作票会签人签名：<u>张××</u>　　　<u>2021</u>年<u>06</u>月<u>06</u>日<u>16</u>时<u>30</u>分

工作负责人签名：<u>冯××</u>　　　<u>2021</u>年<u>06</u>月<u>06</u>日<u>09</u>时<u>00</u>分

6. 现场补充的安全措施

　无。

7. 工作许可

许可的线路、设备	许可方式	工作许可人	工作负责人签名	许可工作（或开工）时间
10kV 洲岛和园2 号开关站 BBU 设备	当面	杨×	冯××	2021 年 06 月 07 日 09 时 20 分
				年　月　日　时　分

8. 现场交底，工作班成员确认工作负责人布置的工作任务、人员分工、安全措施和注意事项并签名：

　纪××、丁××

9. <u>2021</u>年<u>06</u>月<u>07</u>日<u>09</u>时<u>20</u>分工作负责人确认工作票所列安全措施全部执行完毕，下令开始工作。

10. 工作票延期

　有效期延长到＿＿＿年＿＿月＿＿日＿＿时＿＿分。

工作负责人签名：＿＿＿＿＿　　　　＿＿＿＿年＿＿月＿＿日＿＿时＿＿分

工作许可人签名：＿＿＿＿＿　　　　＿＿＿＿年＿＿月＿＿日＿＿时＿＿分

6.【现场补充的安全措施】
工作负责人或工作许可人根据工作任务和现场条件，补充、完善安全措施或注意事项内容。无补充内容时填"无"。

7.【工作许可】
（1）填用配电第二种工作票的配电线路地面工作，可不履行工作许可手续。配电站、开关站等站所内的配电设备工作可采取当面许可或电话许可。
（2）当面许可：工作许可人完成现场安全措施后，会同工作负责人确认本工作票 1～6 项内容无误，并现场检查核对所列安全措施完备，向工作负责人指明带电设备的位置和注意事项。双方共同签名并记录时间，履行工作票许可手续。
（3）电话许可：电话许可应做好录音，并各自做好记录，双方分别在许可人、负责人处签名并注明电话许可，工作票所需的安全措施由工作人员自行布置。

8.【现场交底，工作班成员确认工作负责人布置的工作任务、人员分工、安全措施和注意事项并签名】
工作班成员在明确了工作负责人交代的工作内容、人员分工、带电部位、现场布置的安全措施和工作的危险点及防范措施后，每个工作班成员在工作负责人所持工作票的本栏签名，不得代签。

9.【工作开始时间】
按实际工作开始时间即时填写，工作负责人同时签名。

10【工作票延期】
工作票需办理延期手续，应由工作负责人向工作许可人提出申请（不需要办理许可手续的配电第二种工作票延期应向工作票签发人提出申请），并将同意延期时间、延期期限记入本栏，同时工作负责人、工作许可人（工作票签发人）签名（或代签）。

11. 工作终结

11.1　工作班布置的安全措施已恢复，工作班人员已全部撤离现场，材料工具已清理完毕，杆塔、设备上已无遗留物。

11.2　工作终结报告。

终结的线路或设备	报告方式	工作负责人签名	工作许可人	终结报告（或结束）时间
10kV 洲岛和园 2 号开关站 BBU 设备	当面	冯××	杨×	2021 年 06 月 07 日 16 时 20 分
				____年___月___日___时___分

12. 备注

12.1　指定专责监护人_____负责监护_____

_____（地点及具体工作。）

12.2　其他事项：

工作班成员丁××作业开工时未到场参与工作。

2021 年 06 月 07 日 13 时 10 分丁××已接受安全交底并签字，可以参与现场工作。

3.18　10kV 191 人民 Ⅱ 河西支 3-1 号杆塔上无线设备安装

一、工作场景情况

（一）工作场景

10kV 191 人民 Ⅱ 河西支 3-1 号杆塔。

（二）工作任务

（1）安装抱杆；

（2）安装天线、RRU。

（三）票种选择建议

配电第二种工作票。

（四）人员分工及安排

本次工作有 1 个作业地点，可以采取工作任务单或设置专责监护人。本张工作票选择设置专责监护人。参与本次工作的共 4 人（含工作负责人），具体分工为：

程×（工作负责人）：负责工作的整体协调组织，在施工时进行监护。

朱××（专责监护人）：负责对高××、马××进行监护。

高××（工作班成员）：塔上就位完毕后，将滑轮正确安装牢固，并经工作负责人和监护人确认后开始起吊各配件。

马××（工作班成员）：依次组装不通位置的抱杆，核实检查抱杆都已安装牢固后，进行主设备（天线、RRU）的安装。

（五）场景接线图

无。

二、工作票样例

<table>
<tr><td>

配电第二种工作票

单　位：××××工程有限公司　　编　号：PD202111025

1. 工作负责人：程×　　　　班　组：工程二组

2. 工作班成员（不包括工作负责人）

朱××、高××、马××

共 3 人

3. 工作任务

工作地点或设备［注明变（配）电站、线路名称、设备双重名称及起止杆号］	工作内容
10kV 191 人民Ⅱ河西支 3-1 号	安装抱杆、天线、RRU

4. 计划工作时间

自 2021 年 11 月 28 日 08 时 30 分至 2021 年 11 月 28 日 18 时 00 分。

5. 工作条件和安全措施（必要时可附页绘图说明）

（1）【开收工会】开工前需开好开工会，工作负责人（监护人）应向全

</td></tr>
</table>

【票种选择】本次作业为配电线路不停电工作，使用配电第二种工作票，无需增持其他票种。

【单位】

（1）本公司进行的工作，填写工作负责人所在的单位名称。

（2）外单位来本公司进行的工作，填写施工单位名称（例如：华东送变电公司到×供电公司进行线路工作，"单位"栏目应填写"华东送变电公司"）。

【编号】

（1）工作票的编号，同一单位（部门）同一类型的工作票应统一编号，不得重号。

（2）计算机开票时，单位和编号由系统自动生成。

（3）当工作票打印有续页时，在每张续页右上方填写工作票编号。

1.【工作负责人】填写该项工作的负责人姓名。

【班组】应填写工作负责人所在班组名称。对于两个及以上班组共同进行的工作，则班组名称填写"综合班组"。

2.【工作班成员（不包括工作负责人）】

填写参与工作的全部工作班成员姓名，然后注明"共×人"（不包括工作负责人）。

参与该项工作的农民工、临时工等其他人员也应包括在"工作班人员"中。

注：班组栏填写"综合班组"的，工作班成员的前面必须填写所在班组名称，如没有相应的班组，可填写"厂方人员""起重工"等。例如：

检修一班：张×、王×；

厂方人员：李×、赵×。

3.【工作任务】

工作地点或设备［注明变（配）电站、线路名称、设备双重名称及起止杆号］

（1）配电线路工作：填写工作线路（包括有工作的分支线路等）电压等级、双重名称（同杆双回或多回线路应注明线路位置称号）、工作地段起止杆号。

（2）配电设备工作：填写工作的环网柜、配电站、开关站等名称，检修工作地点及检修设备的双重名称，填写的设备名称应与现场相符（包括电压等级）。

工作内容

填写应清晰准确，术语规范。工作地点与工作内容应一一对应。

体作业人员交代作业任务、作业分工、安全措施和注意事项，明确施工中的危险点和应采取的安全措施，做好安全技术交底，并履行签字确认手续后，方可下达作业命令。收工后开好收工会，总结安全情况。

（2）【交通道口】在交通路口、道路边、车辆停放处等施工现场适当位置设置路牌、安全围栏、围网、警示桶等安全措施，在围栏、围网上向内悬挂适量的"止步，高压危险"标示牌，并在围栏、围网入口处挂"从此进出""在此工作"标示牌。

（3）【高处作业】登高作业需正确佩戴安全帽，应使用合格的安全带，备工具袋。正确规范使用安全带，后备保险绳，高挂低用，杆上移位时不得失去安全带保护，攀登杆塔时，应做好防坠措施；传递工器具使用绝缘无极绳，严禁高空抛物，登高作业需有专人监护。

（4）【安全距离】严格保持与带电部分的安全距离，10kV 及以下线路不小于 0.7m。

工作票签发人签名：陈×× 　　　　2021 年 11 月 27 日 14 时 30 分

工作票会签人签名：龚×× 　　　　2021 年 11 月 27 日 15 时 00 分

工作负责人签名：程× 　　　　　　2021 年 11 月 27 日 16 时 00 分

6. 现场补充的安全措施

无。

7. 工作许可

许可的线路、设备	许可方式	工作许可人	工作负责人签名	许可工作（或开工）时间
10kV 191 人民 Ⅱ河西支 3-1 号	当面	夏×	程×	2021 年 11 月 28 日 08 时 50 分

8. 现场交底，工作班成员确认工作负责人布置的工作任务、人员分工、安全措施和注意事项并签名：

朱××、高××、马××

9. 2021 年 11 月 28 日 09 时 00 分工作负责人确认工作票所列安全措施全部

4.【计划工作时间】

填写已批准的检修期限。

用阿拉伯数字填写，月、日、时、分使用双位数字和 24 小时制；若无特殊说明，以下要求相同。

5.【工作条件和安全措施（必要时可附页绘图说明）】

根据工作任务和作业方式填写相应的工作条件和安全措施，注明邻近及保留带电设备名称。

工作票签发人签名、会签人签名、工作负责人签名

确认工作票 1～5 项无误后工作票签发人和工作负责人在签名栏内签名，并在时间栏内填入时间。

6.【现场补充的安全措施】工作负责人或工作许可人根据工作任务和现场条件，补充、完善安全措施或注意事项内容。无补充内容时填"无"。

7.【工作许可】

（1）填用配电第二种工作票的配电线路地面工作，可不履行工作许可手续。配电站、开关站等站所内的配电设备工作可采取当面许可或电话许可。

（2）当面许可：工作许可人完成现场安全措施后，会同工作负责人确认本工作票 1～6 项内容无误，并现场检查核对所列安全措施完备，向工作负责人指明带电设备的位置和注意事项。双方共同签名并记录时间，履行工作票许可手续。

（3）电话许可：电话许可应做好录音，并各自做好记录，双方分别在许可人、负责人处签名并注明电话许可，工作票所需的安全措施由工作人员自行布置。

8.【现场交底，工作班成员确认工作负责人布置的工作任务、人员分工、安全措施和注意事项并签名】

工作班成员在明确了工作负责人交代的工作内容、人员分工、带电部位、现场布置的安全措施和工作的危险点及防范措施后，每个工作班成员在工作负责人所持工作票的本栏签名，不得代签。

9.【工作开始时间】

按实际工作开始时间即时填写，工作负责人同时签名。

执行完毕，下令开始工作。

10. 工作票延期

有效期延长到_____年__月__日__时__分。

工作负责人签名：_____ _____年__月__日__时__分

工作许可人签名：_____ _____年__月__日__时__分

10.【工作票延期】

工作票需办理延期手续，应由工作负责人向工作许可人提出申请（不需要办理许可手续的配电第二种工作票延期应向工作票签发人提出申请），并将同意延期时间、延期期限记入本栏，同时工作负责人、工作许可人（工作票签发人）签名（或代签）。

11. 工作终结

11.1 工作班布置的安全措施已恢复，工作班人员已全部撤离现场，材料工具已清理完毕，杆塔、设备上已无遗留物。

11.2 工作终结报告。

终结的线路或设备	报告方式	工作负责人签名	工作许可人	终结报告（或结束）时间
10kV 191 人民Ⅱ河西支 3-1 号	当面	程×	夏×	2021 年 11 月 28 日 16 时 50 分
				_____年__月__日 __时__分

11.【工作终结】

（1）工作班人员已全部撤离现场，材料工具已清理完毕，杆塔、设备上已无遗留物。

（2）工作终结报告。

工作负责人向工作许可人汇报工作完毕（不需要办理许可手续的配电第二种工作票无需进行工作终结报告），填写终结的线路或设备名称、报告方式、工作负责人、工作许可人、终结报告时间。

12. 备注

12.1 指定专责监护人朱××负责监护高××、马××在工作地点 10kV 191 人民Ⅱ河西支 3-1 号开展安装抱杆、天线、RRU 工作。（地点及具体工作。）

12.2 其他事项：

无。

_____

12.【备注】

（1）注明指定专责监护人及负责监护地点及具体工作。如"指定专责监护人张三负责监护李四在 10kV×线×杆进行×工作"。

（2）其他需要办理交代或需要记录的事项。

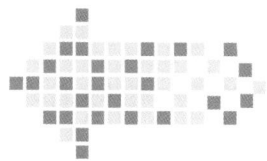

第4章 迁改及其他工程

4.1 一回 10kV 联络电缆线迁改

一、工作场景情况

（一）工作场景

10kV 112 吴城线吴城 1 号配电所 10kV 151 联络开关至吴城 2 号配电所 10kV 153 联络开关间原有电缆识别、开断与新放电缆对接、试验。

（二）工作任务

电缆敷设：10kV 吴城 1 号配电所至 10kV 吴城 2 号配电所电缆沟自编 001 号井至自编 002 号井间，原电缆与新放电缆对接、固定。

中间头制作：10kV 吴城 1 号配电所至 10kV 吴城 2 号配电所电缆通道自编 001 号井及自编 002 号井处电缆中间头制作。

电缆试验：10kV 吴城 1 号配电所 10kV 151 联络开关及 10kV 吴城 2 号配电所 10kV 153 联络开关柜前柜门处原电缆拆头、识别、核相、试验。

电缆拆搭接：10kV 吴城 1 号配电所 10kV 151 联络开关及 10kV 吴城 2 号配电所 10kV 153 联络开关柜前柜门处原电缆拆头、搭接。

（三）票种选择建议

配电第一种工作票。

（四）人员分工及安排

本次工作有 4 个作业地点，可以采取工作任务单或设置专责监护人。本张工作票选择设置专责监护人。参与本次工作的共 10 人（含工作负责人），具体分工为：

作业点 1：10kV 吴城 1 号配电所 151 联络开关柜。

李××（工作负责人）：负责工作的整体协调组织，在电缆试验时进行监护。

杨××（工作班成员）：原电缆拆头、识别、试验及搭接。

作业点 2：10kV 吴城 2 号配电所 153 联络开关柜。

甲××（专责监护人）：负责对王××进行监护，并在电缆试验时看守现场。

王××（工作班成员）：原电缆拆头、识别及搭接。

作业点 3：10kV 吴城 1 号配电所至 10kV 吴城 2 号配电所电缆通道自编#001 电缆井。

乙××（专责监护人）：负责对张××、孙××进行监护。

张××、孙××（工作班成员）：原电缆识别、开断后与新放电缆对接，制作电缆中间头。

作业点 4：10kV 吴城 1 号配电所至 10kV 吴城 2 号配电所电缆通道自编#002 电缆井。

丙××（专责监护人）：负责对董××、吴××进行监护。

董××、吴××（工作班成员）：原电缆识别、开断后与新放电缆对接，制作电缆中间头。

（五）场景接线图

一回 10kV 联络电缆线迁改场景接线图见图 4-1。

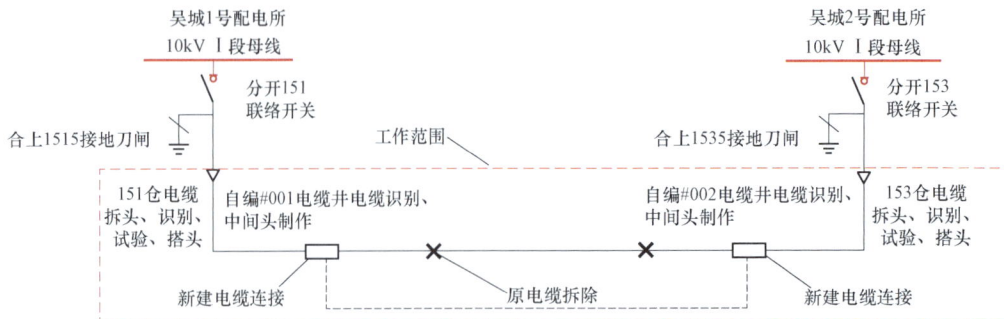

图 4-1 一回 10kV 联络电缆线迁改场景接线

二、工作票样例

配电第一种工作票

单　位：××××有限公司　　编　号：配 I 202402001

1. 工作负责人：李××　　　班　组：综合班组

2. 工作班人员（不包括工作负责人）

××××工程有限公司：杨××、王××、甲××、乙××、丙××

××××工程有限公司：张××、孙××、董××、吴××

共 _9_ 人

3. 停电线路或设备名称（多回线路应注明双重称号）

10kV 吴城 1 号配电所 10kV 151 联络开关至吴城 2 号配电所 10kV 153 联络开关。

4. 工作任务

工作地点（地段）或设备 [注明变（配）电站、线路名称、设备双重名称及起止杆号等]	工作内容
10kV 吴城 1 号配电所 151 联络开关柜电缆仓	原电缆拆头、识别、试验、封堵、搭头

【票种选择】
本次作业为配电停电工作，使用配电第一种工作票，无需增持其他票种。

1.【班组】
对于包含工作负责人在内有两个及以上的班组人员共同进行的工作，应填写"综合班组"。

2.【工作班人员】
人员应取得准入资质，安排的人员应进行承载力分析，确保人数适当、充足；如有特种作业应安排具备相应资质的特种作业人员。不同单位需分行填写。

3.【停电线路或设备名称（多回线路应注明双重称号）】
（1）填写停电的配电线路电压等级、名称（多回线路应注明双重称号）、设备双重名称、起止杆号。
（2）填写停电的环网柜、开关站、箱式变电站等配电设备的电压等级、双重名称或停电范围。
（3）若全线（包括支线）停电，填写主线和支线。
（4）填写的配电线路名称、设备双重名称应与现场相符（包括电压等级）。

4.【工作任务】
工作地点（地段）或设备 [注明变（配）电站、线路名称、设备双重名称及起止杆号等]
（1）配电线路工作：填写工作线路（包括有工作的分支线路等）电压等级、名称（同杆双回或多回线路应注明线路位置称号）、工作地段起止杆号。
（2）配电设备工作：填写工作的变电站、环网柜、配电站、开关站等设备的电压等级、名称及检修工作区域和检修设备的双重名称，填写的设备名称应与现场相符（包括电压等级）。
工作内容
（1）工作内容应填写明确，术语规范，且不得超出相应停电申请单中的工作内容。

续表

工作地点或设备［注明变（配）电站、线路名称、设备双重名称及起止杆号］	工作内容
10kV 吴城 2 号配电所 153 联络开关柜电缆仓	原电缆拆头、识别、封堵、搭头
10kV 吴城 1 号配电所 151 联络开关至 10kV 吴城 2 号配电所 153 吴联络开关间电缆通道自编#001 电缆井	原电缆识别、开断后与新放电缆对接，制作电缆中间头 1 套；原电缆开断后多余电缆拆除
10kV 吴城 1 号配电所 151 联络开关至 10kV 吴城 2 号配电所 153 吴联络开关间电缆通道自编#002 电缆井	原电缆识别、开断后与新放电缆对接，制作电缆中间头 1 套；原电缆开断后多余电缆拆除

5. 计划工作时间

自 2024 年 02 月 05 日 08 时 00 分至 2024 年 02 月 05 日 14 时 00 分。

6. 安全措施［应该为检修状态的线路、设备名称、应断开的断路器（开关）、隔离开关（刀闸）、熔断器，应合上的接地刀闸，应装设的接地线、绝缘隔板、遮栏（围栏）和标示牌等，装设的接地线应明确具体位置，必要时可附页绘图说明］

6.1　调控或运维人员［变（配）电站、发电厂等］应采取的安全措施	已执行
（1）10kV 吴城 1 号配电所	
1）应拉开 151 联络开关，并操作机构上锁；断开控制电源，并将远近控开关切换至"就地"位置	√
2）应合上 1515 接地刀闸	√
3）应在 151 联络开关操作手柄上悬挂"禁止合闸，线路有人工作"标示牌	√
（2）10kV 吴城 2 号配电所	
1）应拉开 153 联络开关，并操作机构上锁；断开控制电源，并将远近控开关切换至"就地"位置	√
2）应合上 1535 接地刀闸	√
3）应在 153 联络开关操作手柄上悬挂"禁止合闸，线路有人工作"标示牌	√

（2）应写明工作性质、内容［如：迁移、立杆、放线、更换架空地线、更换变压器、拆除（恢复）线路搭头等］。

（3）工作内容应填写完整，不得省略。消缺工作应写明消缺具体内容（例如处理×张搭头，更换×避雷器等），不得以维修、消缺等模糊词语涵盖工作内容。

（4）变（配）电站内和线路上均有工作时，为便于区分，应将变（配）电站的工作地点、工作内容排在前面，线路工作地点及内容排在站所工作的后面。

（5）不同工作地点的工作，应分行填写；工作地点与工作内容应一一对应。

5.【计划工作时间】
填写计划检修起始时间和结束时间，该时间应在调度批准的检修时间段内。

6.【安全措施】6.1 调控或运维人员［变（配）电站、发电厂等］应采取的安全措施

（1）填写涉及的变（配）电站或线路名称以及由调控或运维人员操作的各侧（包括变电站、配电站、用户站、各分支线路）断路器（开关）、隔离开关（刀闸）、熔断器，自动化设备控制电源、操作电源。

（2）填写变（配）电站内、线路上应合接地刀闸或应装接地线、应装绝缘挡板的编号和确切位置。

（3）填写变（配）电站内应设遮栏以及应挂标示牌的名称和地点以及应防止二次回路误碰等措施。

（4）变（配）电站内和线路上均需采取安全措施时，为便于区分，应将变（配）电站内应采取的安全措施排在前面，线路上应采取的安全措施排在后面。

（5）涉及多个站所、多条线路和设备时，为避免混乱，各站所、线路和设备逐一填写。例如：
1）变电站 A（如 110kV×变电站）：应断开×开关；应断开×刀闸⋯⋯
2）变电站 B（如 35kV×变电站）：应断开×开关；应断开×刀闸⋯⋯
3）10kV×线·应断开×开关，应在×装设接地线一组⋯⋯

（6）变电站出线线路（电缆）工作涉及进站工作或借用变电站接地刀闸（接地线）作为工作班接地线的，则必须将变电站站内开关、刀闸、接地等安全措施列入工作票中，不涉及以上工作的只填写"确认 10kV××线路转为检修状态"。

（7）配电设备上熔断器在保持断开状态时，可采用熔断器拉开摘下熔管或熔断器拉开不摘下熔管的方式，在操作处悬挂"禁止合闸，线路有人工作！"标示牌即可。

（8）美式箱式变电站高压开关拉开后不需要加锁，欧式箱式变电站高压开关拉开后可以加锁。

（9）环网柜开关拉开后不需要再加锁，隔离开关（刀闸）及接地刀闸操作把手处应加锁。

（10）在低压用电设备上停电工作前，配电箱工作断开断路器，是否需要取下断路器熔丝应按现场实际情况确定，如配电箱断路器无熔丝的必须在配电箱门上加锁和悬挂标示牌。

已执行
以上安全措施完成后，工作负责人在接受许可时，应与工作许可人逐项核对确认并打"√"。

6.2　工作班完成的安全措施	已执行
（1）在10kV电缆井自编#001电缆井周围设置临时围栏，在围栏出入口悬挂"在此工作""从此进出"标示牌，设置有限空间专用警示标示牌	√
（2）在10kV电缆井自编#002电缆井周围设置临时围栏，在围栏出入口悬挂"在此工作""从此进出"标示牌，设置有限空间专用警示标示牌	√
（3）应在151联络开关电缆仓前工作地点挂"在此工作"标示牌，两侧带电开关柜周围装设临时遮栏（围栏），面向工作人员悬挂适量"止步，高压危险"标示牌，标示牌朝向外侧。临时围栏出入口处设"从此进出！"标示牌	√
（4）应在153联络开关电缆仓前工作地点挂"在此工作"标示牌，两侧带电开关柜周围装设临时遮栏（围栏），面向工作人员悬挂适量"止步，高压危险"标示牌，标示牌朝向外侧。临时围栏出入口处设"从此进出！"标示牌	√

6.3　工作班装设（或拆除）的接地线

线路名称、设备双重名称、装设位置	接地线编号	装拆情况		
无		装设人	监护人	装设时间
		拆除人	监护人	拆除时间
		装设人	监护人	装设时间
		拆除人	监护人	拆除时间

6.4　配合停电应采取的安全措施	已执行
无	

6.5　保留或邻近的带电线路、设备：

（1）10kV吴城1号配电所151间隔相邻的10kV 150间隔、10kV 152间隔、151间隔母线侧带电运行。

6.2 工作班完成的安全措施

（1）填写需要工作班操作停电的配电变压器及用户名称、应装设的遮栏（围栏）、交通警示牌等。

如：应拉开10kV×线×配电变压器低压侧开关；在综合配电箱柜门把手上悬挂"禁止合闸，线路有人工作！"标示牌；在×处装设围栏……没有则填写"无"。

（2）由工作班装设的工作接地线可仅在"6.3"栏填写。

已执行

安全措施完成后，工作负责人逐项核对确认并打"√"。

6.3 工作班装设（或拆除）的接地线

线路名称、设备双重名称、装设位置

（1）填写应装设工作接地线（包括0.4kV）的确切位置、地点；如10kV×线×号杆支线侧。

（2）各工作班工作地段两端和有可能送电到停电线路的分支线（包括用户）都要接地线。

（3）配合停电的交叉跨越或邻近线路，在线路的交叉跨越或邻近处附近应装设一组接地线；配合停电的同杆（塔）架设线路装设接地线要求与检修线路相同。

（4）工作地段无法装设工作接地线的，且与运维人员装设的接地线（接地刀闸）之间未连有断路器（开关）或熔断器，则运维人员装设的接地线（接地刀闸）可借用为工作接地线使用，不需要在本栏内再填写。

（5）若工作范围内均借用运维人员装设的接地线（接地刀闸）作为工作接地线使用，则本栏填写"无"。

接地线编号

（1）填写应装设的工作接地线（包括0.4kV）的编号及电压等级。例：#01（10kV）。

（2）同一编号接地线不得重复。分段工作，同一编号的接地线可分段重复使用。

（3）接地线编号在装设好接地线后由工作负责人在现场填写。

装设人、拆除人、监护人

装设、拆除接地线应有人监护，工作负责人将装设人、拆除人和监护人由工作负责人现场填写在工作票上，监护人利用手机拍摄的照片或者打印工作票6.3栏目页作为书面依据，装设（拆除）接地线结束时，监护人及时向工作负责人汇报，由工作负责人在工作票上记下装设（拆除）时间。

装设时间、拆除时间

（1）工作负责人依据现场工作班成员装设或拆除接地线完毕后填写。装设时间应在工作许可并完成安全交底之后，下达开始工作命令之前；拆除时间工作终结时间之前。

（2）10kV 吴城 2 号配电所 153 间隔相邻的 10kV 152 间隔、10kV 154 间隔、153 间隔母线侧带电运行。

（3）自编#001、#002 电缆井内其他电缆带电运行。

6.6　其他安全措施和注意事项：

（1）【安全距离】人体与带电体保持足够的安全距离：10kV 大于 0.7m。

（2）【有限空间作业】未经通风和检测合格，任何人员不得进入有限空间作业。检测的时间不得早于作业开始前 30min。设置警示牌，配置安全防护装备、应急救援装备，经气体检测合格后施工人员方可进入工作并设专人监护，作业过程中应保持持续通风。

（3）【电缆识别开断】识别开断电缆应专人用仪器识别，电缆砸钉时，操作人员应穿戴绝缘手套绝缘靴，站在绝缘垫上。钉枪应可靠接地，做好防护措施，设置监护人。

（4）【电缆试验】电缆试验前应确保被试电缆上无其他工作，所有人员应撤出并在试验电缆另一端设置围栏，向外悬挂"止步，高压危险！"标示牌，派专人看守，电缆试验前后应对被试电缆充分放电。

（5）【电缆井运行电缆保护】电缆井运行电缆用绝缘地毯包裹覆盖，不得踩踏运行电缆中间头，不得损伤运行电缆。

（6）【施工电源】施工电源拆搭头需要有人监护，发电机、电动设备可靠接地，电源箱设置剩余电流动作保护装置。

工作票签发人签名：<u>赵××</u>　　　　　<u>2024</u> 年 <u>02</u> 月 <u>03</u> 日 <u>14</u> 时 <u>10</u> 分

工作票会签人签名：<u>钱××</u>　　　　　<u>2024</u> 年 <u>02</u> 月 <u>03</u> 日 <u>14</u> 时 <u>40</u> 分

工作负责人签名：<u>李××</u>　　　　　　<u>2024</u> 年 <u>02</u> 月 <u>03</u> 日 <u>16</u> 时 <u>08</u> 分

6.7　其他安全措施和注意事项补充（由工作负责人或工作许可人填写）：

无。

7. 工作许可

许可的线路或设备	许可方式	工作许可人	工作负责人签名	工作许可时间
10kV 吴城 1 号配电所 151 联络开关；10kV 吴城 2 号配电所 153 联络开关	当面	吴××	李××	2024 年 02 月 05 日 08 时 39 分

（2）分段装设的接地线应根据工作区段转移情况逐段填写。

（3）接地线装、拆时间填写应采用 24 小时制，填写年、月、日、时、分，如：2024 年 07 月 31 日 14 时 06 分。

6.4 配合停电线路应采取的安全措施

填写由非调控或运维人员负责的配合停电的线路名称及应断开的断路器（开关）、隔离开关（刀闸）、熔断器，应合上的接地刀闸或应装设的操作接地线。没有则填写"无"。

6.5 保留或邻近的带电线路、设备

应注明工作地点或地段保留或邻近的带电线路、设备的电压等级、双重名称及杆（塔）号，主要填写以下内容：

（1）邻近或交叉跨越的带电线路、设备名称（双重称号）。

（2）发电厂、变电站出口停电线路两侧的邻近带电线路。

（3）与工作地段邻近、平行或交叉且有可能误登误触的带电线路及设备。

（4）拉开后一侧有电、一侧无电的配电设备。如柱上开关、闸刀、跌落式熔断器等。

（5）变（配）电站、开关站内的配电设备工作，应填写工作地点及周围所保留的带电部位、带电设备名称。工作地点的低压交直流电源也应注明和交代清楚。

（6）没有则填写"无"。

6.6 其他安全措施和注意事项

根据工作现场的具体情况而采取的一些安全措施或有关安全注意事项。如：装设个人保安接地线；在杆上装设临时围栏；防止倒杆应设临时拉线；线路交叉处、临近带电设备的安全距离提示；起重作业、高处作业、有限空间作业、电气试验作业、放线撤线作业等现场的安全注意事项；在道路上放置提醒来往车辆和行人注意安全的交通警示牌等。

工作票签发人签名、工作负责人签名

确认工作票 1～6.6 项无误后，工作票签发人和工作负责人在签名栏内签名，并在时间栏中填入相应时间。"双签发"时应履行同样手续。

6.7 其他安全措施和注意事项补充（由工作负责人或工作许可人填写）

工作负责人或工作许可人根据现场的实际情况，补充安全措施和注意事项。无补充内容时填写"无"。

7.【工作许可】

（1）工作许可人和工作负责人分别在各自收执的工作票上填写许可的线路或设备名称、许可方式、工作许可人、工作负责人、许可工作时间。

（2）同一时间、相同停电范围，有多家单位或同一单位的不同班组分别持票进行施工作业时，设备运维管理单位指派的工作许可人应为同一人。

（3）各工作许可人在完成工作票所列其负责的停电和装设接地线等安全措施后，方可发出许可工作的命令。

许可方式

（1）配网停电作业应采取现场当面许可。许可过程均应做好录音。

（2）填用配电第二种工作票的配电线路地面工作，可不履行工作许可手续。持配电第二种工作票进入配电站所工作，应办理工作许可手续。

续表

许可的线路或设备	许可方式	工作许可人	工作负责人签名	工作许可时间
10kV 吴城 1 号配电所 151 联络开关至 10kV 吴城 2 号配电所 153 吴联络开关	当面	吴××	李××	2024 年 02 月 05 日 08 时 45 分

8. 现场交底，工作班成员确认工作负责人布置的工作任务、人员分工、安全措施和注意事项并签名：

杨××、王××、甲××、乙××、丙××、张××、孙××、董××、吴××、冯××

新增人员冯××进场前已接受安全交底。

9. <u>2024</u> 年<u>2</u>月<u>5</u>日<u>8</u>时<u>55</u>分工作负责人确认工作票所列当前工作所需的安全措施全部执行完毕，下令开始工作。

10. 工作任务单登记

工作任务单编号	工作任务	小组负责人	工作许可时间	工作结束报告时间
无			___年___月___日___时___分	___年___月___日___时___分

11. 人员变更

11.1　工作负责人变动情况

原工作负责人_____离去，变更为工作负责人_____。

工作票签发人：_____　　　　　　_____年___月___日___时___分

原工作负责人签名确认：_____

新工作负责人签名确认：_____　　　　_____年___月___日___时___分

11.2　工作人员变动情况

<u>2024 年 02 月 05 日 10 时 14 分　冯××加入（工作负责人签名：李××）</u>

右栏注释：

<u>2024 年 02 月 05 日 10 时 12 分 王××离开（工作负责人签名：李××）</u>

工作负责人签名：<u>李××</u>

12. 工作票延期

有效期延长到_____年___月___日___时___分。

工作负责人签名：_____　　　　　_____年___月___日___时___分

工作许可人签名：_____　　　　　_____年___月___日___时___分

12.【工作票延期】
工作需延期，应在工作计划结束时间前由工作负责人向工作许可人提出申请，办理延期手续。对于需经调度许可的工作，工作许可人还应得到调度许可后，方可与工作负责人办理工作票延期手续。工作票只能延期一次。

13. 每日开工和收工时间（使用一天的工作票不必填写）

收工时间	工作负责人	工作许可人	开工时间	工作许可人	工作负责人

13.【每日开工和收工时间（使用一天的工作票不必填写）】
（1）填写每日收工时间及次日开工时间，工作负责人、工作许可人分别签名确认。
（2）每日收工，工作负责人应得到小组负责人或全部工作班成员当日工作结束的报告，开好收工会并全部撤离工作现场后，向许可人汇报；次日复工时，工作负责人应经许可人同意并重新复核安全措施无误后方可工作。
（3）涉及多名工作许可人的工作，各工作许可人均应与工作负责人分别填写。

14. 工作终结

14.1 工作班现场所装设接地线（接地刀闸）共<u>0</u>组、个人保安线共<u>0</u>组已全部拆除，工作班布置的其他安全措施已恢复，工作班人员已全部撤离现场，材料工具已清理完毕，杆塔、设备上已无遗留物。

14.2 工作终结报告：

终结的线路或设备	报告方式	工作负责人	工作许可人	终结报告时间
10kV 吴城 1 号配电所 151 联络开关；10kV 吴城 2 号配电所 153 联络开关	当面	李××	吴××	2024 年 02 月 05 日 13 时 16 分
10kV 吴城 1 号配电所 151 联络开关至 10kV 吴城 2 号配电所 153 联络开关	当面	李××	吴××	2024 年 02 月 05 日 13 时 10 分

14.【工作终结】
（1）填写拆除的所有工作接地线和个人保安线数量。
1）工作结束后，工作负责人（包括小组负责人）应检查工作地段的状况，确认没有遗留个人保安线和其他工具、材料，全部工作人员确已撤离，并经验收合格后方可命令拆除工作接地线等安全措施。
2）接地线拆除后，任何人不得再登杆工作或在设备上工作。
（2）工作终结报告。
1）工作终结后，工作负责人应及时报告工作许可人，若有其他单位的设备配合停电，还应及时通知配合停电设备运行管理单位的停电联系人。工作终结报告应当面进行。
2）报告结束后，工作许可人和工作负责人分别在各自收执的工作票上填写终结的线路或设备的名称、报告方式、工作负责人、工作许可人和终结报告时间，办理工作终结手续。工作一旦终结，任何工作人员不得进入工作现场。

15. 工作票终结

已拆除工作许可人现场所挂 <u>无</u>（编号）接地线共 <u>0</u> 组；已拉开 10kV 吴城 1 号配电所 151 联络开关 1515；10kV 吴城 2 号配电所 153 联络开关 1535（编号）接地刀闸共 <u>1</u> 副。

工作票于 <u>2024</u> 年 <u>02</u> 月 <u>05</u> 日 <u>13</u> 时 <u>30</u> 分结束。

工作许可人：<u>吴××</u>

16. 负责监护

指定专责监护人	被监护人	负责监护（地点及具体工作）
甲××	王××	在 10kV 吴城 2 号配电所 153 联络开关柜进行原电缆拆头、识别、封堵、搭头
乙××	孙××、张××	在自编#001 电缆井进行原电缆识别、开断后与新放电缆对接，制作电缆中间头
丙××	董××、吴××	在自编#002 电缆井进行原电缆识别、开断后与新放电缆对接，制作电缆中间头

17. 其他事项

<u>无。</u>

15.【工作票终结】

（1）填写拆除由工作许可人负责装设的接地线和接地刀闸编号、数量，以及工作票的终结时间。确认接地线和接地刀闸都已经拆除后，工作许可人签名。

（2）若不涉及接地线或接地刀闸，应在编号栏填"无"，在数量栏填"0"组（副），不得空白。

（3）拉开的接地刀闸编号栏应填写双重名称。

（4）工作终结前，工作许可人在接到所有工作负责人的完工报告，实地检查确认停电范围内所有工作已结束，所有人员已撤离，所有接地线已拆除，与记录簿核对无误并做好记录后，方可下令拆除各侧安全措施。

（5）该项内容只需工作许可人所持票面填写。涉及多名工作许可人的工作票，各工作许可人负责各自所装设的接地线（接地刀闸）的拆除情况。

16.【负责监护】

（1）注明指定专责监护人、被监护人、负责监护地点及具体工作。如"指定专责监护人张三负责监护李四在 10kV×线×杆进行×工作"。

（2）对有触电危险、检修（施工）复杂容易发生事故的工作，如：在邻近带电线路和设备区域使用吊车、斗臂车等特种车辆的作业；有限空间作业等，应增设专责监护人，并确定其监护的人员和工作范围。

（3）该部分内容仅需在工作负责人所持工作票上填写。

17.【其他事项】

其他需要交代或需要记录的事项。例如：

（1）暂未拆除、继续使用的接地线由各工作许可人在各自所持工作票中备注。

（2）使用吊车的作业应在该栏注明吊车指挥人员。若在工作班成员栏目中已注明，则不需要在此填写。

4.2　一回 10kV 线路迁改

一、工作场景情况

（一）工作场景

10kV 112 吴城线 1 号杆至 5 号杆拆除 JKLYJ-150 导线 3×4 档；1 号杆、5 号杆拆除杆上开关及其附件各 1 套，电缆拆头下落各 1 根；3 号杆至 3-1 号杆间拆除杆上变压器及其附件 1 套。

（二）工作任务

导线拆除：10kV 112 吴城线 1 号杆至 5 号杆拆除 JKLYJ-150 导线 3×4 档。

开关及其附件拆除：10kV 112 吴城线 1 号杆、5 号杆拆除杆上开关及其附件各 1 套。

上杆电缆拆头下落：10kV 112 吴城线 1 号杆、5 号杆电缆拆头下落各 1 根。

变压器及其附件拆除：10kV 112 吴城线 3 号杆至 3-1 号杆间拆除杆上变压器及其附件 1 套。

（三）票种选择建议

配电第一种工作票。

（四）人员分工及安排

本次工作有 3 个固定作业点，1 个流动作业点，共 4 个作业点，可以采取工作任务单或设置专责监护人。本张工作票 3 个固定作业地点选择设置专责监护人；1 个流动作业点由工作负责人整体协调组织监护。1 个流动吊装小组。参与本次工作的共 15 人（含工作负责人），具体分工为：

流动作业点：10kV 112 吴城线 1 ～5 号杆。

李××（工作负责人）：负责工作的整体协调组织，在 1 ～5 号杆流动拆除导线时进行监护。

王××、张××、刘××、（工作班成员）：拆除 1 ～5 号杆 JKLYJ-150 导线 3×4 档。

固定作业点 1：10kV 112 吴城线 1 号杆。

甲××（专责监护人）：负责对杨××、黄××进行监护。

杨××、黄××（工作班成员）：拆除 1 号杆上开关及其附件，电缆拆头下落。

固定作业点 2：10kV 112 吴城线 5 号杆。

乙××（专责监护人）：负责对周××、赵××进行监护。

周××、赵××（工作班成员）：拆除 5 号杆上开关及其附件，电缆拆头下落。

固定作业点 3：10kV 112 吴城线 3 号杆至 3-1 号杆间。

丙××（专责监护人）：负责对胡××、吴××进行监护。

胡××、吴××（工作班成员）：拆除 3 号杆至 3-1 号杆间杆上路灯变压器及其附件 1 套。

流动吊装小组：负责在 1、5 号杆处吊移开关及附件；3 号杆至 3-1 号杆处吊移路灯变压器及附件。

朱××（吊车指挥员）：负责对陆××进行指挥。

陆××（吊车操作员）：在 1、5 号杆处吊移开关及附件；在 3 号杆至 3-1 号杆处吊移路灯变压器及附件。

（五）场景接线图

一回 10kV 线路改迁场景接线图见图 4-2。

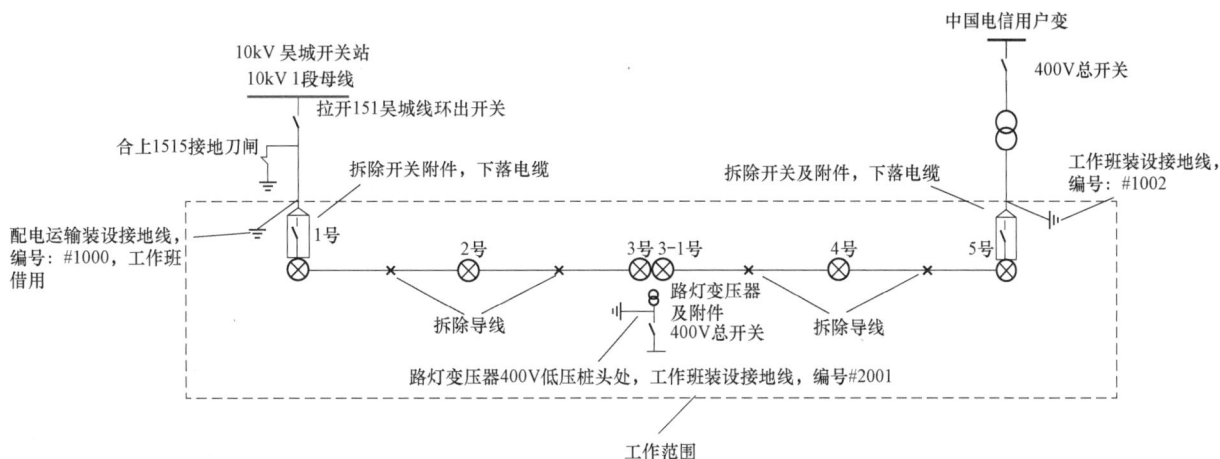

图 4-2　一回 10kV 线路改迁场景接线图

二、工作票样例

配电第一种工作票

单　位：××××有限公司　　编　号：配Ⅰ202402001

1. 工作负责人：李×× 　　　班　组：综合班组

2. 工作班人员（不包括工作负责人）

××××安装工程有限公司：王××、张××、刘××

××××建设工程有限公司：甲××、乙××、丙××、杨××、黄

××、周××、赵××、胡××、吴××

××××运输吊装公司：朱××、陆××

共　14　人

3. 停电线路或设备名称（多回线路应注明双重称号）

10kV 112 吴城线 10kV 吴城开关站 151 吴城线环出开关以下。

4. 工作任务

工作地点（地段）或设备［注明变（配）电站、线路名称、设备双重名称及起止杆号等］	工作内容
10kV 112 吴城线 1～5 号杆	拆除 JKLYJ-150 导线 3×4 档
10kV 112 吴城线 1 号杆	拆除杆上开关及其附件，电缆拆头下落
10kV 112 吴城线 5 号杆	拆除杆上开关及其附件，电缆拆头下落
10kV 112 吴城线 3 号杆至 3-1 号杆间	拆除杆上路灯变压器及其附件

5. 计划工作时间

自 2024 年 02 月 05 日 08 时 00 分至 2024 年 02 月 05 日 14 时 00 分。

【票种选择】

本次作业为配电停电工作，使用配电第一种工作票，无需增持其他票种。

1.【班组】

对于包含工作负责人在内有两个及以上的班组人员共同进行的工作，应填写"综合班组"。

2.【工作班人员】

人员应取得准入资质，安排的人员应进行承载力分析，确保人数适当、充足；如有特种作业应安排具备相应资质的特种作业人员。不同单位需分行填写。

3.【停电线路或设备名称（多回线路应注明双重称号）】

（1）填写停电的配电线路电压等级、名称（多回线路应注明双重称号）、设备双重名称、起止杆号。

（2）填写停电的环网柜、开关站、箱式变电站等配电设备的电压等级、双重名称或停电范围。

（3）若全线（包括支线）停电，填写主线和支线。

（4）填写的配电线路名称、设备双重名称应与现场相符（包括电压等级）。

4.【工作任务】

工作地点（地段）或设备［注明变（配）电站、线路名称、设备双重名称及起止杆号等］

（1）配电线路工作：填写工作线路（包括有工作的分支线路等）电压等级、名称（同杆双回或多回线路应注明线路位置称号）、工作地段起止杆号。

（2）配电设备工作：填写工作的变电站、环网柜、配电站、开关站等设备的电压等级、名称及检修工作区域和检修设备的双重名称，填写的设备名称应与现场相符（包括电压等级）。

工作内容

（1）工作内容应填写明确，术语规范，且不得超出相应停电申请单中的工作内容。

（2）应写明工作性质、内容（如：迁移、立杆、放线、更换架空地线、更换变压器、拆除（恢复）线路搭头等］。

（3）工作内容应填写完整，不得省略。消缺工作应写明消缺具体内容（例如处理×耐张搭头，更换×避雷器等），不得以维修、消缺等模糊词语涵盖工作内容。

（4）变（配）电站内和线路上均有工作时，为便于区分，应将变（配）电站的工作地点、工作内容排在前面，线路工作地点及内容排在站所工作的后面。

（5）不同工作地点的工作，应分行填写；工作地点与工作内容应一一对应。

5.【计划工作时间】

填写计划检修起始时间和结束时间，该时间应在调度批准的检修时间段内。

6. 安全措施〔应该为检修状态的线路、设备名称、应断开的断路器（开关）、隔离开关（刀闸）、熔断器，应合上的接地刀闸，应装设的接地线、绝缘隔板、遮栏（围栏）和标示牌等，装设的接地线应明确具体位置，必要时可附页绘图说明〕

6.1　调控或运维人员〔变（配）电站、发电厂等〕应采取的安全措施	**已执行**
（1）10kV 吴城开关站	
1）应拉开 151 吴城线环出开关，并操作机构上锁；断开控制电源，并将远近控开关切换至"就地"位置	√
2）应合上 1515 接地刀闸	√
3）应在 151 吴城线环出开关操作手柄上悬挂"禁止合闸，线路有人工作"标示牌	√

6.2　工作班完成的安全措施	**已执行**
（1）在 10kV 112 吴城线 3 号杆至 3-1 号杆间周围设置临时围栏，在围栏出入口悬挂"在此工作""从此进出"标示牌	√
（2）在 10kV 112 吴城线 5 号杆周围设置临时围栏，在围栏出入口悬挂"在此工作""从此进出"标示牌	√
（3）在 10kV 112 吴城线 2 号杆周围设置临时围栏，在围栏出入口悬挂"在此工作""从此进出"标示牌	√
（4）在 10kV 112 吴城线 4 号杆周围设置临时围栏，在围栏出入口悬挂"在此工作""从此进出"标示牌	√
（5）应拉开 3 号至 3-1 号杆间路灯变 400V 低压总开关，开关操作手柄上悬挂"禁止合闸，线路有人工作"标示牌	√
（6）应拉开中国电信用户变 400V 低压总开关，开关操作手柄上悬挂"禁止合闸，线路有人工作"标示牌	√
（7）在 10kV 112 吴城线 1 号杆周围设置临时围栏，在围栏出入口悬挂"在此工作""从此进出"标示牌	√

6.【安全措施】6.1 调控或运维人员〔变（配）电站、发电厂等〕应采取的安全措施

（1）填写涉及的变（配）电站或线路名称以及由调控或运维人员操作的各侧（包括变电站、配电站、用户站、各分支线路）断路器（开关）、隔离开关（刀闸）、熔断器，自动化设备控制电源、操作电源。

（2）填写变（配）电站内、线路上应合接地刀闸或应装接地线、应装绝缘挡板的编号和确切位置。

（3）填写变（配）电站内应装设遮栏以及应挂标示牌的名称和地点以及防止二次回路误碰等措施。

（4）变（配）电站内和线路上均需采取安全措施时，为便于区分，应将变（配）电站内应采取的安全措施排在前面，线路上应采取的安全措施排在后面。

（5）涉及多个站所、多条线路和设备时，为避免混乱，各站所、线路和设备应逐一填写。例如：

1）变电站 A（如 110kV×变电站）：应断开×开关；应断开×刀闸……

2）变电站 B（如 35kV×变电站）：应断开×开关；应断开×刀闸……

3）10kV×线：应断开×开关；应在×装设接地线一组……

（6）变电站出线线路（电缆）工作涉及进站工作或借用变电站接地刀闸（接地线）作为工作班接地线的，则必须将变电站内开关、刀闸、接地等安排列入工作票，不涉及以上工作的只填写"确认 10kV××线路转为检修状态"。

（7）配电设备上熔断器在保持断开状态时，可采用熔断器拉开摘下熔管或熔断器拉开不摘下熔管的方式，在操作处悬挂"禁止合闸，线路有人工作！"标示牌即可。

（8）美式箱式变电站高压开关拉开后不需要加锁，欧式箱式变电站高压开关拉开后可以加锁。

（9）环网柜开关拉开后不需要再加锁，隔离开关（刀闸）及接地刀闸操作把手处应加锁。

（10）在低压用电设备上停电工作前，配电箱工作断开断路器，是否需要取下断路器熔丝应按现场实际情况确定，如配电箱断路器无熔丝的必须在配电箱门上加锁和悬挂标示牌。

已执行

以上安全措施完成后，工作负责人在接受许可时，应与工作许可人逐项核对确认并打"√"。

6.2 工作班完成的安全措施

（1）填写需要工作班操作停电的配电变压器及用户名称、应装设的遮栏（围栏）、交通警示牌等。

如：应拉开 10kV×线×配电变压器低压侧开关；在综合配电箱柜把手上悬挂"禁止合闸，线路有人工作！"标示牌；在×处装设围栏……没有则填写"无"。

（2）由工作班装设的工作接地线可仅在"6.3"栏填写。

已执行

安全措施完成后，工作负责人逐项核对确认并打"√"。

6.3 工作班装设（或拆除）的接地线

线路名称、设备双重名称、装设位置	接地线编号	装拆情况		
		装设人	监护人	装设时间
10kV112 吴城线 5 号杆电缆头处	#1002	刘××	张××	2024 年 02 月 05 日 08 时 50 分
		拆除人	监护人	拆除时间
		刘××	张××	2024 年 02 月 05 日 13 时 00 分
10kV112 吴城线 3 号至 3-1 号杆间路灯变压器 400V 低压总开关进线桩头处	#2001	装设人	监护人	装设时间
		刘××	张××	2024 年 02 月 05 日 08 时 55 分
		拆除人	监护人	拆除时间
		刘××	张××	2024 年 02 月 05 日 13 时 05 分

6.4 配合停电应采取的安全措施	已执行
无	

6.5 保留或邻近的带电线路、设备：

无。

6.6 其他安全措施和注意事项：

（1）【安全距离】作业人员与带电体保持足够的安全距离：10kV 大于 0.7m。

（2）【验电装设接地线】负责人得到许可人停电许可工作命令后，现场应认清线路、核对杆号后，再组织人员进行正确验电、接地后方可开始工作，验电使用检测合格并在有效期内的相应电压等级的专用验电笔，并使用绝缘手套，并安排专人监护。

（3）【登高上杆】登杆人员在上杆前应检查安全帽、安全带及脚扣等安全用具合格并在有效期内，佩戴规范，应开启近电报警器；检查杆根基牢

6.3 工作班装设（或拆除）的接地线

线路名称、设备双重名称、装设位置

（1）填写应装设工作接地线（包括 0.4kV）的确切位置、地点；如 10kV×线×号杆支线侧。

（2）各工作班工作地段两端和有可能送电到停电线路的分支线（包括用户）都要挂接地线。

（3）配合停电的交叉跨越或邻近线路，在线路的交叉跨越或邻近处附近应装设一组接地线；配合停电的同杆（塔）架设线路装设接地线要求与检修线路相同。

（4）工作地段无法装设工作接地线的，且与运维人员装设的接地线（接地刀闸）之间未连有断路器（开关）或熔断器，则运维人员装设的接地线（接地刀闸）可借用为工作接地线使用，不需要在本栏内再填写。

（5）若工作范围内均借用运维人员装设的接地线（接地刀闸）作为工作接地线使用，则本栏填写"无"。

接地线编号

（1）填写应装设的工作接地线（包括 0.4kV）的编号及电压等级。例：#01（10kV）。

（2）同一编号接地线不得重复。分段工作，同一编号的接地线可分段重复使用。

（3）接地线编号在装设好接地线后由工作负责人在现场填写。

装设人、拆除人、监护人

装设、拆除接地线应有人监护，工作负责人将装设人、拆除人和监护人由工作负责人现场填写在工作票上，监护人利用手机拍摄的照片或者打印工作票 6.3 栏目页作为书面依据，装设（拆除）接地线结束时，监护人及时向工作负责人汇报，由工作负责人在工作票上记下装设（拆除）时间。

装设时间、拆除时间

（1）工作负责人依据现场工作班成员装设或拆除接地线完毕的时间填写。装设时间应在工作许可并完成安全交底之后，下达开始工作命令之前；拆除时间工作终结时间之前。

（2）分段装设的接地线应根据工作区段转移情况逐段填写。

（3）接地线装、拆时间填写应采用 24 小时制，填写年、月、日、时、分，如：2024 年 07 月 31 日 14 时 06 分。

6.4 配合停电线路应采取的安全措施

填写由非调控或运维人员负责的配合停电的线路名称及应断开的断路器（开关）、隔离开关（刀闸）、熔断器，应合上的接地刀闸或应装设的操作接地线。没有则填写"无"。

6.5 保留或邻近的带电线路、设备

应注明工作地点或地段保留或邻近的带电线路、设备的电压等级、双重名称及杆（塔）号，主要填写以下内容：

（1）邻近或交叉跨越的带电线路、设备名称（双重称号）。

（2）发电厂、变电站出口停电线路两侧的邻近带电线路。

（3）与工作地段邻近、平行或交叉且有可能误登误触的带电线路及设备。

（4）拉开后一侧有电、一侧无电的配电设备。如柱上开关、闸刀、跌落式熔断器等。

（5）变（配）电站、开闭所内的配电设备工作，应填写工作地点及周围所保留的带电部位、带电设备名称。工作地点的低压交直流电源也应注明和交代清楚。

（6）没有则填写"无"。

固；施工机具配备齐全；上杆后，应检查横担和其他构件牢固情况，正确使用安全带，严禁安全带低挂高用，并安排专人监护。

（4）【高空作业】高空作业人员全程带好安全带与安全绳，杆上作业工器具应置于工具包内，工具、材料上下应用绳索传递，严禁抛扔。地面配合人员与高空作业人员要互相呼应。

（5）【撤线拆卸作业】撤导线时应采用合格的紧线工具，严禁突然剪断导线，做好防止导线反弹的安全措施。拆落开关、变压器及附件时使用合格的起重工具、设专人统一指挥、统一信号；下方不得有人滞留或穿越。

工作票签发人签名：马××   2024 年 02 月 03 日 14 时 10 分

工作票会签人签名：钱××   2024 年 02 月 03 日 14 时 40 分

工作负责人签名：李××   2024 年 02 月 03 日 16 时 08 分

6.7 其他安全措施和注意事项补充（由工作负责人或工作许可人填写）：

无。

7. 工作许可

许可的线路或设备	许可方式	工作许可人	工作负责人签名	工作许可时间
10kV 112 吴城线 1～5 号杆	当面	孙××	李××	2024 年 02 月 05 日 08 时 45 分
				____年__月__日 __时__分

8. 现场交底，工作班成员确认工作负责人布置的工作任务、人员分工、安全措施和注意事项并签名：

王××、张××、刘××、甲××、乙××、丙××、杨××、黄××、周××、赵××、胡××、吴××、朱××、陆××

新增人员冯××进场前已接受安全交底。

9. 2024 年 02 月 05 日 08 时 59 分工作负责人确认工作票所列当前工作所需的安全措施全部执行完毕，下令开始工作。

6.6 其他安全措施和注意事项

根据工作现场的具体情况而采取的一些安全措施或有关安全注意事项。如：装设个人保安接地线；在杆下装设临时围栏；防止倒杆应设临时拉线；线路交跨处、邻近带电设备的安全距离提示；起重作业、高处作业、有限空间作业、电气试验作业、放线撤线作业等现场的安全注意事项；在道路上放置提醒来往车辆和行人注意安全的交通警示牌等。

工作票签发人签名、工作负责人签名

确认工作票 1～6.6 项无误后，工作票签发人和工作负责人在签名栏内签名，并在时间栏内填入相应时间。"双签发"时应履行同样手续。

6.7 其他安全措施和注意事项补充（由工作负责人或工作许可人填写）

工作负责人或工作许可人根据现场的实际情况，补充安全措施和注意事项。无补充内容时填写"无"。

7.【工作许可】

（1）工作许可人和工作负责人分别在各自收执的工作票上填写许可的线路或设备名称、许可方式、工作许可人、工作负责人、许可工作时间。

（2）同一时间、相同停电范围，有多家单位或同一单位的不同班组分别持票进行施工作业时，设备运维管理单位指派的工作许可人应为同一人。

（3）各工作许可人应在完成工作票所列由其负责的停电和装设接地线等安全措施后，方可发出许可工作的命令。

许可方式

（1）配网停电作业应采取现场当面许可。许可过程均应做好录音。

（2）填用配电第二种工作票的配电线路地面工作，可不履行工作许可手续。持配电第二种工作票进入配电站所工作，应办理工作许可手续。

工作许可时间

工作许可时间不得早于计划工作开始时间。

8.【现场交底签名】

（1）工作班成员在明确了工作负责人和小组负责人交代的工作内容、人员分工、带电部位、现场布置的安全措施和工作的危险点及防范措施后，每个工作班成员在工作负责人所持工作票的本栏签名，不得代签。

（2）一张工作票多小组工作，使用工作任务单时，由各小组负责人在工作票上签名，其他小组成员分别在对应的工作任务单上签名。

9.【下令开始工作】

工作负责人确认工作票所列当前工作所需的安全措施一栏的时间，应为调度运维以及工作班所做的安全措施全部执行完毕之后，下令开始工作的时间。

10. 工作任务单登记

工作任务单编号	工作任务	小组负责人	工作许可时间	工作结束报告时间
无			____年__月__日__时__分	____年__月__日__时__分

11. 人员变更

11.1　工作负责人变动情况

原工作负责人_____离去，变更为工作负责人_____。

工作票签发人：_____　　　　　____年__月__日__时__分

原工作负责人签名确认：_____

新工作负责人签名确认：_____　　　　　____年__月__日__时__分

11.2　工作人员变动情况

2024年02月05日10时14分　冯××加入（工作负责人签名：李××）

2024年02月05日10时12分　王××离开（工作负责人签名：李××）

工作负责人签名：李××

12. 工作票延期

有效期延长到_____年__月__日__时__分。

工作负责人签名：_____　　　　　____年__月__日__时__分

工作许可人签名：_____　　　　　____年__月__日__时__分

13. 每日开工和收工时间（使用一天的工作票不必填写）

收工时间	工作负责人	工作许可人	开工时间	工作许可人	工作负责人

14. 工作终结

14.1　工作班现场所装设接地线（接地刀闸）共 2 组、个人保安线共 0 组

已全部拆除，工作班布置的其他安全措施已恢复，工作班人员已全部撤离

10.【工作任务单登记】
若一张工作票下设多个小组工作，应将所有工作任务单编号、工作任务、小组负责人、工作许可时间、工作结束报告时间。没有则填"无"。
小组负责人
小组负责人应具备工作负责人资格。
工作许可时间
工作许可时间不应在下令开始工作时间之前。
工作结束报告时间
工作结束报告时间应在工作票终结时间之前。

11.【人员变更】工作负责人变动情况
（1）工作票签发人同意，在工作票上填写离去和变更的工作负责人姓名及变动时间，同时通知全体作业人员及工作许可人。
（2）工作票签发人无法当面办理，应通过电话通知工作许可人，由工作许可人和原工作负责人在各自所持工作票上填写工作负责人变更情况，并代工作票签发人签名。
（3）工作负责人的变动必须是在该工作票许可之后，如在工作票许可之前需变更工作负责人，则应由工作票签发人重新签发工作票。
工作人员变动情况
（1）班组人员每次发生变动，工作负责人要在工作票上即时注明变动情况（变更人员姓名、变更时间）并签名，不得最后一并签名。
（2）新增人员在明确了工作内容、人员分工、带电部位、现场安全措施和工作的危险点及防范措施，在工作负责人所持工作票第 8 栏签名确认后方可参加工作。

12.【工作票延期】
工作需延期，应在工作计划结束时间前由工作负责人向工作许可人提出申请，办理延期手续。对于需经调度许可的工作，工作许可人还应得到调度许可后，方可与工作负责人办理工作票延期手续。工作票只能延期一次。

13.【每日开工和收工时间（使用一天的工作票不必填写）】
（1）填写每日收工时间及次日开工时间，工作负责人、工作许可人分别签名确认。
（2）每日收工，工作负责人应得到小组负责人或全部工作班成员当日工作结束的报告，开好收工会并全部撤离工作现场后，向许可人汇报；次日复工时，工作负责人应经许可人同意并重新复核安全措施无误后方可工作。
（3）涉及多名工作许可人的工作，各工作许可人均应与工作负责人分别填写。

14.【工作终结】
（1）填写拆除的所有工作接地线和个人保安线数量。
1）工作结束后，工作负责人（包括小组负责人）应检查工作地段的状况，确认没有遗留个人保安线和其他工具、材料，全部工作人员确已撤离

现场，材料工具已清理完毕，杆塔、设备上已无遗留物。

14.2　工作终结报告：

终结的线路或设备	报告方式	工作负责人	工作许可人	终结报告时间
10kV 112 吴城线 1～5 号杆	当面	孙××	李××	2024 年 02 月 05 日 13 时 15 分
				＿＿＿年＿＿月＿＿日 ＿＿时＿＿分

15. 工作票终结

已拆除工作许可人现场所挂无（编号）接地线共 0 组；已拉开 10kV 吴城线环出开关 1515 接地刀闸（编号）接地刀闸共 1 副。

工作票于 2024 年 02 月 05 日 14 时 00 分结束。

工作许可人：李××

16. 负责监护

指定专责监护人	被监护人	负责监护（地点及具体工作）
甲××	杨××、黄××	在拆除 1 号杆上开关及其附件，电缆拆头下落时进行监护
乙××	周××、赵××	在拆除 5 号杆上开关及其附件，电缆拆头下落时进行监护
丙××	胡××、吴××	在拆除 3 号杆至 3-1 号杆杆上路灯变压器及其附件 1 套进行监护
张××	刘××	在 1、5 号杆电缆头处及 3 号至 3-1 号杆路灯变压器 400V 低压总开关进线桩头处验电装设接地线进行监护
朱××	陆××（吊车）	在 1、5 号杆处吊移开关及附件；在 3 号至 3-1 号杆处吊移路灯变压器及附件进行监护

17. 其他事项

无。

并经验收合格后方可命令拆除工作接地线等安全措施。

2）接地线拆除后，任何人不得再登杆工作或在设备上工作。

（2）工作终结报告。

1）工作终结后，工作负责人应及时报告工作许可人，若有其他单位的设备配合停电，还应及时通知配合停电设备运行管理单位的停电联系人。工作终结报告应当面进行。

2）报告结束后，工作许可人和工作负责人分别在各自收执的工作票上填写终结的线路或设备的名称、报告方式、工作负责人、工作许可人和终结报告时间，办理工作终结手续。工作一旦终结，任何工作人员不得进入工作现场。

15.【工作票终结】

（1）填写拆除由工作许可人负责装设的接地线和接地刀闸编号、数量，以及工作票的终结时间。确认接地线和接地刀闸都已经拆除后，工作许可人签名。

（2）若不涉及接地线或接地刀闸，应在编号栏填"无"，在数量栏填"0"组（副），不得空白。

（3）拉开的接地刀闸编号栏应填写双重名称。

（4）工作票终结前，工作许可人在接到所有工作负责人的完工报告，实地检查确认停电范围内所有工作已结束，所有人员已撤离，所有接地线已拆除，与记录簿核对无误并做好记录后，方可下令拆除各侧安全措施。

（5）该项内容只需工作许可人所持票面填写。涉及多名工作许可人的工作票，各工作许可人负责各自所装设的接地线（接地刀闸）的拆除情况。

16.【负责监护】

（1）注明指定专责监护人、被监护人、负责监护地点及具体工作。如"指定专责监护人张三负责监护李四在 10kV×线×杆进行×工作"。

（2）对有触电危险、检修（施工）复杂容易发生事故的工作，如：在邻近带电线路和设备区域使用吊车、斗臂车等特种车辆的作业；有限空间作业等，应增设专责监护人，并确定其监护的人员和工作范围。

（3）该部分内容仅需在工作负责人所持工作票上填写。

17.【其他事项】

其他需要交代或需要记录的事项。例如：

（1）暂未拆除、继续使用的接地线由各工作许可人在各自所持工作票中备注。

（2）使用吊车的作业应在该栏注明吊车指挥人员。若在工作班成员栏目中已注明，则不需要在此填写。

4.3　10kV 洲岛和园 2 号开关站共享 CRAN 机房建设

一、工作场景情况

（一）工作场景

10kV 洲岛和园 2 号开关站配电房内。

（二）工作任务

10kV 洲岛和园 2 号开关站：共享 CRAN 机房区域砌墙、粉刷、照明等建筑施工；共享 CARN 立机柜、接引市电、安装空调外机；共享 CRAN 机柜内电池、动环设备安装调测。

（三）票种选择建议

配电第二种工作票。

（四）人员分工及安排

本次工作有 1 个作业地点：10kV 洲岛和园 2 号开关站配电房。可以采取工作任务单或设置专责监护人，本张工作票选择设置专责监护人。参与本次工作的共 6 人（含工作负责人），具体分工为：

冯××（工作负责人）：负责工作的整体协调组织及作业现场安全监护。

纪××（工作班成员）：负责房间内建筑施工。

丁××（工作班成员）：负责外市电引入工作。

刘一（工作班成员）：负责机柜、空调等设备的安装、调试。

刘二（工作班成员）：负责电源、电池等设备的安装、调试。

刘三（工作班成员）：负责动环设备的安装、调试。

（五）场景接线图

无。

二、工作票样例

配电第二种工作票

单　位：××××股份有限公司　　编　号：PD202106001

1. 工作负责人（监护人）： 冯××　　班　组：通信班

2. 工作班成员（不包括工作负责人）

纪××、丁××、刘一、刘二、刘三

共 5 人

【票种选择】本次作业为配电不停电工作，使用配电第二种工作票，无需增持其他票种。

【单位】
（1）本公司进行的工作，填写工作负责人所在的单位名称。
（2）外单位来本公司进行的工作，填写施工单位名称（例如：华东送变电公司到×供电公司进行线路工作，"单位"栏目应填写"华东送变电公司"）。

【编号】
（1）工作票的编号，同一单位（部门）同一类型的工作票应统一编号，不得重号。
（2）计算机开票时，单位和编号由系统自动生成。
（3）当工作票打印有续页时，在每张续页右上方填写工作票编号。

1.【工作负责人】
填写执行该项工作的负责人姓名。

【班组】
应填写工作负责人所在班组名称。对于两个及以上班组共同进行的工作，则班组名称填写"综合班组"。

3. 工作任务

工作地点或设备［注明变（配）电站、线路名称、设备双重名称及起止杆号］	工作内容
10kV 洲岛和园 2 号开关站	共享 CRAN 机房区域砌墙、粉刷、照明等建筑施工
10kV 洲岛和园 2 号开关站	共享 CARN 立机柜、接引市电、安装空调外机
10kV 洲岛和园 2 号开关站	共享 CRAN 机柜内电池、动环设备安装调测

4. 计划工作时间

自 2021 年 06 月 07 日 09 时 00 分至 2021 年 06 月 07 日 18 时 00 分。

5. 工作条件和安全措施（必要时可附页绘图说明）

（1）【开收工会】开工前开好开工会，工作负责人（监护人）应向全体作业人员交代作业任务、作业分工、安全措施和注意事项，明确施工中的危险点和应采取的安全措施，做好安全技术交底，并履行签字确认手续后，方可下达作业命令。

（2）【安措布置】施工现场适当位置设置安全围栏、围网等安全措施，在围栏、围网上向内悬挂适量的"止步，高压危险"标示牌，并在围栏、围网入口处挂"从此进出""在此工作"标示牌。

（3）【安全距离】严格与带电设备保持足够的安全距离，10kV 不小于 0.7m。

（4）【文明施工】施工人员进入施工现场严禁吸烟并按要求着工作服、正确佩戴安全帽、佩戴胸牌，工作结束后，清理好工作现场。

工作票签发人签名：王×× 　　　2021 年 06 月 06 日 08 时 00 分

工作票会签人签名：张×× 　　　2021 年 06 月 06 日 16 时 30 分

工作负责人签名：冯×× 　　　2021 年 06 月 06 日 09 时 00 分

6. 现场补充的安全措施

无。

2.【工作班成员】

（1）应将工作班人员全部填写，然后注明"共×人"。

（2）使用工作任务单时，工作票的工作班成员栏内，可填写"小组负责人姓名等××人"，然后注明"共×人"。

（3）参与该项工作的设备厂家协作人员、临时工等其他人员也应包括在"工作班人员"中，应写清每个人员的名字、注明总人数，不同性质的人员应分行填写。在工作中应按规定对这些人员实施监护。

（4）工作负责人（监护人）不包括在工作票总人数"共×人"之内。

3.【工作任务】

工作地点或设备［注明变（配）电站、线路名称、设备双重名称及起止杆号］

（1）配电线路工作：填写工作线路（包括有工作的分支线路等）电压等级、双重名称（同杆双回或多回线路应注明线路位置称号）、工作地段起止杆号。

（2）配电设备工作：填写工作的环网柜、配电站、开闭所等名称，检修工作地点及检修设备的双重名称，填写的设备名称应与现场相符（包括电压等级）。

工作内容

填写应清晰准确，术语规范。工作地点与工作内容应一一对应。

4.【计划工作时间】

填写已批准的检修期限。

用阿拉伯数字填写，月、日、时、分使用双位数字和 24 小时制；若无特殊说明，以下要求相同。

5.【工作条件和安全措施】

根据工作任务和作业方式填写相应的工作条件和安全措施，注明邻近及保留带电设备名称。

工作票签发人签名、会签人签名、工作负责人签名

确认工作票 1～5 项无误后工作票签发人和工作负责人在签名栏内签名，并在时间栏内填入时间。

6.【现场补充的安全措施】

工作负责人或工作许可人根据工作任务和现场条件，补充、完善安全措施或注意事项内容。无补充内容时填"无"。

7. 工作许可

许可的线路、设备	许可方式	工作许可人	工作负责人签名	许可工作（或开工）时间
共享 CRAN 机房区域砌墙、粉刷、照明等建筑施工	当面	李四	冯××	2021 年 06 月 07 日 09 时 00 分
共享 CARN 立机柜、接引市电、安装空调外机	当面	李四	冯××	2021 年 06 月 07 日 09 时 00 分
共享 CRAN 机柜内电池、动环设备安装调测	当面	李四	冯××	2021 年 06 月 07 日 09 时 00 分

8. 现场交底，工作班成员确认工作负责人布置的工作任务、人员分工、安全措施和注意事项并签名：

　　纪××、丁××、刘一、刘二、刘三

9. <u>2021 年 06 月 07 日 09 时 20 分</u>工作负责人确认工作票所列安全措施全部执行完毕，下令开始工作。

10. 工作票延期

　　有效期延长到_____年___月___日___时___分。

工作负责人签名：_____　　　　　_____年___月___日___时___分

工作许可人签名：_____　　　　　_____年___月___日___时___分

11. 工作终结

11.1　工作班布置的安全措施已恢复，工作班人员已全部撤离现场，材料工具已清理完毕，杆塔、设备上已无遗留物。

右侧注释：

7.【工作许可】
（1）填用配电第二种工作票的配电线路地面工作，可不履行工作许可手续。配电站、开关站等站所内的配电设备工作可采取当面许可或电话许可。
（2）当面许可：工作许可人完成现场安全措施后，会同工作负责人确认本工作票 1～6 项内容无误，并现场检查核对所列安全措施完备，向工作负责人指明带电设备的位置和注意事项。双方共同签名并记录时间，履行工作票许可手续。
（3）电话许可：电话许可应做好录音，并各自做好记录，双方分别在许可人、负责人处签名并注明电话许可，工作票所需的安全措施由工作人员自行布置。

8.【现场交底，工作班成员确认工作负责人布置的工作任务、人员分工、安全措施和注意事项并签名】
工作班成员在明确了工作负责人交代的工作内容、人员分工、带电部位、现场布置的安全措施和工作的危险点及防范措施后，每个工作班成员在工作负责人所持工作票的本栏签名，不得代签。

9.【工作开始时间】
按实际工作开始时间即时填写，工作负责人同时签名。

10.【工作票延期】
工作票需办理延期手续，应由工作负责人向工作许可人提出申请（不需要办理许可手续的配电第二种工作票延期应向工作票签发人提出申请），并将同意延期时间、延期期限记入本栏，同时工作负责人、工作许可人（工作票签发人）签名（或代签）。

11.【工作终结】
（1）工作班人员已全部撤离现场，材料工具已清理完毕，杆塔、设备上已无遗留物。
（2）工作终结报告。
工作负责人向工作许可人汇报工作完毕（不需要办理许可手续的配电第二种工作票无需进行工作终结报告），填写终结的线路或设备名称、报告方式、工作负责人、工作许可人、终结报告时间。

11.2　工作终结报告。

终结的线路或设备	报告方式	工作负责人签名	工作许可人	终结报告（或结束）时间
共享 CRAN 机房区域砌墙、粉刷、照明等建筑施工	当面	冯××	杨×	2021 年 06 月 07 日 17 时 20 分
共享 CARN 立机柜、接引市电、安装空调外机	当面	冯××	杨×	2021 年 06 月 07 日 17 时 20 分
共享 CRAN 机柜内电池、动环设备安装调测	当面	冯××	杨×	2021 年 06 月 07 日 17 时 20 分

12. 备注

12.1　指定专责监护人纪××负责监护刘一、刘二在 10kV 洲岛和园 2 号开关站开展动环设备安装调测。（地点及具体工作。）

12.2　其他事项：

工作班成员刘三作业开工时未到场参与工作。

2021 年 06 月 07 日 13 时 10 分刘三已接受安全交底并签字，可以参与现场工作。

12. 【备注】
（1）注明指定专责监护人及负责监护地点及具体工作。如"指定专责监护人张三负责监护李四在 10kV×线×杆进行×工作"。
（2）其他需要交代或需要记录的事项。